"十三五"江苏省高等学校重点教材

编号：2016-1-031

全国高等职业院校"互联网+"土建类规划教材

江苏高校品牌专业建设工程·建筑工程技术专业

建筑识图与绘图

主　编　孙秋荣

副主编　杨　宁　王从才

　　　　王　玮　王　会

参　编　杨步仁　易　飞

南京大学出版社

图书在版编目(CIP)数据

建筑识图与绘图 / 孙秋荣主编. -- 南京：南京大
学出版社，2017.8(2019.8重印)
ISBN 978-7-305-18814-5

Ⅰ. ①建… Ⅱ. ①孙… Ⅲ. ①建筑制图-识图 Ⅳ.
①TU204.21

中国版本图书馆 CIP 数据核字(2017)第 132295 号

出版发行　南京大学出版社
社　　址　南京市汉口路 22 号　　　　邮　编　210093
出 版 人　金鑫荣
书　　名　**建筑识图与绘图**
主　　编　孙秋荣
责任编辑　姚　燕　刘　灿　　　　编辑热线　025 - 83597482
照　　排　南京南琳图文制作有限公司
印　　刷　南京新洲印刷有限公司
开　　本　787×1092　1/16　印张 19.75　字数 480 千
版　　次　2017 年 8 月第 1 版　2019 年 8 月第 2 次印刷
ISBN 978-7-305-18814-5
定　　价　49.00 元

网址：http://www.njupco.com
官方微博：http://weibo.com/njupco
微信服务号：njuyuexue
销售咨询热线：(025) 83594756

编　委　会

前　言

本书是根据高职高专"建筑工程类专业"教学要求,土建类专业指导性教学计划及教学大纲编写。为满足企业对人才的需求,坚持"以综合素质培养为基础,以能力培养为主线"为原则,对学生的就业岗位进行了多方面的调研和论证,在培养高端技术技能型人才的工作中占据重要地位。本书是2016年江苏省高等学校重点建设教材。通过本课程的学习,学生能够掌握工程图纸的图示方法,正确识读工程图,并按照现行国家制图标准绘制工程图样。

本书包括建筑形体的投影图、建筑施工图和结构施工图三部分内容。本书的特点是以一套完整的工程图纸作为载体,以具体工作任务导向,将建筑形体投影原理、国家制图标准和规范的基本规定、常用建筑构造的做法、建筑工程图纸的识读方法及CAD绘图的内容有机融合在一起,有利于培养学生的综合素质和能力。

本书内容通俗易懂、深入浅出,教学目标突出,并采用了大量的工程图片,直观性强。本书采用基于二维码的互动式学习平台,读者可通过微信扫描二维码获取教材相关的电子资源,体现了数字出版和教材立体化建设的理念。

本书由江苏建筑职业技术学院孙秋荣担任主编,江苏建筑职业技术学院杨宁、王从才、王玮和连云港职业技术学院王会担任副主编,由连云港职业技术学院杨步仁和江西工业贸易职业技术学院易飞参编。本书在编写过程中大量参考了国内高职教育部门同类教材、与此相关的标准规范图集和参考文献,未在书中一一注明出处,在此对有关文献和资料的作者表示感谢。

由于编者水平有限,加之时间仓促,本书难免出现疏漏和不妥之处,恳请读者、同行专家批评指正。

编　者

2017 年 6 月

目　录

单元 1　建筑形体的投影图

扫码可见本单元课件

引　言

　　日常生活中我们看到的建筑都是立体的,而用于指导工程施工的图纸是平面的。只有按照一定的投影原理和方法将建筑物投影到图纸中,并依据国家制图标准和规定进行绘制,才能使工程技术人员正确快速地获取建筑工程图纸上的信息,顺利完成相应的技术任务。本单元主要通过绘制建筑形体的投影图,介绍绘制建筑工程图的原理、方法及所依据的建筑制图标准的基本规定,绘图的方法和步骤等内容。

学习目标

1. 按照投影图的原理和方法绘制建筑形体投影图;
2. 按照制图标准的基本规定绘制建筑形体的投影图;
3. 熟练运用计算机绘图软件绘制建筑形体的投影图。

1.1　建筑形体的多面投影图

【学习目标】

1. 掌握投影的原理、分类及正投影的特性;
2. 知道工程中常用的投影图类型;
3. 熟练掌握三面投影体系的形成、展开;
4. 掌握三面投影图的绘图规律和位置对应关系;
5. 培养学生较强的空间想象能力;
6. 培养学生严谨科学的学习态度。

【关键概念】

　　投影、中心投影、平行投影、正投影、斜投影、三面投影体系、三面投影图

　　建筑图纸是建筑设计和建筑施工中的重要技术资料,是交流技术思想的工程语言。建筑工程图纸是按照一定的投影方法和规律投影得到的,掌握建筑形体的投影原理和方法可以很好地提高我们的空间想象能力,更好地识读和绘制建筑工程图。

【任务】

　　通过绘制下面图 1-1-1 台阶的投影图,阐述投影的原理和投影的方法。

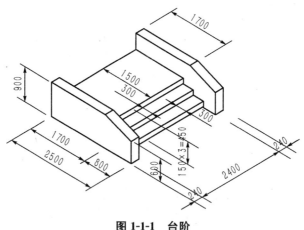

图 1-1-1 台阶

1.1.1 投影的类型

物体在阳光的照射下,会在墙面或地面投下影子,这就是投影现象。投影法是将这一现象加以科学抽象而产生的,假设光线能够透过形体并将形体上的点和线都能反映在投影面上,这些点和线的影子就组成了能够反映形体形状的图形。这种投射线通过物体向选定的面投射,并在该面上得到图形的方法,称为投影法。

要产生投影必须具备三个条件,即投影线、物体、投影面,这三个条件称为投影三要素。工程图样就是按照投影原理和投影作图的基本原则形成的。

根据投影中心距离投影面远近的不同,投影法分为中心投影法和平行投影法两类,平行投影法又可分为正投影法和斜投影法。

1. 中心投影法

当投影中心距离投影面为有限远时,所有投影线都汇交于投影中心一点,如图 1-1-2 所示,这种投影法称为中心投影法。

用中心投影法绘制的投影图的大小与投影中心 S 距离投影面远近有关系,在投影中心 S 与投影面距离不变时,物体离投影中心越近,投影图愈大,反之愈小。

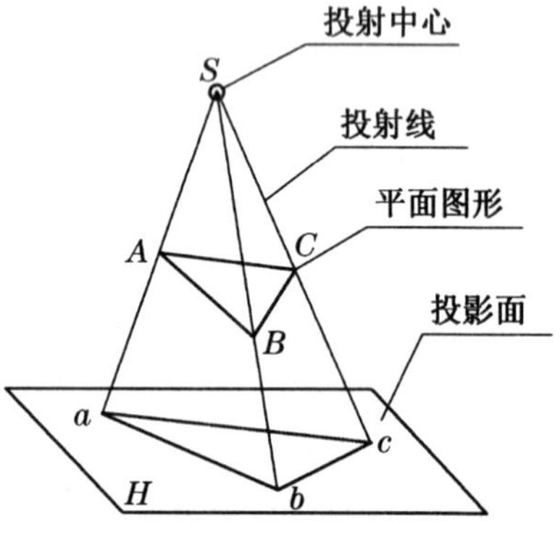

2. 平行投影法

如果投射中心 S 在无限远,所有的投射线将相互平行,这种投影法称为平行投影法。根据投影线与投影面是否垂直,平行投影法又可分为正投影法和斜投影法。

（1）正投影法

投射线垂直于投影面的投影法,叫正投影法,如图 1-1-3(a)所示。工程图样主要用正投影法绘制,建筑图样通常也采用正投影法绘制。这种投影图,图示方法简单,能真实反映物体的形状和大小。

图 1-1-2 中心投影法

（2）斜投影法

投射线倾斜于投影面的投影法,叫斜投影法,如图 1-1-3(b)所示。

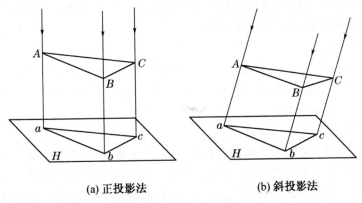

(a) 正投影法　　　　　　　　　(b) 斜投影法

图 1-1-3　平行投影法

3. 正投影的投影特性

正投影是绘制图样最常采用的一种投影方法,这是由正投影的投影特性决定的。正投影的投影具有以下特性:

（1）显实性:当直线段或平面与投影面平行,其投影反映直线段的实长或平面图形的实形。如图 1-1-4(a)(e)所示。

（2）积聚性:当直线段或平面与投影面垂直,其投影积聚为一点或一条直线。如图 1-1-4(c)(g)所示。

（3）类似性:当直线段或平面与投影面倾斜时,其投影小于实形,但直线段的投影仍为直线段,平面图形的投影仍为平面图形。如图 1-1-4(b)(f)所示。

（4）平行性:空间互相平行的直线其同面投影仍互相平行。如图 1-1-4(d)所示。

（5）定比性:直线上两线段长度之比等于其同面投影的长度之比。如图 1-1-4(d)(f)所示。

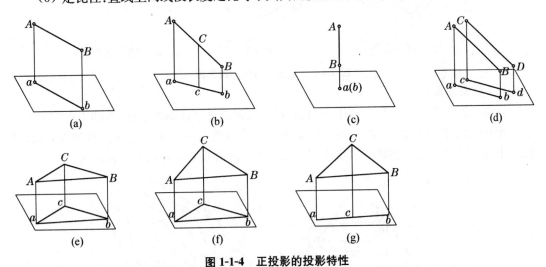

图 1-1-4　正投影的投影特性

由于正投影的特性,在作建筑形体的投影时,应使尽可能多的面和投影面处于平行或垂直的位置关系中,充分利用正投影的显实性和积聚性,这样使作图简单,且便于读图。

4. 工程中常用的投影图

用图样表达建筑形体时,由于被表达对象的特性和表达的目的不同,可采用不同的图示法。工程上常用的图示法有:透视投影法、轴测投影法、多面正投影法及标高投影法。与四种图示法相对应,得出四种常用的投影图。

（1）透视投影图

透视投影图是按照中心投影法绘制的,简称透视图,如图 1-1-5(a)所示。透视图的优点是形象逼真,直观性很强,常用作建筑设计方案比较、展览;其缺点是作图费时,建筑物的确切形状和大小不能在图中度量。

（2）轴测投影图

轴测投影图是物体在一个投影面上的平行投影,又称为轴测投影,简称轴测图。将物体对投影面安置于较合适的位置,选定适当的投射方向,就可得到轴测投影,如图 1-1-5(b)所示。这种图能同时反映物体的长、宽、高三个方向的尺度,立体感较强,但是作图麻烦,不能准确表达物体的形状和大小。在土建工程中常用轴测投影图来绘制给水排水、采暖通风和空气调节等方面的管道系统图。

（3）多面正投影图

多面正投影图,又称多面正投影,是土建工程中最主要的图样,多面正投影图由物体在互相垂直的两个或两个以上的投影面上的正投影所组成,例如图 1-1-5(c)所示为三面正投影图。这种图作图方便,能同时反映物体的长、宽、高三个方向的尺度,度量好,但是缺乏立体感。

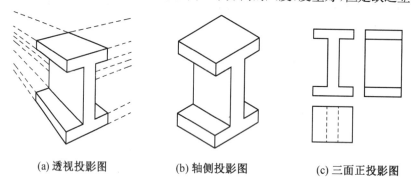

(a) 透视投影图　　　　(b) 轴侧投影图　　　　(c) 三面正投影图

图 1-1-5　工程上常用的投影图

（4）标高投影图

标高投影图在土建工程中常用来绘制地形图、建筑总平面图和道路、水利工程等方面的平面布置的图样,又称标高投影,它是地面或土工构筑物在一个水平基面上的正投影图,并标注出与水平基面之间的高度数字标记。如图 1-1-6(b)是某山丘的标高投影图。

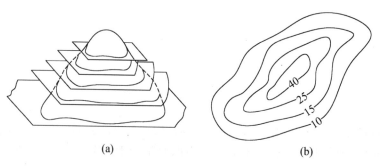

(a)　　　　　　　　　　(b)

图 1-1-6　标高投影图

1.1.2　三面投影图的形成

1. 体的三面投影体系的形成

（1）体的单面投影图

体的单面投影图是将空间形体向一个投影面投影得到的投影图，如图 1-1-7 所示。

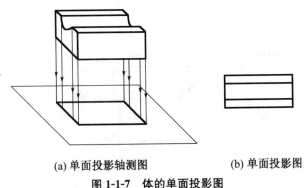

(a) 单面投影轴测图　　　　　(b) 单面投影图

图 1-1-7　体的单面投影图

由上图可以看出单面投影图具有不可逆性，即通过体的单面投影图不能确定空间体的形状，因此在工程中一般很少绘制单面正投影图。

（2）体的两面投影图

体的两面投影图是将空间形体向两个互相垂直的投影面投影所得到的投影图，如图 1-1-8 所示。与地面平行的投影面称为水平投影面（简称水平面），用字母"H"表示，与水平投影面垂直的投影面称为正立投影面（简称正面），用字母"V"表示，两面投影面相交线称之为 X 投影轴。

正立投影面 V 面保持不变，将水平投影面 H 沿 X 轴向下旋转 90°，将两面投影体系展开，得到体的两面投影图。如图 1-1-8(b)(c)(d)所示。

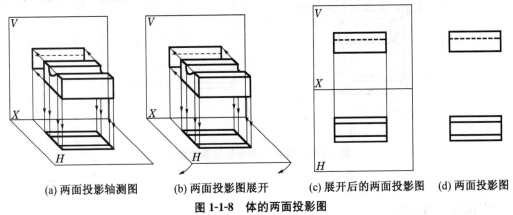

(a) 两面投影轴测图　　(b) 两面投影图展开　　(c) 展开后的两面投影图　　(d) 两面投影图

图 1-1-8　体的两面投影图

由上图可以看出两面投影图对于简单的形体可以表达清楚，但根据复杂形体的两面投影图不能确定空间体的形状，因此对于复杂的形体需要绘制三面投影图。

（3）体的三面投影图

① 三面投影体系分析

体的三面投影图是将空间形体向三个互相垂直的投影面投影所得到的投影图，如图

1-1-9 所示。体的三面投影体系是在两面投影体系的基础上增加一个侧立投影面（简称为侧面），用字母"W"表示。三个投影面互相垂直，投影面之间的交线称为投影轴，H、V 面交线为 X 轴；H、W 面交线为 Y 轴；V、W 面交线为 Z 轴。三投影轴交于一点 O，称为原点。物体在这三个投影面上的投影分别为正面投影、水平投影、侧面投影。

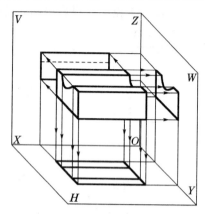

图 1-1-9   体的三面投影体系

② 三面投影图展开

三面投影体系的展开是正立投影面 V 面保持不变，将水平投影面 H 沿 X 轴向下旋转 90°，侧立投影面 W 沿 Z 轴向后旋转 90°，将三个投影面放置在同一个面内，得到体的三面正投影图。Y 轴一分为二，随着水平投影面 H 的为 Y_H 轴，随着正立投影面 W 的为 Y_w 轴，如图 1-1-10(a)(b)所示。

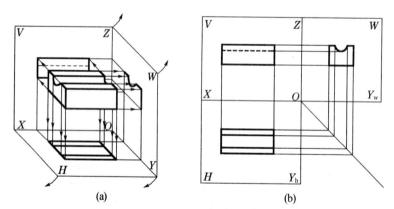

(a)   (b)

图 1-1-10   体的三面投影体系的展开

③ 三面投影图的基本规律

a. 度量对应关系

从图 1-1-11(a)可以看出：

正面投影反映物体的长和高；

水平投影反映物体的长和宽；

侧面投影反映物体的宽和高。

因为三个投影表示的是同一物体，而且物体与各投影面的相对位置保持不变，因此无论

是对整个物体,还是物体的每个部分,它们的各个投影之间具有下列关系:

正面投影与水平投影长度对正;

正平投影与侧面投影高度对齐;

水平投影与侧面投影宽度相等。

上述关系通常简称为"长对正,高平齐,宽相等"的三对等规律。

b. 位置对应关系

投影时,每个视图均能反映物体的两个方位,观察图 1-1-11(a)可知:

正面投影反映物体左右、上下关系;

水平投影反映物体左右、前后关系;

侧面投影反映物体上下、前后关系。

至此,从图 1-1-11(a)中我们可以看出立体三个投影的形状、大小、前后均与立体距投影面的位置无关,故立体的投影均不须再画投影轴、投影面,只要遵守"长对正、高平齐、宽相等"的投影规律,即可画出图 1-1-11(b)所示的三投影图。

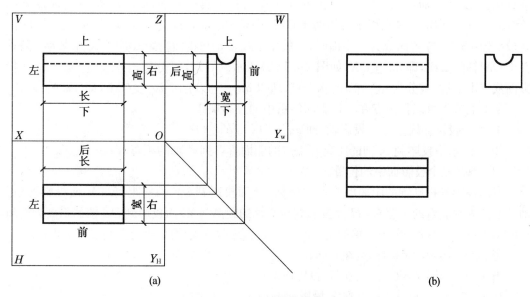

(a)   (b)

图 1-1-11 三面正投影图的基本规律

1.1.3 点、线、平面的投影规律

建筑形体是平面按照一定方式形成的,平面是由直线组成,直线是无数点的集合,因此,要掌握建筑形体的投影,首先要掌握建筑形体基本元素的投影,即点、线、面的投影。

1. 点的投影规律

点的投影是通过该点的投影线和投影面的交点。

(1) 点的投影表达

空间位置的点用大写字母表示,点在 H 面上的投影用小写字母表示,在 V 面上的投影用小写字母加一撇表示,在 W 面上的投影用小写字母加两撇表示。如图 1-1-12 所示,空间点 A 在 H 面上的投影是 a,V 面投影为 a',W 面投影为 a''。

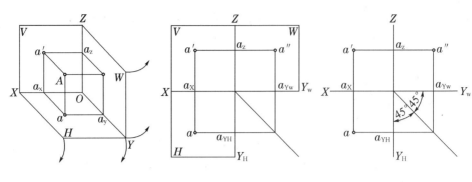

(a) 点的三面投影及展开　　　　　　　　(b) 点的投影特性

图 1-1-12　点的三面投影

（2）点的投影规律

在图 1-1-12 中，过空间点 A 的两点投影线 Aa 和 Aa' 决定的平面，与 V 面和 H 面同时垂直相交，交线分别是 a_xa' 和 a_xa。因此，OX 轴必然垂直于平面 Aaa_xa'，也就是垂直于 a_x a' 和 a_xa。a_xa' 和 a_xa 是互相垂直的两条直线，即 $a_xa' \perp a_xa$、$aa_x \perp OX$、$a_xa' \perp OX$。当 H 面绕 OX 轴旋转至与 V 面成为一平面时，点的水平投影 a 与正面投影 a' 的连线就成为一条垂直于 OX 轴的直线，即 $aa' \perp OX$，如图 2-2-1(b) 所示。同理，可分析出，$a'a'' \perp OZ$。a_y 在投影面成展平之后，被分为 a_{Y_H} 和 a_{Y_W} 两个点，所以 $aa_{Y_H} \perp OY_H$，$a''a_{Y_W} \perp OY_W$，即 $aa_x = a''a_z$。

从上面分析可以得出点在三投影面体系中的投影规律：

① 点的投影连线垂直于投影轴，即 $aa' \perp OX$，$a'a'' \perp OZ$。

② 点的水平投影 X 轴的距离等于点的侧面投影到 Z 轴的距离，即 $aa_x = a''a_z$。

（3）点在三个投影面中的位置

点的投影到投影轴的距离即为点的坐标，H 面投影到 OY 轴的距离与 V 面投影到 OZ 轴的距离为空间点的 x 坐标，H 面投影到 OX 轴的距离与 W 面投影到 OZ 轴的距离为空间点的 y 坐标，V 面投影到 OX 轴的距离与 W 面投影到 OY 轴的距离为空间点的 z 坐标.

当 $x \neq 0, y \neq 0, z \neq 0$ 时，点在空间；

当 $x = 0, y \neq 0, z \neq 0$ 时，点在 W 投影面上；

当 $x \neq 0, y = 0, z \neq 0$ 时，点在 Y 投影面上；

当 $x \neq 0, y \neq 0, z = 0$ 时，点在 H 投影面上；

当 $x = 0, y \neq 0, z \neq 0$ 时，点在 OZ 投影轴上；

当 $x \neq 0, y = 0, z = 0$ 时，点在 OX 投影轴上；

当 $x = 0, y \neq 0, z = 0$ 时，点在 OY 投影轴上；

如果空间中的两点有两个坐标值相同，那么空间两点在其中一个投影面上的投影为同一个点，这两点即为该投影面上的重影点，如图 1-1-13 所示。重影点的重合投影有

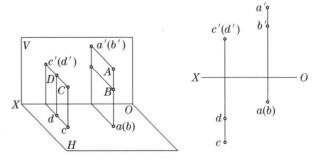

图 1-1-13　重影点及其可见性

上挡下、前档后、左挡右的关系,在上、前、左的点可见,下、后、右的点不可见。坐标值大的点可见,坐标值小的点不可见。

【例 1-1-1】

已知点 A 的 V 投影 a' 和 W 面投影 a'',如图 1-1-14(a)所示,试求其 H 面投影 a。

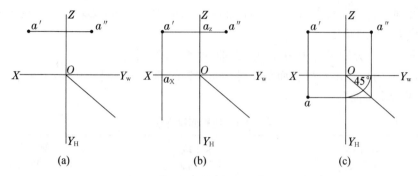

图 1-1-14　例 1-1-1 图

解:如图 1-1-14(b)所示,过已知投影 a' 作 OX 的垂直线,根据点的投影规律,所求的 a 必在这根竖直投影连线上。同时 a'' 到 OZ 轴的距离,必然等于 a 到 OX 轴的距离。因此,截取 $aa_x = a''a_z$,定出点 a,即为所求。作图时,可以采用以 O 为圆心,画圆弧或用 45°分角线,如图 1-1-14(c)所示。

2. 直线的投影规律

空间直线与投影面的相对位置分为倾斜、平行和垂直三种,根据其三种不同的位置关系,直线分为一般位置直线、投影面平行线、投影面垂直线三类。

直线与投影面 H、V、W 的倾角,分别用标注 α,β,γ 表示。当直线平行于投影面时,倾角为 0;垂直于投影面时,倾角为 90°。

(1)一般位置直线

投影特性:三个投影均为长度缩短的直线段,均倾斜于投影轴,与投影轴的夹角不反映直线与投影面的倾角。如图 1-1-15 所示。

由一般位置直线的投影特性,可以得出对其位置的判断:"三个投影三个斜"。

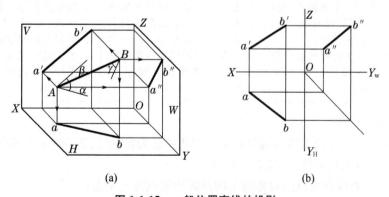

图 1-1-15　一般位置直线的投影

（2）投影面平行线

平行于一个投影面而倾斜于其余两个投影面的直线称为投影面平行线。分为水平线、正平线和侧平线。

投影面平行线的投影特性（见表1-1-1）：

① 投影面平行线在其平行的投影面上的投影反映实长，与投影轴的夹角反映直线与另两个相对于投影面的倾角。

② 另两个投影分别平行于相应的投影轴，但不反映实长。

由表1-1-1，可以得出对投影面平行线空间位置的判断："一斜两直线，定是平行线，斜线在哪个面，平行哪个面"。

表 1-1-1 投影面平行线

名称	正平线 （//V 面）	水平线 （//H 面）	侧平线 （//W 面）
直观图	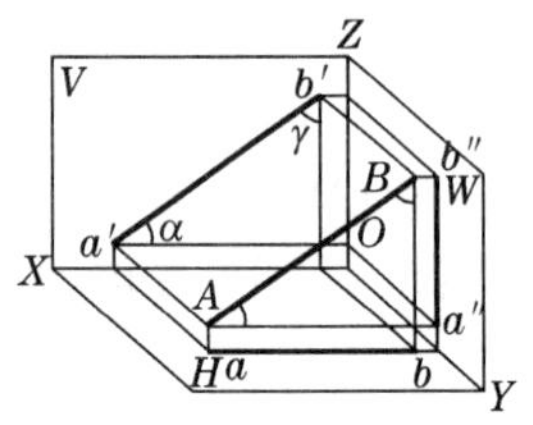	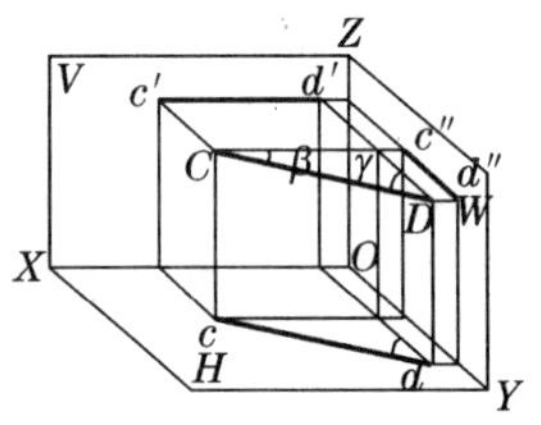	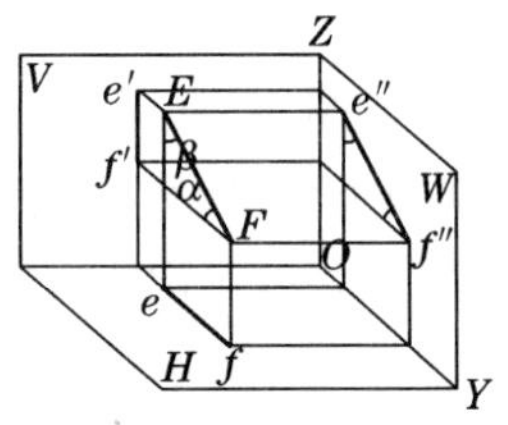
投影图	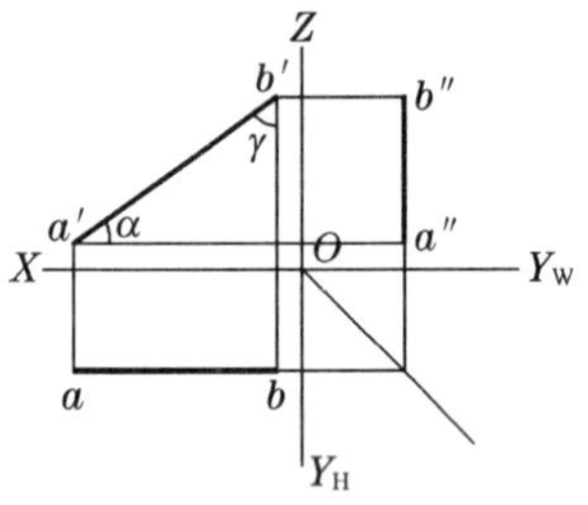	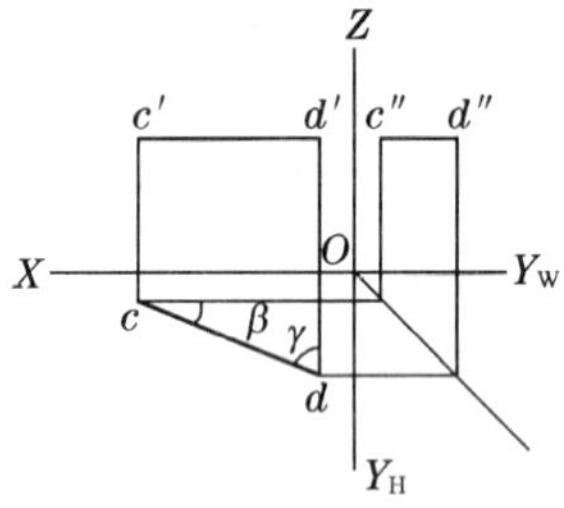	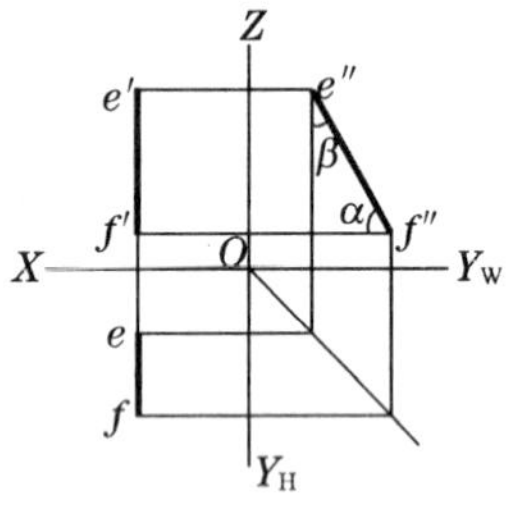
投影特性	1. 正面投影反映实长。 2. 正面投影与 X 轴和 Z 轴的夹角，分别反映直线与 H 面和 W 面的倾角。 3. 水平投影及侧面投影分别平行于 X 轴及 Z 轴，但不反映实长。	1. 水平投影反映实长。 2. 水平投影与 X 轴与 Y 轴的夹角，分别反映直线与 V 面和 W 面的倾角。 3. 正面投影及侧面投影分别平行于 X 轴及 Y 轴，但不反映实长。	1. 侧面投影反映实长。 2. 侧面投影与 Y 轴和 Z 轴的夹角，分别反映直线与 H 面和 V 面的倾角。 3. 水平投影及正面投影分别平行于 Y 轴及 Z 轴，但不反映实长。

（3）投影面垂直线

垂直于一个投影面的直线称为投影面垂直线。分为铅垂线、正垂线和侧垂线。

投影面垂直线的投影特性（见表1-1-2）：

① 投影面垂直线在垂直的投影面上的投影积聚成为一个点；

② 在另外两个投影面上的投影分别垂直于相应的投影轴，并反映实长。

由表1-1-2，可以得出对投影面垂直线线空间位置的判断："一点两直线，定是垂直线，点在哪个面，垂直哪个面"。

表 1-1-2　投影面垂直线

名称	正垂线 （⊥V 面）	铅垂线 （⊥H 面）	侧垂线 （⊥W 面）
直观图			
投影图			
投影特性	1. 正面投影积聚为一点。 2. 水平投影及侧面投影分别垂直于 X 轴及 Z 轴,且反映实长。	1. 水平投影积聚为一点。 2. 正面投影及侧面投影分别垂直于 X 轴及 Y 轴,且反映实长。	1. 侧面投影积聚为一点。 2. 水平投影及正面投影分别垂直于 Y 轴及 Z 轴,且反映实长。

【例 1-1-2】

已知正垂线 AB 长 20 mm,点 A 的坐标是(15,0,20),求作直线 AB 的三面投影。

解:

(1) 根据点 A 的 x、z 坐标作出点 A 的 V 面投影 a',见图 1-1-16(a)。

(2) 直线 AB 是正垂线,AB 的 V 面投影积聚成一点,由于 A 点的 $y=0$,则 A 点的水平面和侧面投影必在坐标轴上,根据投影面垂直线的投影规律,A 点的 H 面投影和 W 面投影应分别垂直于 OX 轴和 OZ 轴,且反映实长. 即 $ab=a''b''=20$ mm。ab 垂直于 OX 轴,$a''b''$ 垂直于 OZ 轴。作图如图 1-1-16(b)所示。

(3) 完成图并加深图线,如图 1-1-16(c)所示。

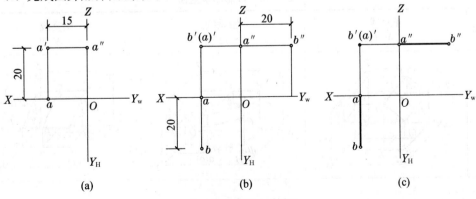

(a)　　　　　　　　(b)　　　　　　　　(c)

图 1-1-16　例 1-1-2 图

3. 平面的投影规律

空间平面与投影面的相对位置分为倾斜、垂直和平行,根据其位置关系空间位置平面分为一般位置平面、投影面垂直面、投影面平行面三类。

平面与投影面 H、V、W 的倾角,也分别用标注 α、β、γ 表示。当平面平行于投影面时,倾角为 0;垂直于投影面时,倾角为 $90°$。

(1) 一般位置平面

一般位置平面指不垂直于任一投影面的平面。其投影图如图 1-1-17 所示。

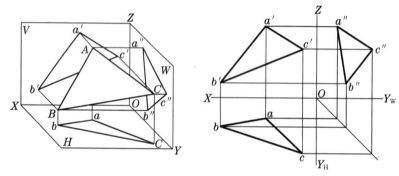

图 1-1-17　一般位置平面

一般位置平面的投影特性是:在三个投影面上的均为面积缩小的类实形。

一般位置平面空间位置的判别:"三面"。

(2) 投影面垂直面

投影面垂直面是指垂直于投影体系中的某一个投影面,但倾斜于另外两个投影面的平面。分为铅垂面、正垂面和侧垂面。其投影图如表 1-1-3 所示。

投影面垂直面的投影特性:

① 投影面垂直面在与其垂直的投影面上的投影积聚成一条倾斜于投影轴的直线,该直线与投影轴的夹角反映该平面与另外两个投影面的倾角;

② 在另外两个投影面上的投影都是平面的类似形。

由表 1-1-3 所示,可以对垂直面空间位置的判别:"两面一斜线,定是垂直面;斜线哪个面,垂直哪个面"。

表 1-1-3　投影面垂直面

名称	正垂线 (⊥V 面)	铅垂线 (⊥H 面)	侧垂线 (⊥W 面)
直观图			

（续表）

名称	正垂线（⊥V 面）	铅垂线（⊥H 面）	侧垂线（⊥W 面）
投影图			
投影特性	1. 正面投影积聚成一直线。 2. 正面投影与 X 轴和 Z 轴的夹角分别反映平面与 H 面和 W 面的倾角。 3. 水平投影及侧面投影为平面的类似性。	1. 水平投影积聚成一直线。 2. 水平投影与 X 轴和 Y 轴的夹角分别反映平面与 V 面和 W 面的倾角。 3. 下面投影及侧面投影为平面的类似性。	1. 侧面投影积聚成一直线。 2. 侧面投影与 Z 轴和 Y 轴的夹角分别反映平面与 H 面和 V 面的倾角。 3. 水平投影及正面投影为平面的类似性。

（3）投影面平行面

投影面平行面是指平行于投影体系中的某一个投影面，分为水平面、正平面和侧平面。其投影图如表 1-1-4 所示。

投影面平行面的投影特性：

① 投影面平行面在平行的投影面上的投影反映实形；

② 在另外两个投影面上的投影积聚成直线，且分别平行于相应的投影轴。

对平行面空间位置的判别："一框两直线，定是平行面；框在哪个面，平行哪个面"。

投影面平行面是指平行于投影体系中的某一个投影面，分为水平面、正平面和侧平面。其投影图如表 1-1-4 所示。

投影面平行面的投影特性：

① 投影面平行面在平行的投影面上的投影反映实形；

② 在另外两个投影面上的投影积聚成直线，且分别平行于相应的投影轴。

对平行面空间位置的判别："一框两直线，定是平行面；框在哪个面，平行哪个面"。

表 1-1-4　投影面平行面

名称	正平面（∥V 面）	水平面（∥H 面）	侧平面（∥W 面）
直观图			

（续表）

名称	正平面 （// V 面）	水平面 （// H 面）	侧平面 （// W 面）
投影图	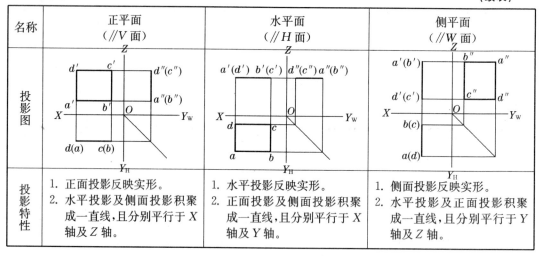		
投影特性	1. 正面投影反映实形。 2. 水平投影及侧面投影积聚成一直线,且分别平行于 X 轴及 Z 轴。	1. 水平投影反映实形。 2. 正面投影及侧面投影积聚成一直线,且分别平行于 X 轴及 Y 轴。	1. 侧面投影反映实形。 2. 水平投影及正面投影积聚成一直线,且分别平行于 Y 轴及 Z 轴。

【例 1-1-3】

试判断图 1-1-18 三面投影中平面 $ABED$、$ACFD$、ABC、DEF 和直线 AB、AC、DE、DF 与投影面的位置关系。

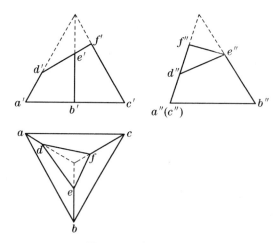

图 1-1-18 例 1-1-3 图

解:(1) 平面 $ABED$ 在 H、V、W 三面投影均为类似四边形,各投影均无积聚性,符合一般位置平面的投影特性,所以平面 $ABED$ 为一般位置平面。

(2) 平面 $ACFD$ 在 H、V 两面投影均为类似四边形、在 W 面积聚成一条直线,符合侧垂面投影特性,所以平面 $ACFD$ 为侧垂面。

(3) 平面 ABC 在 V、W 两面投影均为直线,且直线分别平行于相应的投影轴,在 H 面投影均为三角形,反映实形,符合水平面投影特性,所以平面 ABC 为水平面。

(4) 平面 DEF 在 H、W 两面投影均为类似三角形、在 V 面积聚成一条直线,符合正垂面投影特性,所以平面 DEF 为正垂面。

(5) 直线 AB 在 V、W 两面投影均为平行于相应投影轴的直线,在 H 面投影为一斜线,符合水平线投影特性,所以直线 AB 为水平线。

（6）直线 AC 在 W 面投影积聚成一点，在 H、V 两面投影分别垂直于相应的投影轴，符合侧垂线投影特性，所以直线 AC 为侧垂线。

（7）直线 DE 在 H、V、W 三面投影均为斜线，不具有积聚性，符合一般位置直线的投影特性，所以直线 DE 为一般位置直线。

（8）直线 DF 在 H、V、W 三面投影均为斜线，不具有积聚性，符合一般位置直线的投影特性，所以直线 DF 为一般位置直线。

综上所述，线、面与投影面位置关系见表 1-1-5。

表 1-1-5　线、面与投影面位置关系

平面	与投影面位置关系	直线	与投影面位置关系
$ABED$	一般位置平面	AB	水平线
$ACFD$	侧垂面	AC	侧垂线
ABC	水平面	DE	一般位置直线
DEF	正垂面	DF	一般位置直线

1.1.4　基本体的投影图

任何复杂的建筑物都是由若干简单的立体组合而成的，简单立体也叫基本形体。基本形体一般分为平面立体和曲面立体两大类。

1. 平面体的投影

几何体的表面由平面围成的体称为平面体。平面立体主要有棱柱、棱锥和棱台。由于平面立体由其平面表面所决定，所以平面立体的投影是围成它的表面的所有平面图形的投影。

（1）棱柱体

底面为多边形，各棱线互相平行的立体就是棱柱。棱柱分为正棱柱和斜棱柱。棱线垂直于底面的棱柱叫正棱柱，棱线倾斜于底面的棱柱叫斜棱柱。正棱柱的各侧面均为矩形，斜棱柱的各侧面均为平行四边形。图 1-1-19 所示为一横放的正三棱柱，即常见的两坡面屋顶。

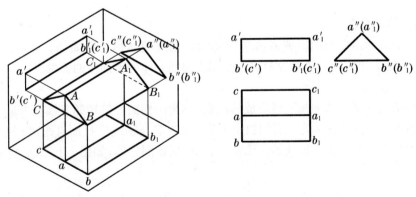

图 1-1-19　棱柱体投影图

（2）棱锥体

底面为多边形，各棱线交于一点的立体就是棱锥。棱锥分为正棱锥和斜棱锥。图 1-1-20 所示为一正五棱锥体的投影。

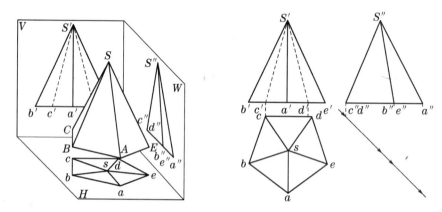

图 1-1-20 棱锥体投影图

（3）棱台体

用平行于棱锥体底面的平面切割棱锥，底面和截面之间的部分称为棱台。图 1-1-21 所示为一四棱台的投影。

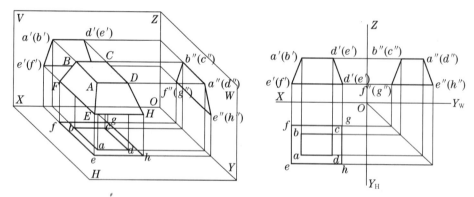

图 1-1-21 棱台体投影图

2. 曲面体的投影

基本体的表面由曲面围成或者由平面和曲面围成的体称为曲面体。曲面体通常有圆柱、圆锥和球体。作曲面立体的投影就是作围成曲面立体的平面或曲面的投影。

（1）圆柱的投影

一直线绕与其平行的轴线旋转形成的曲面，称为圆柱面。旋转的直线称为母线，母线在任一位置留下的轨迹线称为素线，圆柱面的所有素线都与轴线平行而且距离相等。当圆柱面被两个相互平行且垂直于轴线的平面截断，则形成正圆柱体，如图 1-1-22(a)所示。

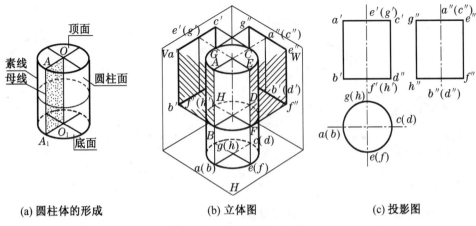

(a) 圆柱体的形成　　　　(b) 立体图　　　　(c) 投影图

图 1-1-22　圆柱体的形成及投影

（2）圆锥的投影

由直母线绕与其相交的轴线旋转而形成的曲面，称为圆锥面。圆锥面上所有的素线交于一点，该点称为圆锥面的顶点。圆锥面被与圆锥轴线垂直的平面截断，则形成正圆锥体，如图 1-1-23（a）所示。

当圆锥面的轴线垂直于水平投影面时，其三面投影如图 1-1-23（b）、（c）所示。

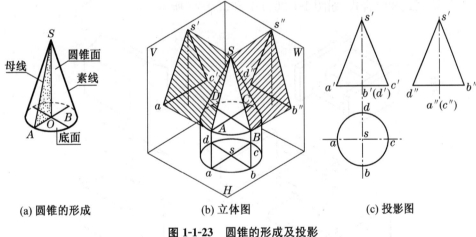

(a) 圆锥的形成　　　　(b) 立体图　　　　(c) 投影图

图 1-1-23　圆锥的形成及投影

（3）球体的投影

由曲母线——圆绕圆内一直径旋转形成的曲面称为球面，如图 1-1-24（a）所示。

球面在三面投影体系中的投影为三个直径相等的圆，如图 1-1-24（b）、（c）所示。各投影的轮廓线是平行于投影面的最大圆周的投影。

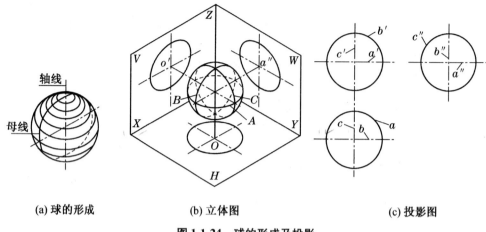

(a) 球的形成　　　　(b) 立体图　　　　　　(c) 投影图

图 1-1-24　球的形成及投影

1.1.5　组合体的投影

1. 组合体的组合方式

任何复杂的建筑形体,从形体的角度看,都可以认为是由一些基本形体按照一定的组合方式组合而成的,由两个或两个以上基本形体组成的物体,称为组合体。组合体的组合方式有叠加式、切割式和混合式,如图 1-1-25、1-1-26、1-1-27 所示。

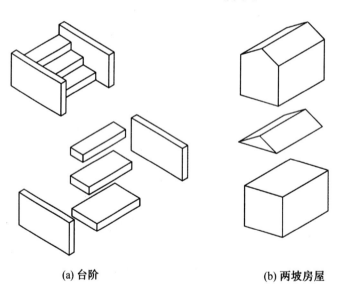

(a) 台阶　　　　　　　　　　　(b) 两坡房屋

图 1-1-25　叠加式

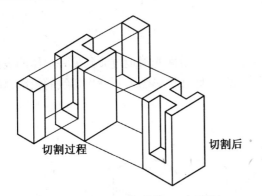

图 1-1-26　切割型组合体(工字型柱)

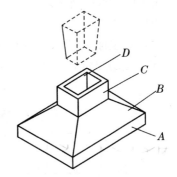

图 1-1-27　混合型组合体(杯形基础)

2. 组合体各基本体之间的表面连接关系

由于组合体的投影图比较复杂.为了避免组合处的投影出现多线或漏线的错误,应正确处理基本体表面的相对位置。组合体中各基本体表面之间按位置关系可分为共面、不共面、相切和相交四种形式。

(1) 共面关系

当两基本体叠加时,表面对齐且共面处于同一位置时,是共面关系。在两个图的交界处不存在交线,因此在投影图上不画线,如图 1-1-28(a)所示。

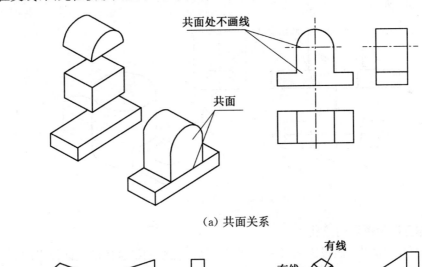

(a) 共面关系

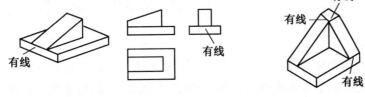

(b) 不共面关系

图 1-1-28　共面、不共面关系

(2) 不共面关系

当两基本体叠加时,表面对齐但不共面,在两个图的交界处存在交线,因此在投影图上应画线,如图 1-1-28(b)所示。

(3) 相切关系

当两基本体表面相切时,在相切处的特点是由一个表面光滑地过渡到另一形体的表面,在过渡处无明显的交界线。因为相切时光滑过渡,因此在投影图上不画出切线的投影,如图 1-1-29 所示。

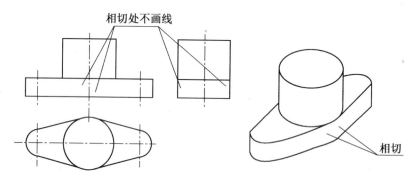

图 1-1-29　相切关系

(4) 相交关系

两基本体的相邻两表面相交时,在相交部分产生交线。画图时应正确地画出两表面的交线,如图 1-1-30 所示。

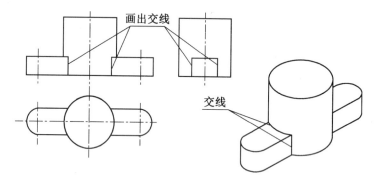

图 1-1-30　相交关系

3. 组合体三面投影图的绘制

在工程图样中,常用三面投影图来表达空间形体。在绘制组合体的三面投影图时,通常按下列步骤进行。

(1) 形体分析

所谓形体分析,就是将组合体看成是由若干个基本体构成,在分析时是将其分解成单个基本体,并分析各基本体之间的组成形式和相邻表面间的位置关系,判断相邻表面是否处于共面、不共面、相切和相交的位置。

现绘制图 1-1-31 扶壁式挡土墙的三面正投影图。

从图中可以看出该组合体由三部分组成。A 是一个切割后的长方体,B 是一个长方体,C 是一个三棱柱;三部分以叠加的方式组合,A 在下面,B 在 A 的上面,C 作为支撑肋板立在 A 和 B 之间,A 和 B 前后相邻表面对齐共面。

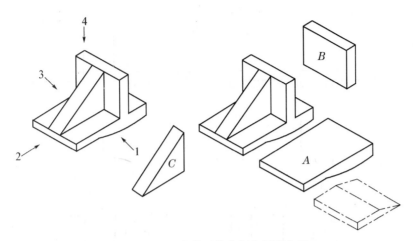

图 1-1-31　组合体形体分析和投影分析

（2）投影分析

在用投影图表达物体的形状时,物体的安放位置及投影方向,对物体形状特征表达和图样的清晰程度等,都有明显的影响。因此,在画图前,除进行形体分析外,还须进行投影分析,即确定较好的投影方案。在确定投影方案时,一般应考虑以下三条原则:

① 使正面投影能较明显地反映物体的形状特征和各部分的相对关系;

② 使各投影中的虚线尽量少;

③ 使图纸的利用较为合理。

当然,由于组合体的形状千变万化,因此在确定投影方案时,往往不能同时满足上述原则,还需根据具体情况,全面分析,权衡主次,进行确定。

图 1-1-32 为扶壁式挡土墙的投影方向分析。从 1 方向投影主视图是最合适的,从 2、4 方向去投影其投影图轮廓都是矩形,不反映形体特征,而且 4 方向不是工程安放位置,3 方向从反映形体特征方面和 1 相像,但在其侧面投影中会产生虚线,因此也不合适。

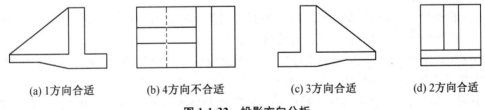

(a)1方向合适　　　(b)4方向不合适　　　(c)3方向合适　　　(d)2方向合适

图 1-1-32　投影方向分析

（3）根据物体的大小和复杂程度,确定图样的比例和图纸的幅面,并用中心线、对称线或基线,定出各投影的位置。

（4）打底稿,逐个画出各组成部分的投影。绘制各组成部分投影的次序一般按先画大形体后画小形体,先画曲面体后画平面体,先画实体后画空腔的次序。对每个组成部分,应先画反映形状特征的投影,再画其他投影。画图时,要特别注意各部分的组合关系及表面连接关系。

扶壁式挡土墙画图步骤如下:

① 画形体 A 的三面投影图,水平投影中右边的一条虚线在投影上与 B 形体重合,如图

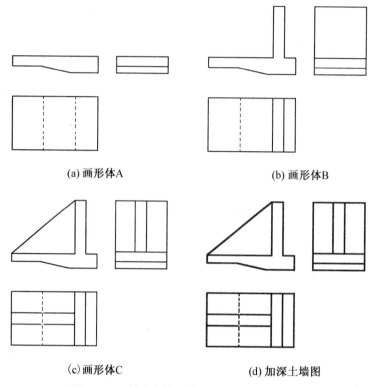

(a) 画形体A　　　　　　　　　(b) 画形体B

(c) 画形体C　　　　　　　　　(d) 加深土墙图

图 1-1-33　扶壁式挡土墙三面正投影图的绘制

1-1-33(a)所示。

② 画形体 B 的三面投影图,B 和 A 前后相邻表面共面,所以此处不画线,如图 1-1-33(b)所示。

③ 画形体 C 的三面投影图,形体 C 在形体 A 的上面和形体 B 的左面,如图 1-1-33(c)所示。

(5) 检查所画的投影图是否正确,各投影之间是否符合"长对正、高平齐、宽相等"的投影规律,组合处的投影是否有多线或漏线现象。

(6) 按规定线型加深,加深的次序按先加深曲线后加深直线,先加深长线后加深短线,先加深细线后加深粗线的次序,完成三面投影图的加深,如图 1-1-33(d)所示。

下面绘制图 1-1-1 台阶的三面投影图。将空间形体放置在三面投影体系内,为了使绘图简单,充分利用正投影的投影特性,在放置时应尽可能将围成体的平面与投影面处于平行或垂直的位置关系中,如图 1-1-34 所示,向三个投影面作正投影,得到其三面投影图。

5. 识读组合体的三面投影

组合体绘图是将三维的立体按投影规律投射到投影面上,所得到的投影图是二维平面图形。而组合体的读图,则是根据已画好的投影图,运用投影规律,想象出空间立体的形状。识读形体投影图形状一般采用形体分析法和线面分析法两种。分析组合体投影图各个部分的投影特点,认清各基本体的形状和线面相互关系,把细节揣摩透,综合分析确定。读图能力的提高要通过大量的练习才可见效。识读组合体的三面投影的基本方法如下:

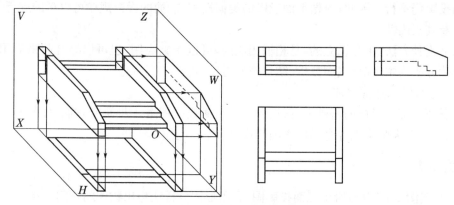

图 1-1-34　台阶的三面投影图

（1）分析投影图,抓住特征

一般情况下,形体的形状不能只根据一个投影图来确定,有时两个投影图也不能确定形体的形状。如图 1-1-35 所示水平投影、正面投影相同而侧面投影不同,形体的形状不同。这时,首先要弄清楚图样上给出的是哪些投影图及各投影图之间的相互关系,找出能反映组合体特征的投影图;其次,抓住特征投影图进行分析。在制图时,一般是将最能反映形体特征的图作为主要投影图,因此在读图时也要从此入手,但形体每部分的形状和相互位置的特征,不可能全部集中在一个投影图中表示出来,所以一定要联系其他投影图一起来分析,才能正确地想出整个形体的形状和结构。

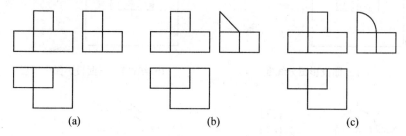

|　(a)　|　(b)　|　(c)　|

图 1-1-35　水平投影、正面投影相同的形体

（2）形体分析法和线面分析法

组合体由一些基本形体组合而成,因而其投影图必然呈现出一些线框的组合图形。识读组合体投影图时,在已经明确了各投影图之间的关系、抓住了特征投影图的基础上,就要运用形体分析法和线面分析法来综合识图了。

① 形体分析法。在投影图中,根据形状特征比较明显的投影,将其分成若干基本形体,并按它各自的投影关系,分别想出各个基本形体的形状,最后加以综合,想出整体形体。这种方法称为形体分析法。

② 线面分析法。当投影图不易分成几个部分,或部分投影比较复杂时,可采用线面分析法读图,就是以线、面的投影特征为基础,根据投影图中线段和线框的投影特点,明确它们的空间形状和位置,综合起来,想象出整个形体的空间形状。

在进行线面分析时,平面的投影除成为具有积聚性的直线段外,其他投影是与原来形状相类似的图形,即表示平面图形的封闭线框,其边数不变,且线、曲线的相仿性不变,而且平行线的投影仍平行。因此,根据平面投影的类似性和线、面的投影规律可以帮助进行形象构思并判断其正确性。

以上两种方法,不是孤立的,是相辅相成的,可以单独应用,也可以综合起来应用;一般是以形体分析为主,综合线面分析、结合想象得出组合体的全貌。

(3)综合起来想像整体

在看懂每部分形体的基础上,根据形体的三面投影图进一步研究它们之间的相对位置和连接关系,在大脑中把各个形体逐渐归拢,形成一个整体。

【案例】

1. 根据图 1-1-36(a)所示三面投影图,利用形体分析法想出物体的空间形状。

解:(1)了解建筑形体的大致形状

从正面投影图中可以了解到该形体是一个曲面体和平面体的组合形体,且上面为曲面体,下面为平面体,从侧面投影图可以了解到该形体后半部分高于前半部分。

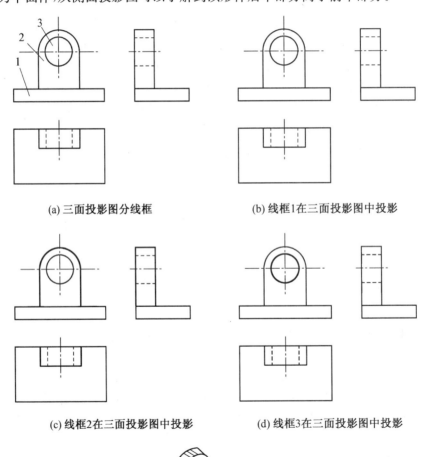

(a) 三面投影图分线框   (b) 线框1在三面投影图中投影

(c) 线框2在三面投影图中投影   (d) 线框3在三面投影图中投影

(e) 组合体立体图

图 1-1-36 案例 1-1-4 图

（2）分线框

根据基本体投影图的基本特点,首先将三面投影图中的一个投影图进行分解,首先分解的投影图,应使分解后的每一部分能具体反映基本体形状。如图 1-1-36(a)所示,正面投影能将形体的平面体和曲面体进行分解,而另两个投影图却只能分解成两部分,且都是矩形,并不能反映是否有曲面体的问题,更不能反映曲面体的特征。因此,应选择正面投影进行分解。将正面投影图分解为三个线框 1、2、3。在读图时,可以将三个线框设想为三个简单体的正面图。

（3）对投影,分析各线框

线框 1:如图 1-1-36(b)所示,按照"长对正、高平齐、宽相等"的三对等规律得知,三个投影图都为矩形,确定该部分为四棱柱。且由正面和侧面投影图可知,该四棱柱在组合体的下面;

线框 2:如图 1-1-36(c)所示,正面投影图反映该部分的形状特征,通过平面和侧面投影图可知,该部分为四棱柱与半圆柱的叠加,且半圆柱在四棱柱的上面。从侧面图可以看出该部分位于组合体的后上方中部。

线框 3:如图 1-1-36(d)所示,在正面投影图中为圆,侧面和水平面均为矩形,结合基本体投影可以确定该部分为圆柱,由于在侧面和水平面投影图均为虚线框,结合正面图,可以确定该部分圆柱是从第 2 部分中挖去的。

（4）想整体

综合分析得到的三个基本部分,利用三面投影图中的上下、左右、前后关系,分析各基本体的相对位置。从图 1-1-36(a)中的正面投影可以看出,基本体 1——四棱柱位于整个形体的最下面,为底座。由正面投影和水平投影可知形体 2——四棱柱和半圆柱的叠加在形体 1 的上方,后中部。并且从水平投影的虚线可以知道形体 3——从形体 2 中去掉的一个圆柱。这样分析清楚各基本体相对位置后,形体的整体形状就建立起来了。组合体的立体图如图 1-1-36(e)所示。

2. 根据图 1-1-37(a)所示三面投影图,利用形体分析法想出物体的空间形状。

解:（1）初步分析建筑形体的大致形状

从正面和水平面投影图中可以了解到该形体是左右两部分叠加而成,结合侧面图分析右侧部分为一切割体,切割体大体为一三棱柱,左侧大体为三个四棱柱叠加而成。

（2）分线框

结合正面和侧面投影图,将正面投影图分解为 5 个线框,线框 1、2、3 为三个小矩形,线框 4 为右侧大矩形,线框 5 为右侧上面小矩形,如图 1-1-37(a)。

（3）对投影,分析各线框

线框 1:如图 1-1-37(b)所示。按照"长对正、高平齐、宽相等"的三对等规律得知,三个投影图都为矩形,确定该部分为形体 1——四棱柱。且由正面和侧面投影图可知,该四棱柱在组合体的左侧最下面;

线框 2、3:如图 1-1-37(b)、(c)所示。同理,按照"长对正、高平齐、宽相等"的三对等规律得知,三个投影图都为矩形,确定线框 2 和 3 也为四棱柱,定义为形体 2 和形体 3。且由正面和侧面投影图可知,形体 2 在组合体左侧形体 1 上面,形体 3 在形体 2 的上面;

线框 4、5:如图 1-1-37(d)所示,同理可以判断线框 4 也为四棱柱 4,在组合体的右侧;线框 5 侧面投影为三角形,正面和水平面投影均为矩形,判断线框 5 为三棱柱;结合侧面投影可以判断线框 4、5 组合形成形体 4,该形体为在四棱柱前上方角部切割一三棱柱。该部分在组合体的右侧。

(4) 想整体

从图 1-1-37(a)中的正面投影和侧面投影可以看出,基本体 1—四棱柱位于整个形体左侧的最下面,形体 2 和形体 3 分别位于形体 1 和形体 2 的正上方,且左侧共面(左侧面投影图中没有分界线),形体 4 在组合体的右侧,为一切割三棱柱的四棱柱。这样分析清楚各基本体相对位置后,形体的整体形状就建立起来了。组合体的立体图如图 1-1-37(g)所示。

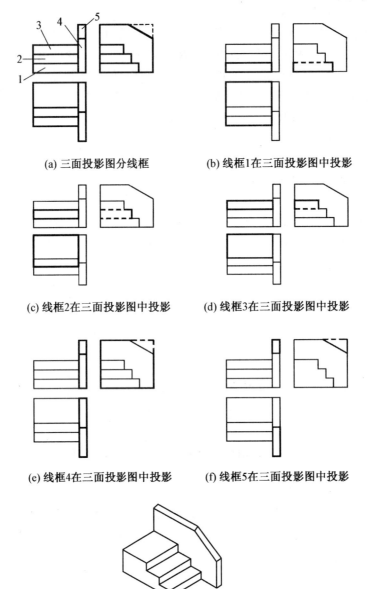

(a) 三面投影图分线框   (b) 线框1在三面投影图中投影

(c) 线框2在三面投影图中投影   (d) 线框3在三面投影图中投影

(e) 线框4在三面投影图中投影   (f) 线框5在三面投影图中投影

(g) 组合体(台阶)立体图

图 1-1-37 案例 1-1-5 图

1.2　剖面图与断面图

【学习目标】

1. 掌握建筑形体多面视图的形成，能将多面视图与空间形体联系起来；
2. 掌握剖面图形成的原理、剖面图的类型及适用范围；
3. 能绘制建筑形体的剖面图；
4. 掌握断面图形成的原理；
5. 能绘制建筑形体的断面图；
6. 培养学生较强的空间想象能力；
7. 培养学生严谨科学的学习态度。

【关键概念】

多面视图、剖面图、断面图

1.2.1　视图

1. 多面视图

房屋建筑的图样，应按正投影法并用第一角画法绘制，图 1-2-1 为按此方法投影所得的房屋的六个图样，通常也称为六面视图或六视图，图中的 A、B、C、D、E、F 表示六个投影方向，自前方 A 投影称为正立面图，自上方 B 投影称为平面图，自左方 C 投影称为左侧立面图，自右方 D 投影称为右侧立面图，自下方 E 投影称为底面图，自后方 F 投影称为背立面图。在工程图纸中一般不采用自下向上投影的方法绘制底面图。

当在同一张图纸上绘制若干个视图时，各视图的位置宜按照图 1-2-2 的顺序布置。每个图样，一般均应标注图名，图名宜标注在图样下方或一侧，并在图名下绘一粗横线，其长度应与图名所占的长度一致。绘图时，图 1-2-1 的轴测图以及图

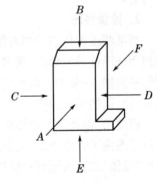

图 1-2-1　基本视图的形成

1-2-2 各视图中的字母，都不要绘制和注写，在这里，只是为了帮助理解而添加的。

由投影方向 A、B、C 分别向位于物体后方、下方、右方的投影面作正投影，所得到的正立面图（①～⑨立面图）、平面图（X 层平面图）、左侧立面图（Ⓐ～Ⓗ立面图），也就是前面的三面视图或三视图。当视图的位置按三等规律配置时，可以省略标注图名。

如图 1-2-1 所示，按 A、C 的相反方向 F、D，分别向位于物体前方、左方的投影面作正投影，分别得到背立面图（⑨～①立面图）、右侧立面图（Ⓐ～Ⓗ立面图）。由 E 方向向物体上方的投影面投影得到其仰视图，在工程中一般按照镜像视图的方法绘制，如图 1-2-3 所示。这六个图样共同组成了物体的六面视图。

工程建筑物不一定都要全部用三视图或六视图表示，而应在完整、清晰表达的前提

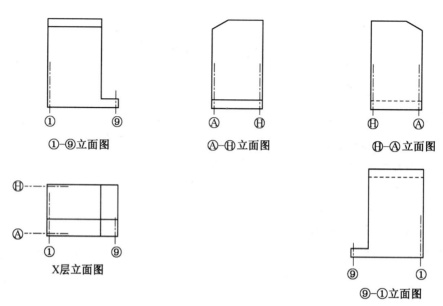

①—⑨立面图 Ⓐ—Ⓗ立面图 Ⓗ—Ⓐ立面图

X层立面图 ⑨—①立面图

图 1-2-2　视图的布置

下,视图越少越好。当几个图样绘制在一张图纸上时,图样的顺序宜按主次关系从左至右依次排列。当视图中出现虚线时,只要在其他视图中已经表达清楚这一部分不可见的构造,虚线可省略不画;如依靠其他视图不足以清楚表达这一部分不可见的构造,则虚线不可省略。

2. 镜像视图

当某些工程构造采用直接正投影法制图不易清楚表达时,可以采用镜像投影法绘制,即假想用镜面代替投影面,按照物体在镜中的垂直映像绘制图样。镜像视图一般用于房屋顶棚的平面图,在装饰工程中应用较多。例如吊顶图案的施工图,无论用一般正投影法还是用仰视法绘制的吊顶图案平面图,都不利于看图施工。如果我们采用镜像投影法,把地面看作是一面镜子,得到的吊顶图案平面图(镜像)就能真实反映吊顶图案的实际情况,有利于施工人员看图施工。图 1-2-3 是用镜像投影法画出的平面图。当采用镜像投影法时,应在图名后加"镜像"二字或绘制镜像投影识别符号。

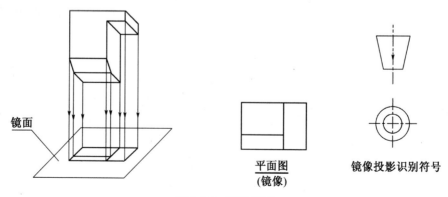

镜面

平面图
(镜像)

镜像投影识别符号

图 1-2-3　镜像视图

3. 展开视图

有些形体由互相不垂直的两部分组成,作投影图时,可以将平行于其中一部分的面作为一个投影面,而另一部分必然与这个投影面不平行,在该投影面上的投影将不反映实形,不能具体反映形体的形状和大小。为此,将该部分进行旋转,使其旋转到与基本投影面平行的位置,再作投影图,这种投影图称为展开投影图,如图 1-2-4 所示。展开投影图应在图名后加注"展开"二字,并加注括号。

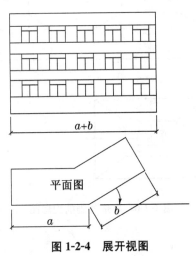

图 1-2-4　展开视图

根据建筑形体多面视图的投影方法绘制 1-1-1 台阶的多面视图,如图 1-2-5 所示。

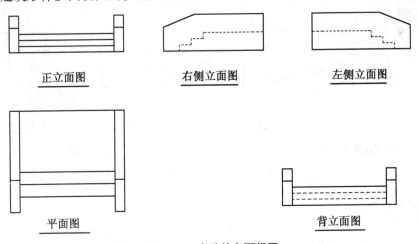

正立面图　　右侧立面图　　左侧立面图

平面图　　　　　背立面图

图 1-2-5　台阶的多面视图

1.2.2　剖面图

1. 剖面图的形成

假想用一个剖切面将物体剖开,移去剖切面与观察者之间的部分,将剩余部分向与剖切面平行的投影面作投影,并将剖切面与形体接触的部分画上剖面线或材料图例,这样得到的投影图称为剖面图,简称剖面。

如图 1-2-6 所示为一钢筋混凝土杯形基础的投影图。由于这个基础有安装柱子用的杯口,它的正立面图和侧立面图中都有虚线,使图不清晰。此时,假想用一个通过基础前后对称平面的剖切平面 P 将基础剖开,移去剖切平面 P 连同它前面的半个基础,将留下的后半个基础向正立面作投影,得到的正面投影图,称基础剖面图,如图 1-2-7 所示。

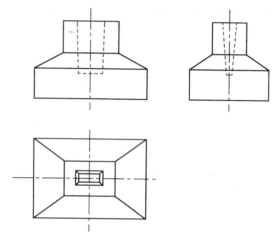

图 1-2-6 杯形基础的投影图

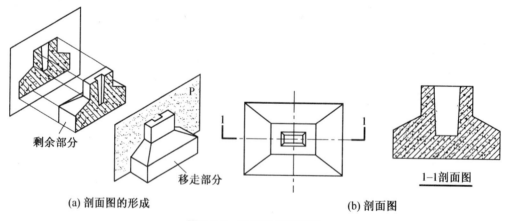

剩余部分

移走部分

(a) 剖面图的形成

(b) 剖面图

1-1剖面图

图 1-2-7 杯形基础剖面图

2. 剖面图的标注

(1) 剖切符号

剖切符号由剖切位置线和剖视方向线组成。

剖切位置线是剖切平面的积聚投影,用两段长度为 6～10 mm 的粗实线来表示。如图 1-2-8 所示。

剖视方向线垂直于剖切位置线,用长度为 4～6 mm 的粗实线来表示。剖切符号线画在图形的外部,且不与图线相交。

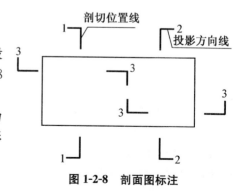

剖切位置线

投影方向线

图 1-2-8 剖面图标注

（2）编号

剖切符号的编号应注写在剖视方向线的端部,剖面图的编号宜采用粗阿拉伯数字,按顺序由左至右、由下至上连续编排。需要转折的剖切位置线应互相垂直,其长度与投射方向线相同,同时应在转角的外侧加注与该符号相同的编号,如图 1-2-8 所示。

（3）材料图例

剖面图中剖切面与形体接触部分的投影必须画上表示材料类型的图例。在表 1-2-1 中列出了 GB/T 50001—2010 中所规定的部分常用建筑材料图例,其余可查阅该标准。如果没有指明材料图例时,要用剖面线表示。剖面线用 45°方向等间距的平行线表示,其线型为细实线。当一个形体有多个断面时,所有图例线方向和间距应相同。

当选用 GB/T 50001—2010 中未包括的建筑材料时,可自编图例,但不得与 GB/T 50001—2010 中所列的图例重复,应在适当位置画出该材料图例,并加以说明。不同品种的同类材料使用同一图例时,应在图上附加必要的说明。

在绘制剖面图时,除应绘出剖切面切到的部分外,还应绘出沿投影方向看到的部分,被剖切面切到的部分的轮廓线用粗实线绘制,剖切面没有切到、但沿投影方向可以看到的部分,用中实线绘制。

3. 剖面图类型

剖面图应按照用一个剖切面剖切、用两个或两个以上平行的剖切面剖切、用两个相交的剖切面剖切的方法剖切后绘制。

（1）全剖面图

用一个剖切平面将形体完整地剖切开,得到的剖面图,叫作全剖面图。全剖面图一般应用于不对称的建筑形体,或对称但较简单的建筑构件中。

图 1-2-9 为房屋的剖面图。图 1-2-9(a)假想用一水平的剖切平面,通过门、窗洞将整幢房屋剖开,然后画出其整体的剖面图,表示房屋内部的水平布置。图 1-2-9(b)是假想用一铅垂的剖切平面,通过门、窗洞将整幢房屋剖开,画出从屋顶到地面的剖面图,以表示房屋内部的高度情况。在房屋建筑图中,将水平剖切所得的剖面图称为平面图,将铅垂剖切所得的剖面图称为剖面图。

表 1-2-1 常用建筑材料图例

序号	名称	图例	说明	序号	名称	图例	说明
1	自然土壤		包括各种自然土壤	5	石材	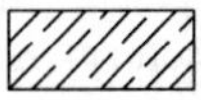	
2	夯实土壤			6	毛石	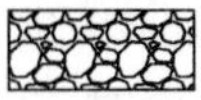	
3	砂、灰土	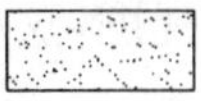		7	普通砖	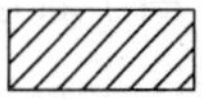	包括实心砖、多孔砖、砌块等砌体。断面较窄不易绘出图例线时,可涂红,并在图纸备注中加注说明,画出该材料图例。
4	砂砾石碎砖三合土	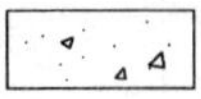					

（续表）

序号	名称	图例	说明	序号	名称	图例	说明
8	耐火砖		包括耐酸砖等砌体	17	木材		1. 上图为横断面,左上图为垫木、木砖或木龙骨 2. 下图为纵断面
9	空心砖	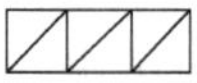	指非承重砖砌体	18	胶合板		应注明为 X 层胶合板
10	饰面砖		包括铺地砖、马赛克、陶瓷锦砖、人造大理石等	19	石膏板		包括圆孔、方孔石膏板、防水石膏板、硅钙板、防火板等
11	焦渣、矿渣	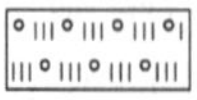	包括与水泥、石灰等混合而成的材料	20	金属		1. 包括各种金属 2. 图形小时,可涂黑
12	混凝土	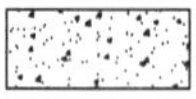	1. 本图例指能承重的混凝土及钢筋混凝土 2. 包括各种强度等级、骨料、添加剂的混凝土 3. 在剖面图上画出钢筋时,不画图例 4. 断面较小,不易画出图例时,可涂黑	21	网状材料		1. 包括金属、塑料网状材料 2. 应注明具体材料名称
13	钢筋混凝土			22	液体		应注明具体液体名称
14	多孔材料		包括水泥珍珠岩,沥青珍珠岩、泡沫混凝土、非承重加气混凝土、软木、蛭石制品	23	玻璃		包括平板玻璃、磨砂玻璃、夹丝玻璃、钢化玻璃、中空玻璃、夹层玻璃、镀膜玻璃等
15	纤维材料		包括矿棉、岩棉、玻璃棉、麻丝、木丝板、纤维板等	24	橡胶		
				25	塑料		包括各种软、硬塑料及有机玻璃
16	泡沫塑料材料		包括聚苯乙烯、聚乙烯、聚氨酯等多种聚合物类材料	26	防水材料		构造层次多或比例大时,采用上图例
				27	粉刷		本图例采用较稀的点

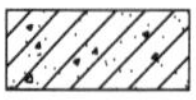

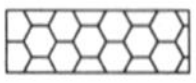

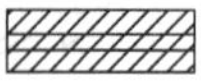

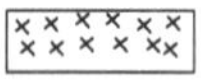

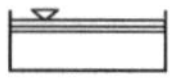

注:序号 1、2、5、7、8、13、14、16、17、18 图例中的斜线、短斜线、交叉斜线等均为 45°。

（2）半剖面图

当物体具有对称平面时,在垂直于对称平面的投影面上投射所得的图形,可以对称中心线为界,一半画成表示内部结构的剖面图,另一半画成表示外形的视图,这样的图形称为半剖面图。半剖面图主要用于表达内外形状较复杂且对称的物体。

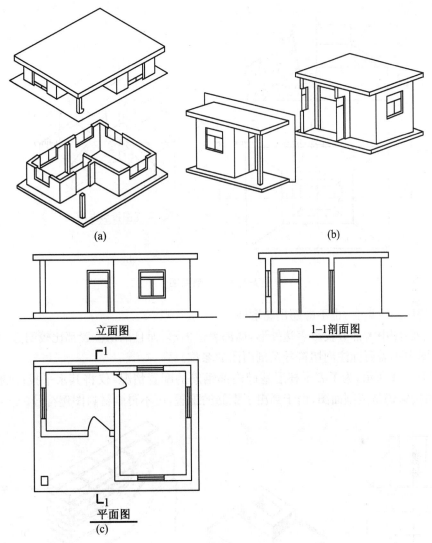

(a)　　　　　　　　　　　　　(b)

立面图　　　　　　　　　　　　1—1剖面图

平面图
(c)

图 1-2-9　房屋的剖面图

图 1-2-10 所示的杯形基础左右对称,所以 1—1 剖面图是以对称中心线为界,一半画表达外形的视图,一半画表达内部结构的半剖面图。为了表明它的材料是钢筋混凝土,则在其断面内画出相应的材料图例。

一般情况下,当对称中心线为铅直线时,剖面图画在中心线右侧;当对称中心线为水平线时,剖面图画在水平中心线下方。由于未剖部分的内形已由剖开部分表达清楚,因此表达未剖部分内形的虚线省略不画。

剖面图中剖与不剖两部分的分界用对称符号画出。对称符号由对称线两端的两对平行线组成。对称线用细单点长画线绘制;平行线用细实线绘制,长度为 6～10 mm,每对平行线的间距为 2～3 mm。

(3) 局部剖面图

用剖切面局部地剖开物体所得的剖面图称为局部剖面图。局部剖面图适用于内外形状均需表达且不对称的物体。局部剖面图用波浪线将剖面图与外形视图分开;波浪线不应与

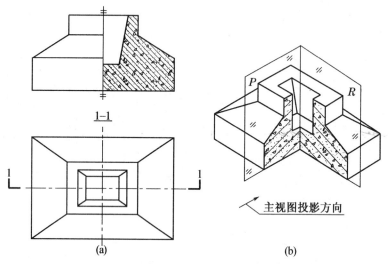

图 1-2-10　半剖面图

图样上的其他图线重合,也不应超出轮廓线。

局部剖面图中大部分投影表达外形,局部表达内形,而且剖切位置都比较明显,所以,一般情况下图中不需要标注剖切符号及剖面图的名称。

如图 1-2-11 所示,为了表示杯形基础内部钢筋的配置情况,仅将其水平投影的一角作剖切,正面投影仍是全剖面图,由于画出了钢筋的配置,可不再画材料图例符号。

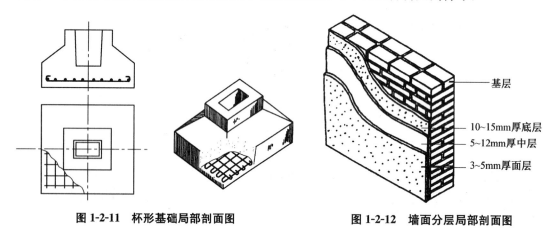

图 1-2-11　杯形基础局部剖面图　　　图 1-2-12　墙面分层局部剖面图

（4）分层局部剖面图

在建筑工程图样中,对一些具有不同构造层次的工程建筑物,可按实际需要用分层剖切的方法进行剖切,从而获得分层局部剖面图。分层局部剖面图常用来表达墙面、楼面、地面和屋面等部分的构造及做法。如图 1-2-12 为墙面的分层局部剖面图,图 1-2-13 所示为楼面的分层局部剖面图。

（5）阶梯剖面图

一个剖切平面.若不能将形体需要表达的内部构造一起剖开时,可用两个(或两个以上)相互平行的剖切平面,将形体沿着需要表达的地方剖开,然后画出的剖面图叫阶梯剖面图。

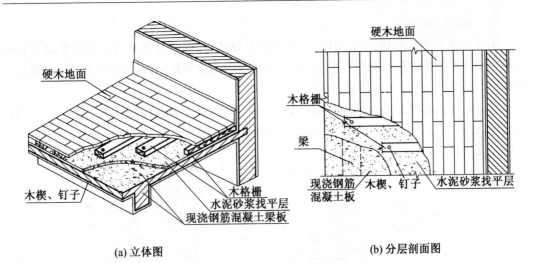

(a) 立体图　　　　　　　　　　　　　　(b) 分层剖面图

图 1-2-13　楼面的分层局部剖面图

如图 1-2-14 所示的房屋,如果只用一个平行于 W 面的剖切平面,就不能同时剖开前墙的窗和后墙的窗,这时可将剖切平面转折一次(图 1-2-14),使一个平面剖开前墙的窗,另一个与其平行的平面剖开后墙的窗,这样就满足了要求。所得的剖面图,称为阶梯剖面图。阶梯形剖切平面的转折处,在剖面图上规定不画分界线。

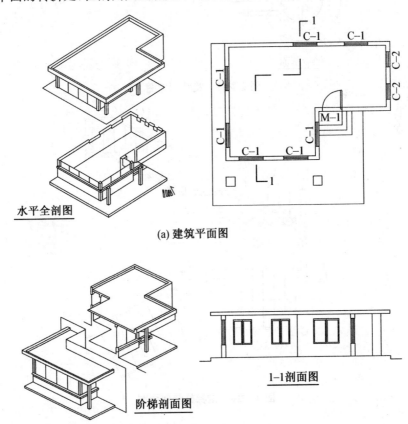

(a) 建筑平面图

(b) 1–1剖面图

图 1-2-14　房屋阶梯剖面图

（6）旋转剖面图

用两个或两个以上相交剖面作为剖切面剖开物体，将倾斜于基本投影图面的部分旋转到平行于基本投影面后得到的剖面图，称为旋转剖面图或展开剖面图，应在图名后注明展开字样。

图 1-2-15 所示的检查井 1-1 剖面图，图中 2-2 剖面图为阶梯剖面图。图 1-2-16 所示的楼梯，正面投影是采用两个相交平面剖切后得到的剖面图。在剖面图中，不应画出两剖切平面相交处的交线。

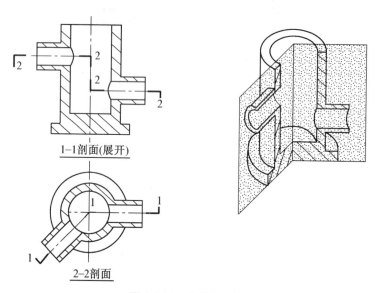

1-1剖面(展开)

2-2剖面

图 1-2-15　旋转剖面图

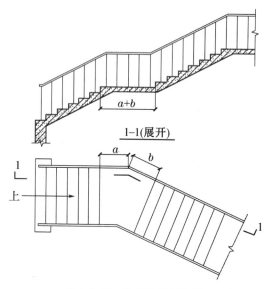

1-1(展开)

图 1-2-16　楼梯旋转剖面图

1.2.3 断面图

1. 断面图的形成

假想用剖切平面将物体的某处切断,仅画出该剖切面与物体接触部分的图形,该图形称为断面图,简称断面或截面。断面图常常用于表达建筑工程梁、板、柱的某一部位的断面真形,也用于表达建筑形体的内部形状。断面图常与基本视图和剖面图互相配合,使建筑形体表达得完整、清晰、简明。

图 1-2-17(a)所示为带牛腿的工字形,图 1-2-17(b)为该柱子的 1-1、2-2 断面图,从断面图中可知,该柱子上柱截面形状为矩形,下柱的截面形状为工字形。

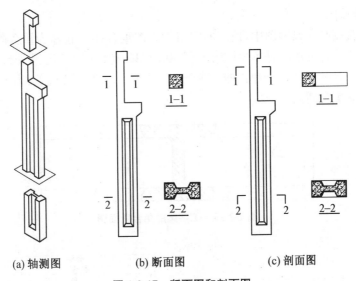

(a) 轴测图   (b) 断面图   (c) 剖面图

图 1-2-17 断面图和剖面图

2. 断面图与剖面图的区别和联系

断面图与剖面图的区别和联系有三点:

(1) 概念不同。断面图只画形体与剖切平面接触的部分,而剖面图画形体被剖切后,剩余部分的全部投影,即剖面图不仅画剖切平面与形体接触的部分,而且还要画出剖切平面后面没有被剖切平面切到的可见部分,如图 1-2-17(b)、(c)中柱子 1-1、2-2 的断面图与剖面图。

(2) 剖切符号不同。断面图的剖切符号是一条长度为 6~10 mm 的粗实线,没有剖视方向线,剖切符号旁编号所在的一侧是剖视方向。

(3) 剖面图中包含断面图。

3. 断面图的种类

由于构件的形状不同,采用断面图的剖切位置和范围也不同,一般断面图有三种形式。

(1) 移出断面

将形体某一部分剖切后所形成的断面移画于原投影图旁边的断面图称为移出断面,如图 1-2-18 所示为某工字梁的移出断面图。断面图的轮廓线应用粗实线,轮廓线内也画相应的图例符号。断面图应尽可能地放在投影图的附近,以便识图。断面图也可以适当地放大比例,以利于标注尺寸和清晰地反映内部构造。在实际施工图中,很多构件都是用移出断面图表达其形状和内部构造的。

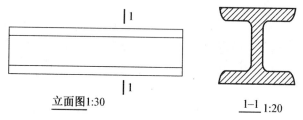

图 1-2-18　工字梁的移出断面图

（2）重合断面图

将断面图直接画于投影图中,使断面图与投影图重合在一起称为重合断面图。重合断面图通常在整个构件的形状基本相同时采用,断面图的比例必须和原投影图的比例一致。

如图 1-2-19 所示为工字形钢的重合断面图,图 1-2-20 为墙面装饰断面图,图 1-2-21 为屋面板、梁、板的重合断面。

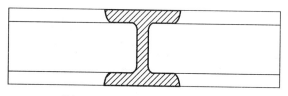

图 1-2-19　工字梁的重合断面图

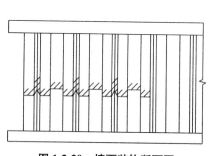

图 1-2-20　墙面装饰断面图

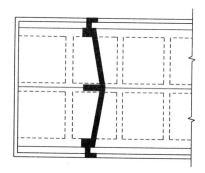

图 1-2-21　屋面板、梁、板的重合断面

（3）中断断面

对于单一的长杆件,也可以在杆件投影图的某一处用折断线断开,然后将断面图画于其中,不画剖切符号,如图 1-2-22 为工字梁的重合断面图。

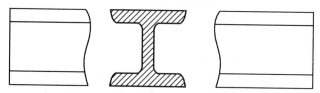

图 1-2-22　为工字梁的中断断面图

1.2.4　图样简化画法

在工程图样中,制图标准规定,有些特殊形体可以用一些更简单的方法绘制。

1. 对称形体的省略画法

当形体对称时,可以只画该视图的一半,如图 1-2-23(a)所示。对称符号是用细单点长画线表示,两端各画两条平行的细实线,长度为 6～10 mm,间距为 2～3 mm。当形体不仅左右对称,而且前后也对称时,可以只画该视图的 1/4,如图 1-2-23(b)所示。

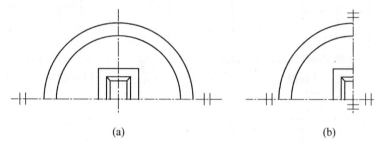

(a)　　　　　　　　　　　　　　　(b)

图 1-2-23　对称形体的省略画法

2. 相同构造的省略画法

形体上有多个完全相同而连续排列的构造要素,可仅在两端或适当位置画出其完整形状其余部分以中心线或中心线交点表示,如图 1-2-24 所示。

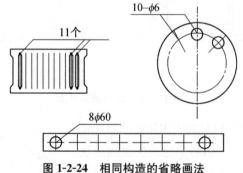

图 1-2-24　相同构造的省略画法

3. 用折断线省略画法

当形体很长,断面形状相同或变化规律相同时,可以假想将形体断开,省略其中间的部分,而将两端靠拢画出,然后在断开处画折断符号,如图 1-2-25(a)所示。在标注尺寸时应注出构件的全长。

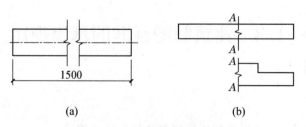

(a)　　　　　　　　　　　　(b)

图 1-2-25　用折断线省略画法

一个构件如与另一个构件仅部分不相同,该构件可只画不相同部分,但应在两个构件的相同部分与不同部分的分界线处分别绘制连接符号,如图1-2-25(b)所示。

【案例】

已知某建筑模型的投影图,如图1-2-26所示。作其1-1剖面图。

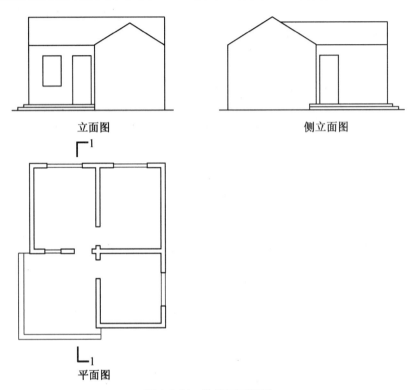

图 1-2-26 绘剖面图例图

由建筑模型的平面图可以看出门窗洞口的设置位置,由立面图和侧立面图可以看出建筑模型的屋顶为坡屋顶,窗洞口在立面上的位置。1-1剖面图为全剖面图,向右投影,剖到了左边房间的门窗洞口,剖到了坡屋顶,向右投影时能看到右侧房屋的门洞口、外墙的轮廓及坡屋顶的轮廓。因此,可以作出1-1剖面图。如图1-2-27所示。

1-1剖面图

图 1-2-27 绘剖面图例图

1.3 建筑制图标准的基本规定

【学习目标】

1. 掌握图幅的大小,能根据所绘的图形选择合适的图幅;

2. 理解比例的含义,能根据所绘的图样选择合适的比例;

3. 能理解标题栏在图纸中的作用,知道标题栏的位置、尺寸及标注的内容;

4. 掌握字体的规定,并对图纸中不同位置的标注选择合适的字体;

5. 能正确标注尺寸。

【关键概念】

图幅、线型、比例、字体、尺寸标注

在掌握了建筑形体投影图的绘制原理和绘制方法后,应该依据国家制图标准的基本规定按照合适的比例将投影图绘制在适当的图纸幅面上,并对图样进行标注。

为了使工程图样统一规范,使图面整洁、清晰,符合施工要求和便于进行技术交流,国家对建筑工程图样的内容、格式、画法、尺寸标注、图例和符号等颁布了统一的规范。建筑工程中常见的制图标准有:《房屋建筑制图统一标准》(GB/T 50001—2010)、《总图制图标准》(GB/T 50103—2010)和《建筑制图标准》(GB/T50104—2010)、《建筑结构制图标准》(GB/T 50105—2010)、《给水排水制图标准》(GB/T 50106—2010)、《采暖通风与空气调节制图标准》(GB/T 50114—2010)等。以上制图标准是建筑业从业人员在绘制工程图纸时所必须遵守和执行的准则和依据。

1.3.1 图纸幅面、标题栏

图纸的幅面是指图纸宽度与长度组成的图面。图框线是图纸上绘图区的边界线。绘制图样时,图纸应符合表1-3-1中规定的幅面尺寸。

表1-3-1 幅面及图框尺寸(mm)

幅面代号 尺寸代号	A0	A1	A2	A3	A4
b×l	841×1189	594×841	420×594	297×420	210×297
c	10			5	
a	25				

各基本图纸幅面的关系尺寸如图1-3-1所示,沿某一号幅面的长边对裁,即为某号的下一号幅面大小。

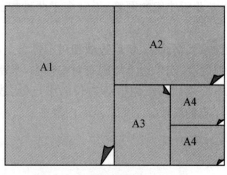

图1-3-1 图纸幅面尺寸关系

图纸的格式有横式和立式两种,见图 1-3-2。图纸以短边为垂直边称为横式,以短边为水平边称为立式。一般 A0~A3 图纸宜采用横式;必要时也可采用立式。

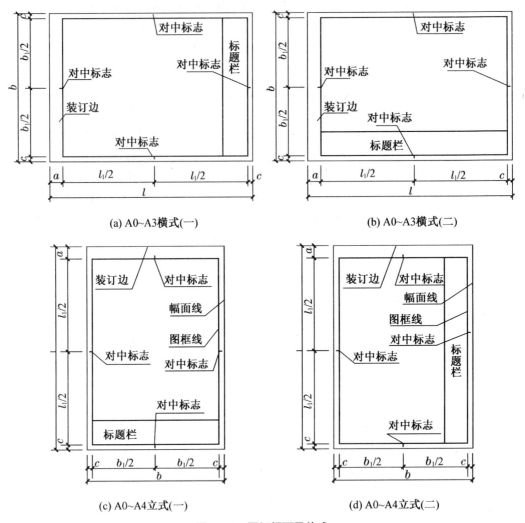

(a) A0~A3横式(一)　　　　　　　　　(b) A0~A3横式(二)

(c) A0~A4立式(一)　　　　　　　　　(d) A0~A4立式(二)

图 1-3-2　图纸幅面及格式

但图纸幅面长度较短时,可采用加长图纸。一般图纸的短边一般不应加长,A0~A3 幅面长边尺寸可加长,但应符合表 1-3-2 的规定。

一个工程设计中,每个专业所使用的图纸,不宜多于两种幅面,不含目录及表格所采用的 A4 幅面。

图纸中应有标题栏、图框线、幅面线、装订边线和对中标志。需要微缩复制的图纸,其一个边上应附有一段准确米制尺度,四个边上均附有对中标志,米制尺度的总长应为 100 mm,分格均为 10 mm。对中标志应画在图纸内框各边长的中点处,线宽 0.35 mm,并伸入内框内,在框外为 5 mm。对中标志的线段,l_1 和 b_1 范围内取中。

表1-3-2　图纸长边加长尺寸

幅面代号	长边尺寸	长边加长后尺寸			
A0	1189	1486(A0+1/4l)　1635(A0+3/8l)　1783(A0+1/2l)　1932(A0+5/8l) 2080(A0+3/4l)　2230(A0+7/8l)　2378(A0+l)			
A1	841	1051(A1+1/4l)　1261(A1+1/2l)　1471(A1+3/4l)　1682(A1+l) 1892(A1+5/4l)　2102(A1+3/2l)			
A2	594	743(A2+1/4l)　891(A2+1/2l)　1041(A2+3/4l)　1189(A2+l) 1338(A2+5/4l)　1486(A2+3/2l)　1635(A2+7/4l)　1783(A2+2l) 1932(A2+9/4l)　2080(A2+5/2l)			
A3	420	630(A3+1/2l)　841(A3+l)　1051(A3+3/2l)　1261(A3+2l) 1471(A3+5/2l)　1682(A3+3l)　1892(A3+7/2l)			

注:有特殊需要的图纸,可采用$b×l$为841×891与1189×1261的幅面。

图纸中应有标题栏、图框线、幅面线、装订边线和对中标志。标题栏的位置如图1-3-2所示。图中标题栏是用来标明设计单位、工程名称、注册师签章、项目经理签章、修改记录、相关人员签名、图名和图号等内容的。标题栏中的文字方向代表看图方向。标题栏应按图1-3-3所示,根据工程需要选择确定其尺寸、格式及分区。签字区应包括实名列和签名列。涉外工程的标题栏内,各项主要内容的中文下方应附有译文,设计单位的上方或左方,应加"中华人民共和国"字样。在计算机制图文件中,当使用电子签名与认证时,应符合国家有关电子签名法的规定。

设计单位名称区

注册师签章区

项目经理签章区

修改记录区

工程名称区

图号区

签字区

会签栏

40~70

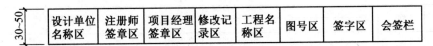

图1-3-3　标题栏

工程图纸应按照专业顺序编排,应为图纸目录、总图、建筑图、结构图、给水排水图、暖通空调图、电气图等。

1.3.2 图线

工程图样中的内容都用图线表达。绘制工程图样时,为了突出重点,分清层次,区别不同的内容,需要采用不同的线型和线宽。为了使各种图线所表达的内容统一,国标对建筑工程图样中图线的种类、用途和画法都作了规定。

在建筑工程图样中图线的线型有实线、虚线、单点长画线、双点长画线、折断线、波浪线等六种类型。在这些线型中,根据粗细不同,折断线和波浪线只能用细线绘制,单点长画线和双点长画线有粗、中、细三种分别,实线和虚线有粗、中粗、中、细四种分别。

表 1-3-3 为《房屋建筑制图统一标准》(GB/T 50001—2010)中对工程建设制图中所采用的各种图线及其作用的规定。

图线的宽度可从表 1-3-4 中选用。表中线宽 b 宜从 1.4、1.0、0.7、0.5、0.35、0.25、0.18、0.13 mm 线宽系列中选取。图线宽度不应小于 0.1 mm。每个图样,应根据图样的复杂程度及比例大小合理选择,首先选定基本线宽 b,再选用表 1-3-4 中相应的线宽组。

表 1-3-3　线型

名称		线型	线宽	用途
实线	粗		b	主要可见轮廓线
	中粗		$0.7b$	可见轮廓线
	中		$0.5b$	可见轮廓线、尺寸线、变更云线
	细		$0.25b$	图例填充线、家具线
虚线	粗		b	见各有关专业制图标准
	中粗		$0.7b$	不可见轮廓线
	中		$0.5b$	不可见轮廓线、图例线
	细		$0.25b$	图例填充线、家具线
单点长画线	粗		b	见各有关专业制图标准
	中		$0.5b$	见各有关专业制图标准
	细		$0.25b$	中心线、对称线、轴线等
双点长画线	粗		b	见各有关专业制图标准
	中		$0.5b$	见各有关专业制图标准
	细		$0.25b$	假想轮廓线、成型前原始轮廓线
折断线	细		$0.25b$	断开界线
波浪线	细		$0.25b$	断开界线

表 1-3-4 线宽组(mm)

线宽比	线宽组			
b	1.4	1.0	0.7	0.5
$0.7b$	1.0	0.7	0.5	0.35
$0.5b$	0.7	0.5	0.35	0.25
$0.25b$	0.35	0.25	0.18	0.13

图纸的图框线和标题栏的图线可选用表 1-3-5 所示的线宽。

表 1-3-5 图框线和标题栏的线宽

幅面代号	图框线	标题栏外框线	标题栏分格线
A0、A1	b	$0.5b$	$0.25b$
A2、A3、A4	b	$0.7b$	$0.35b$

画图时应注意以下问题:

(1) 同一张图纸内,相同比例的各图样,应选用相同的线宽组。

(2) 需要缩微的图纸,不宜采用 0.18 mm 及更细的线宽。

(3) 相互平行的图例线,其净间隙或线中间隙不宜小于 0.2 mm。

(4) 虚线、单点长画线或双点长画线的线段长度和间隔,宜各自相等。

(5) 单点长画线或双点长画线,当在较小图形中绘制有困难时,可用实线代替。

(6) 单点长画线或双点长画线的两端,不应是点。点画线与点画线交接或点画线与其他图线交接时,应是线段交接。

(7) 虚线与虚线交接或虚线与其他图线交接时,应是线段交接。虚线为实线的延长线时,不得与实线连接。

(8) 图线不得与文字、数字或符号重叠、混淆,不可避免时,应首先保证文字等的清晰。

1.3.3 字体

字体是指文字的风格式样,又称书体。图纸上所需书写的文字、数字或符号等,均应笔画清晰、字体端正、排列整齐;标点符号应清楚正确。

文字的高度应从表 1-3-6 中选用。字体高度大于 10 mm 的文字宜采用 True type 字体,当书写更大的字时,其高度应按 $\sqrt{2}$ 的倍数递增。

表 1-3-6 文字的高度

字体种类	中文矢量字体	True type 字体及非中文矢量字体
字高	3.5、5、7、10、14、20	3、4、6、8、10、14、20

1. 汉字

汉字应采用国家公布的简化汉字。图样及说明中的汉字,宜用长仿宋字体或黑体字。长仿宋字体的字高与字宽的比例大约为 1:0.7,字体高度分 20、14、10、7、5、3.5 mm 等六级,字体宽度相应为 14、10、7、5、3.5、2.5 mm。黑体字的宽度与高度应相同。大标题、图册封面、地形图等的汉字也可书写成其他字体，但应易于辨认。

表 1-3-7　长仿宋字高宽关系

字高	20	14	10	7	5	3.5
字宽	14	10	7	5	3.5	2.5

图 1-3-4　长仿宋字体示例

2. 拉丁字母、阿拉伯数字与罗马数字

图样及说明中的拉丁字母、阿拉伯数字与罗马数字，宜采用单线简体或 ROMAN 字体。拉丁字母、阿拉伯数字与罗马数字的书写规则，应符合表 1-3-8 的规定。

拉丁字母、阿拉伯数字与罗马数字有直体字和斜体字之分。当需要书写成斜体字时，其斜度应是从字的底线逆时针向上倾斜 75°。斜体字的高度和宽度应与相应的直体字相等。

拉丁字母、阿拉伯数字与罗马数字的字高，不应小于 2.5 mm。

数量的数值注写，应采用正体阿拉伯数字。各种计量单位凡前面有量值的，均应采用国家颁布的单位符号注写。单位符号应采用正体字体。

分数、百分数和比例数的注写，应采用阿拉伯数字和数学符号。例如：四分之三、百分之二十五和一比二十应写成 3/4、25% 和 1：20。当注写的数字小于 1 时，应注写出个位的"0"，小数点应采用圆点，齐基准线注写，如 0.01。

表 1-3-8　拉丁字母、阿拉伯数字与罗马数字的书写规则

书写格式	字体	窄字体
大写字母高度	h	H
小写字母高度（上下均无延伸）	$7/10h$	$10/14h$
小写字母伸出的头部和尾部	$3/10h$	$4/14h$
笔画宽度	$1/10h$	$1/14h$
字母间距	$2/10h$	$2/14h$
上下行基准线的最小间距	$15/10h$	$21/14h$
词间距	$6/10h$	$6/14h$

长仿宋体汉字、拉丁字母、阿拉伯数字与罗马数字应符合现行国家标准《技术制图——字体》(GB/T 14691—1993) 的有关规定。

$$1234567890$$

(a) 阿拉伯数字

$$ABCDEFGHI\ JKLM$$
$$NOPQRSTUVWXYZ$$

(b) 大写拉丁字母

$$abcdefghijklm$$
$$nopqrstuvwxyz$$

(c) 小写拉丁字母

图 1-3-5　数字及字母字体示例

1.3.4　比例

比例是指图形与实物相对应的线性尺寸之比。绘图所选用的比例是根据图样的用途和被绘对象的复杂程度从表 1-3-9 中选用，并应优先选用表中的常用比例。

比例的大小是指比值的大小。比值为 1 的比例称为原值比例（1∶1），是指图纸所画物体与实物一样大；比值大于 1 的比例称为放大比例，例如 2∶1；比值小于 1 的比例称为缩小比例，例如 1∶5。标注尺寸时，无论选用放大或缩小比例，都必须标注构件的实际尺寸。

比例宜注写在图名的右侧、字的基准线应取平齐。比例的字高应比图名字高小一号或二号，如图 1-3-6 所示。当整张图纸的图形都采用同一种比例绘制时，可将比例统一注写在标题栏中比例一项中。

一般情况下，一个图样应选用一种比例。根据专业制图需要，同一图样可选用两种比例；特殊情况下也可自选比例，这时除应注出绘图比例外，还必须在适当位置绘制出相应的比例尺。

表 1-3-9　绘图所用比例

常用比例	1∶1，1∶2，1∶5，1∶10，1∶20，1∶30，1∶50，1∶100，1∶150，1∶200，1∶500、1∶1000，1∶2000
可用比例	1∶3，1∶4，1∶6，1∶15，1∶25，1∶40，1∶60，1∶80，1∶250，1∶300，1∶400，1∶600、1∶5000，1∶10000，1∶20000，1∶50000，1∶100000，1∶200000

首层平面图 1∶100　　**楼梯详图** 1∶50　　$\frac{3}{5}$ 1∶20

图 1-3-6　比例注写示例

1.3.5 尺寸标注

图样除了画出建筑物及其各部分的形状外,还必须准确、详尽和清晰地标注尺寸,以确定其大小,作为施工时的依据。

1. 尺寸标注四要素

图样上的尺寸由尺寸界线、尺寸线、尺寸起止符号和尺寸数字四个要素组成,见图 1-3-7。

（1）尺寸线

尺寸线应用细实线绘画,并应与被注长度平行,且应垂直于尺寸界线。互相平行的尺寸线,应从被注写的图

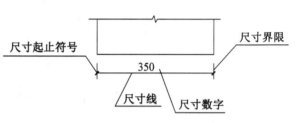

图 1-3-7 尺寸标注四要素

样轮廓线由近向远整齐排列,较小尺寸应离轮廓线较近,较大尺寸应离轮廓线较远;平行排列的尺寸线的间距,宜为 7~10 mm,并应保持一致;尺寸线与图样轮廓线之间的距离,不宜小于 10 mm,如图 1-3-8 所示;尺寸线应单独绘制,图样本身的任何图线都不得用作尺寸线。

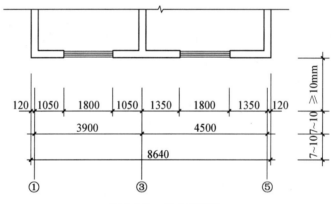

图 1-3-8 尺寸的排列

（2）尺寸界线

尺寸界线应用细实线绘制,应与被注长度垂直,其一端应离开图样轮廓线不小于 2 mm,另一端宜超出尺寸线 2~3 mm。图样轮廓线可用作尺寸界线,见图 1-3-9。总尺寸的尺寸界线应靠近所指部位,中间的分尺寸的尺寸界线可稍短,但其长度应相等,如图 1-3-8 所示。

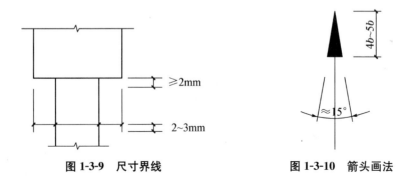

图 1-3-9 尺寸界线　　　　　图 1-3-10 箭头画法

（3）尺寸起止符号

尺寸起止符号一般用中粗斜短线绘制，其倾斜方向应与尺寸界线成顺时针 45°角，长度宜为 2～3 mm。半径、直径、角度与弧长的尺寸起止符号，宜用箭头表示（图 1-3-10），其中 b 为粗实线的宽度。

（4）尺寸数字

图样上的尺寸，应以尺寸数字为准，不得从图上直接量取。图样上的尺寸数字单位，除标高及总平面以米为单位外，其他必须以毫米为单位。尺寸数字的注写方向应按照图 1-3-11(a) 所示的注写。若尺寸数字在 30°斜线区内，也可按照图 1-3-11(b) 的形式注写。一般应依据其方向注写在靠近尺寸线的上方中部。如没有足够的注写位置，最外边的尺寸数字可注写在尺寸界线的外侧，中间相邻的尺寸数字可错开注写；必要时也可以用引出线引出后再标注，引出线端部用原点表示标注尺寸的位置；同一张图之内的尺寸数字大小应一致，如图 1-3-12 所示。

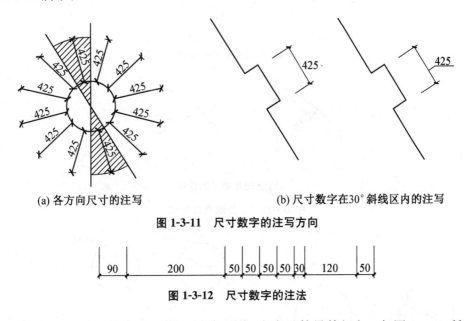

(a) 各方向尺寸的注写　　　　　　　　(b) 尺寸数字在30°斜线区内的注写

图 1-3-11　尺寸数字的注写方向

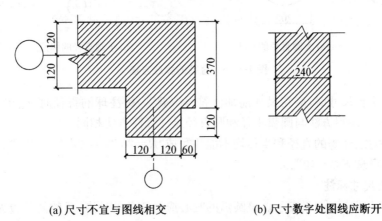

图 1-3-12　尺寸数字的注法

尺寸宜标注在图样轮廓线以外，不宜与图线、文字及符号等相交。如图 1-3-13 所示。

(a) 尺寸不宜与图线相交　　　　　　　　(b) 尺寸数字处图线应断开

图 1-3-13　尺寸不宜与图线相交

2. 半径、直径的尺寸标注

半径的标注应一端从圆心开始,另一端画箭头指向圆弧。半径数字前应加注半径符号"R"。如图 1-3-14 所示。

较小圆弧的半径,可按图 1-3-15(a)的形式标注;较大圆弧的半径,可按图 1-3-15(b)的形式标注。

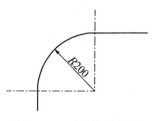

图 1-3-14 半径标注方法

圆及大于半圆的圆弧应标注直径,如图 1-3-16 所示。标注圆的直径尺寸时,直径数字前应加直径符号"φ"。在圆内标注的尺寸线应通过圆心,两端画箭头指至圆弧。较小圆的直径尺寸,可标注在圆外。

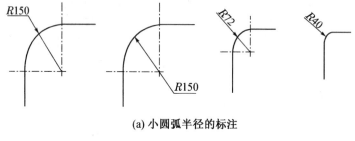

(a) 小圆弧半径的标注

(b) 大圆弧半径的标注

图 1-3-15 半径的标注方法

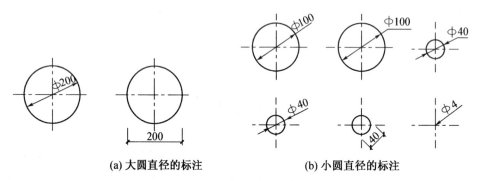

(a) 大圆直径的标注　　　　**(b) 小圆直径的标注**

图 1-3-16 直径的标注方法

标注球的半径尺寸时,应在尺寸前加注符号"SR"。标注球的直径时,应在尺寸数字前加注符号"Sφ"。注写方法与圆弧半径和圆直径尺寸标注方法相同。

注意圆、圆弧、球等的直径和半径均不能注写成"R=20""r=20""φ=40""D=40""d=40"或"SR=20"或"Sφ=40"。

3. 角度的尺寸标注

角度的尺寸线应以圆弧表示。该圆弧的圆心应是该角的顶点,角的两条边为尺寸界线。

起止符号应以箭头表示,如没有足够位置画箭头,可用圆点代替,角度数字应沿尺寸线方向注写,如图 1-3-17 所示。

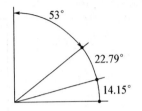

图 1-3-17　角度的标注方法

4. 坡度的尺寸标注

标注坡度时,在坡度数字下,应加注坡度符号,注意坡度符号为单面箭头,箭头指向下坡方向,如图 1-3-18(a)所示;坡度也可用直角三角形形式标注,如图 1-3-18(c)所示。图 1-3-18(b)中在坡面高的一侧水平边上所画的垂直于水平边的长短相间的等距细实线,称为示坡线,也可用它来表示坡面。

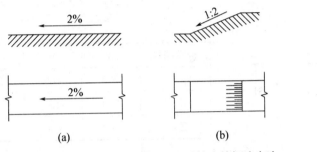

图 1-3-18　坡度的标注方法

5. 尺寸的简化标注

(1) 连续排列的等长尺寸

连续排列的等长尺寸,可用"等长尺寸×个数=总长"或"等分×个数=总长"的形式标注,如图 1-3-19 所示。

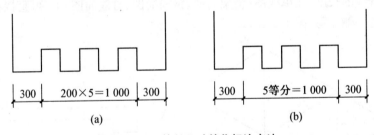

图 1-3-19　等长尺寸简化标注方法

(2) 相同要素尺寸

构配件内的构造因素(如孔、槽等)如相同,可仅标注其中一个要素的尺寸,并标出个数,如图 1-3-20 所示。

(3) 相似构件尺寸标注

两个构配件,如仅个别尺寸数字不同,可在同一图样中将其中一个构配件的不同尺寸数字注写在括号内,该构配件的名称也应注写在相应的括号内,如图 1-3-21 所示。

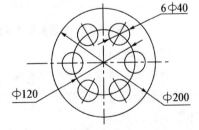

图 1-3-20　相同要素尺寸标注方法

数个构配件,如仅某些尺寸不同,这些有变化的尺寸数字,可用拉丁字母注写在同一图样中,另列表格写明其具体尺寸,如图 1-3-22 所示。

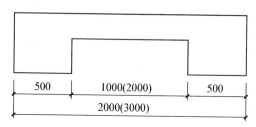

图 1-3-21　相似构件尺寸标注

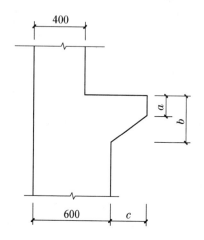

构件编号	a	b	c
Z-1	200	200	200
Z-2	250	450	200
Z-3	200	450	250

图 1-3-22　相似构件表格式标注

（4）单线图尺寸

杆件或管线的长度，在单线图（桁架简图、钢筋简图、管线简图）上，可直接将尺寸数字沿杆件或管线的一侧注写（图 1-3-23）。

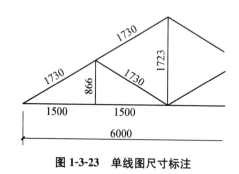

图 1-3-23　单线图尺寸标注

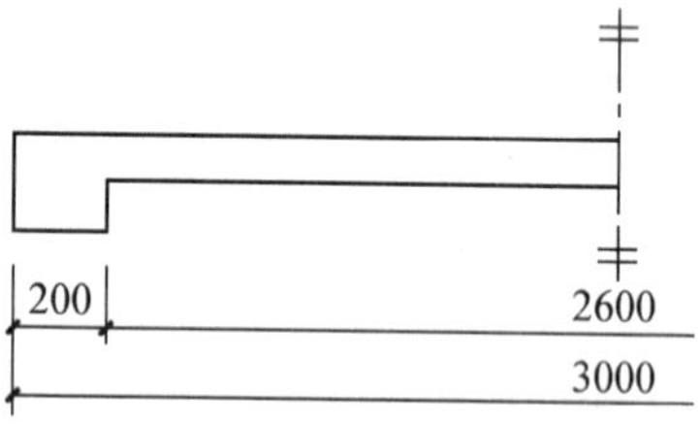

图 1-3-24　对称构件尺寸标注

（5）对称构件尺寸

对称构配件采用对称省略画法时，该对称构配件的尺寸线应略超过对称符号，仅在尺寸线的一端画尺寸起止符号，尺寸数字应按整体全尺寸注写，其注写位置宜与对称符号对齐，如图 1-3-24 所示。

【案例】

1. 如图 1-3-25，是一幅建筑工程图纸，根据图纸可以看出，图幅和图框的大小；标题栏绘在图框线内下方；在标题栏内标注有设计单位名称、工程名称、建设单位、本张图纸的主要内容、图纸的标号及各负责人员的签字；图名为一层平面图；比例为 1：100；在图样中，表达不同内容的线宽是不同的；不同位置的字体应采用不同的字号。

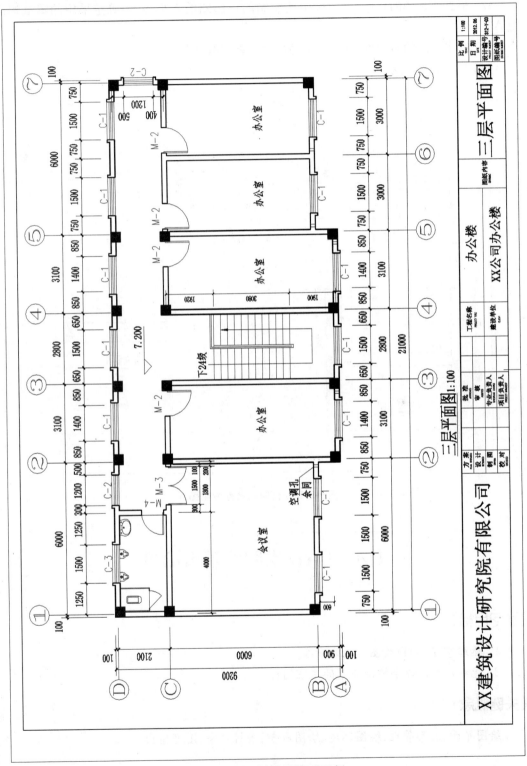

图 1-3-25 建筑制图标准示例

2. 绘制图 1-1-1 台阶的多面投影图,并对投影图标注尺寸。

（1）采用 1∶30 的比例绘制投影图。

（2）根据所采用的比例,可以确定所绘制的投影图的大小,从而确定采用的图纸幅面为 A3。

（3）绘出台阶的多面投影图,并标注尺寸、图名和比例。

如下图 1-3-26 所示。

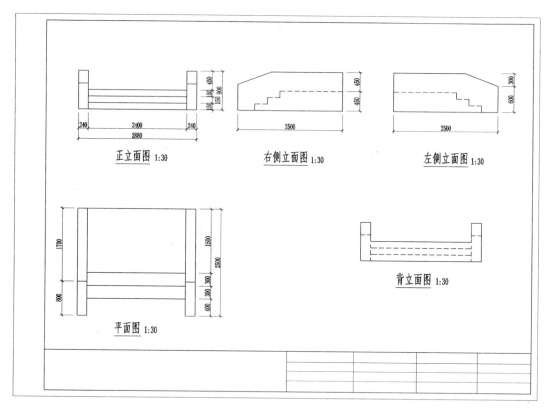

图 1-3-26　台阶的多面投影图

1.4　CAD 绘图的基本命令

【学习目标】

1. 熟练掌握 CAD 绘图的基本命令;
2. 能利用绘图命令绘制简单的工程图样。

【关键概念】

绘图界面、图形管理、绘图环境、绘图命令、编辑命令、图形输出

CAD(ComputerAided Design)即指计算机辅助设计。AutoCAD 是美国 Autodesk 公司研制开发的一种交互式计算机辅助设计、绘图软件，用于二维及三维设计、绘图的系统工具，是目前世界上应用最广的软件之一。它具有完善的图形绘制功能，强大的图形编辑功能；能采用多种方式进行二次开发或用户定制；可以进行多种图形格式的转换；具有较强的数据交换能力；可支持多种硬件设备及多种操作平台；具有通用性、易用性，适用于各种用户。目前世界上大部分的建筑设计、绘图人员都直接使用 AutoCAD 或在其基础上的二次开发软件来进行设计和绘图。本节主要介绍运用 AutoCAD 中文版绘制建筑图样的基本操作。

1.4.1 AutoCAD 的界面与图形管理

1. 启动 AutoCAD

启动 AutoCAD 同启动其他 windows 应用程序一样，可依次单击"开始→程序→AutoCAD"，或双击屏幕上的快捷图标 即可启动 AutoCAD，AutoCAD 的界面可根据需要进行选择。点击界面工作空间中的下拉箭头，选中 AutoCAD 经典，其界面如图 1-4-1 所示。

图 1-4-1

AutoCAD 的界面，主要由标题栏、菜单栏、工具栏、状态栏、绘图窗口、文本窗口、屏幕菜单、滚动条、选项卡等几个部分组成。

① 标题栏：包括控制图标及窗口的最大化、最小化和关闭按钮并显示应用程序名和当前图形的名称。

② 下拉菜单栏：在屏幕的第 2 行，它以级联的层次结构来组织各个菜单项，并以下拉的形式逐级显示，AutoCAD 的主要命令都能在这里找到，是调用命令的一种方式。在菜单栏中菜单项右边有小三角形的，表示此菜单命令后面还有子菜单；菜单项右边有省略号的，表示执行此菜单命令后，将显示一个对话框；右边没有内容的项，表示执行相应的 AutoCAD 命令。

③ 工具栏：AutoCAD 系统提供了 37 个工具栏，通过这些工具栏可以直观、快捷地访问一些常用命令，并且这些工具栏也能够很方便地打开、移动和关闭（通过下拉菜单的"视图→工具栏"或将光标移到其他工具栏处，按鼠标的右键，可以打开或关闭工具栏）。

④ 状态栏：位于绘图屏幕的底部，用于显示坐标、提示信息，同时还提供了一系列控制按钮，包括"捕捉""栅格""正交""极轴""对象捕捉""对象追踪""允许/禁止动态 UCS""动态输入""线宽""模型"按钮。

⑤ 绘图窗口：是 AutoCAD 中显示、绘制图形的场所。AutoCAD 支持多文档，可以有多个图形窗口。此外，在绘图窗口的底部有一个模型选项卡和多个布局选项卡，分别用来显示图形的模型空间和图纸空间。

⑥ 文本窗口：AutoCAD 将用户输入的命令显示在此区域，并可在此区域用键盘直接输入命令，文本窗口还显示 AutoCAD 命令的提示及有关信息。用户可利用功能键"F2"打开或关闭文本窗口，来查阅和复制命令的历史记录。

⑦ 滚动条：利用水平和垂直滚动条可以使屏幕水平或垂直移动。方法是，单击水平或垂直滚动条上带箭头的按钮或拖动滚动条上的滑块，即可实现屏幕的水平或垂直滚动。

标题栏　　下拉菜单　　标准工具栏

绘图工具栏　　　　　　　　　　　　　　　　　修改工具栏

选项卡　　　文本窗口　　　状态栏　　　　　滚动条

图 1-4-2　AutoCAD 基本界面

2. 退出 AutoCAD

【提示】　在退出 AutoCAD 时,应按下述方法进行(切不可直接关机)。

① 文本窗口输入命令:QUIT 或 EXIT。

② 下拉菜单:"文件→退出"。

③ 点取标题栏右角的关闭按钮。

输入退出命令后,如果当前图形在修改后没有存盘,AutoCAD 会弹出如图 1-4-3 所示的对话框,询问用户是否需要存盘。如需存盘就选"是",不存盘选"否",取消退出操作选"取消"。

图 1-4-3　系统退出提示对话框

3. 建立新图形文件

(1) 建立新图形文件

在 AutoCAD 中,用户可以通过以下方式建立新图形文件。

① 在文本窗口输入命令:New(Ctrl+N)。

② 下拉菜单:"文件"→"新建"。

③ 工具栏:在标准工具栏上点取新建图标 ▢ 。

(2) 选择样板

执行命令后,系统弹出如图 1-4-4 所示的对话框,利用该对话框选择所需的图纸样板。

4. 打开图形文件

在 AutoCAD 中,可以通过以下几种方式打开原有图形文件。

① 文本窗口输入命令:Open(Ctrl＋O)。

② 下拉菜单:"文件"→"打开"。

③ 工具栏:在标准工具栏上单击打开 图标。

执行命令后系统弹出如图 1-4-5 所示的对话框,在该对话框中,可以直接输入文件名打开已有图形,也可在文本框中双击要打开的文件或选中文件后点"打开"即可打开文件。

图 1-4-4　选择样板对话框

图 1-4-5　选择文件对话框

5. 保存当前的图形文件

① 文本窗口输入命令: Save、Qsave (Ctrl＋S)。

② 下拉菜单:"文件"→"保存"或"另存为"。

③ 工具栏:在标准工具栏上单击 保存图标。

如当前文件还没有命名或执行的是"另存为"命令,系统会弹出如图 1-4-6 所示对话框,利用该对话框可以对当前文件

图 1-4-6　图形另存为对话框

另取名保存,还可以选择需要保存的文件类型以及存盘路径。

1.4.2　绘图基础

1. 命令的输入方式

AutoCAD 的命令可采用几种不同的输入方式,用户可以根据自己的作图习惯和当前的操作状况灵活选用。

① 下拉菜单:是执行 AutoCAD 命令的一种主要方式,许多命令都能通过下拉菜单执行。

② 工具栏:分类汇集了大部分 AutoCAD 命令,而且能很方便地打开、移动和关闭,是一种执行命令的主要方式。

③ 文本窗口:可用键盘直接在文本窗口输入命令,由于大部分命令都有其简化快捷键,

熟用快捷键能提高绘图速度。

④ 鼠标右键快捷菜单:鼠标右键快捷菜单的内容根据光标所处的位置和系统状态的不同而变化,应用起来很方便。

2. 数据的输入方式

在 AutoCAD 中绘图时,经常要输入一些点,如线段的起点、端点、圆的圆心、圆弧的圆心、块的插入点等。

(1) 用鼠标在屏幕上拾取点

移动鼠标,将光标移到所需位置,然后单击鼠标左键拾取屏幕上任意一点。

(2) 捕捉特殊点

利用绘图辅助工具捕捉一些特殊点,如线段的端点、中点,圆的圆心、切点等,使用方法详见常用辅助工具设置。

(3) 在指定的方向上通过给定距离确定点

当提示用户输入下一个点时,可以通过鼠标将光标移到自动追踪点的方向上,然后再输入一个距离,那么在指定方向上距上一点为指定距离的点即为输入点。

(4) 在文本窗口通过键盘输入点的坐标

① 绝对坐标是指相对于当前坐标系坐标原点的坐标,绝对坐标又分为绝对直角坐标和绝对极坐标。

a. 绝对直角坐标——相对于当前坐标系原点的直角坐标,坐标间用",",隔开。如:(50,40),如图 1-4-7(a)所示,表示输入点的 X 坐标是 50,Y 坐标是 40。

b. 绝对极坐标——相对于当前坐标系原点的极坐标,坐标间用"<"隔开。如:(50<45),如图 1-4-7(b)所示,表示输入点到坐标原点的距离是 50,输入点与坐标原点的连线与 X 轴正向的夹角是 45°。

【提示】 在命令行输入坐标时,用来分隔 X 和 Y 坐标的逗号一定是在英文状态下的逗号,而不是中文状态下的逗号。

② 相对坐标是指相对于前一点的坐标。相对坐标也分为相对直角坐标和相对极坐标,但要求在坐标值的前面加上"@",如图 1-4-7(c)所示,(@50,−40),表示下一点(B)与上一点(A)的 X 坐标差是 50,Y 坐标差是−40; (@40<45),表示下一点(C)与上一点(B)的距离是 40,两点的连线与 X 轴正向的夹角是 45°。

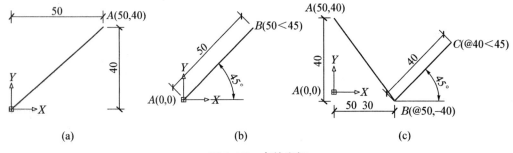

图 1-4-7 点的坐标

3. 命令的重复

要重复执行前面执行过的命令只需按下空格键、回车键或鼠标右键(鼠标右键的功能可以由用户自行设定)。

4. 出错操作的纠正

在用 AutoCAD 绘图、编辑以及其他操作中,如果操作有误,用户可以方便地取消已进行的操作。

① 如果输入了命令或数据,而命令还没有执行,可按 ESC 键来终止当前命令的执行,文本窗口恢复为"命令"状态。

② 如果命令执行完毕后,发现结果不是所希望的,可在文本窗口输入 Undo(U)回车,或点取标准工具条的按钮 ⟲˙ 来取消上一条已执行的命令,根据需要可依次取消多步已执行的命令。也可点取按钮右侧的三角号,一次取消多次命令。

③ 恢复用 Undo(U)或命令所取消的操作,可在文本窗口输入 Redo 回车,或点取标准工具栏按钮 ⟳˙。点取按钮右侧的三角形,可恢复多步。

【提示】　执行 Redo(R)命令时,必须在 Undo 命令结束后立即执行。

5. 观察图形

(1) 利用 Zoom(Z)命令缩放视图

Zoom 命令类似于照相机的镜头,可以放大或缩小屏幕所显示的范围,但对象的实际尺寸并不发生变化。该命令使用非常灵活,具有多个选项来提供不同的功能。Zoom 命令的启动方式如下。

在文本窗口输入命令:Zoom(Z)回车

系统提示:

命令:Zoom

指定窗口的角点,输入比例因子(nX 或 nXP),或者

[全部(A)/中心(C)/动态(D)/范围(E)/上一个(P)/比例(S)/窗口(W)/对象(O)]<实时>:

各选项的含义如下。

全部(A)——显示整个绘图界限范围内的全部内容。

中心点(C)——显示由指定中心点和高度所定义的范围。

范围(E)——将图纸中的全部内容最大化显示在作图区内。

动态(D)——在屏幕上动态地显示一个视图框,以确定显示范围,视图框可以移动和改变大小。

上一个(P)——显示前一视图,最多可恢复此前的十个视图。

比例(S)——以指定的比例显示图形范围,比例为 1 时,则屏幕保持中心点不变,显示范围的大小与图形界限相同,比例为其他值时,如 0.5、2 等,则在此基础上缩放;此外,还可以用 nx 的形式指定比例,当比例为 lx 时,表示保持当前显示的范围不变,为其他值如 0.5x、2x,则在当前范围的基础上进行缩放。

窗口(W)——放大显示由鼠标确定的矩形窗口内的部分。

对象(O)——显示所选择的某一对象

(实时)——根据鼠标移动的方向和距离确定显示比例,垂直向上移动表示放大,垂直向下移动表示缩小。

利用PAN(P)命令或滚动条移动图纸,使图纸的特定部位位于当前的显示屏幕中,方法是单击标准工具条上的　按钮,或在文本窗口输PAN(P)回车,鼠标变为手状,按住鼠标滚动条移动鼠标,即可移动图纸。

(2) 鸟瞰视图

利用导航功能可以迅速地执行"ZOOM"以及"PAN"命令的功能,方法是点取下拉菜单"视图→鸟瞰视图",右下角的鸟瞰视窗显示了整幅图,同时视窗中有一个方框,方框内的部分在屏幕上显示出来,方框的大小、位置可以移动鼠标确定。在绘制一幅很复杂、很大的图形时,能从鸟瞰视图中了解到屏幕上的每一对象在整幅图中的位置。如图1-4-8所示。

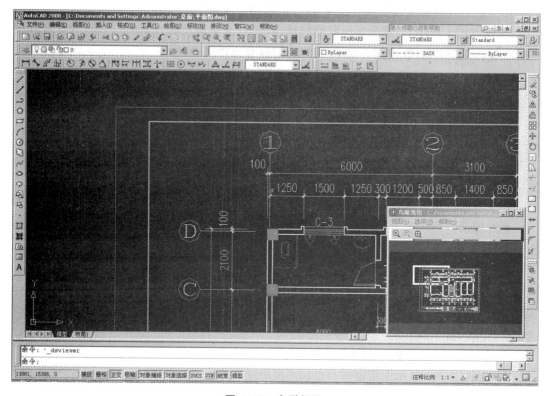

图1-4-8　鸟瞰视图

(3) 利用工具条缩放、移动图纸

利用工具条缩放、移动图纸。利用标准工具条上的　按钮,相当于PAN命令,可以移动图纸,利用　按钮,可以实时缩放图纸,利用　按钮,以窗口的形式确定图纸需要放大部分,利用　按钮,可以退回到上一次的缩放大小。

1.4.3　设置绘图环境

1. 设置绘图界限

图形界限是AutoCAD绘图空间中的一个假想的矩形绘图区域,用户可根据所绘图形的大小来设定这个区域,命令的启动方式如下。

① 文本窗口输入命令:Limits。

② 下拉菜单:"格式"→"图形界限"。

执行命令后系统提示,重新设置模型空间界限:

指定左下角点或[开(ON)/关(OFF)]<0,0>:输入矩形绘图区域的左下角点坐标后回车,也可直接回车接受默认值。

指定右上角点<594,420>:输入矩形绘图区域的右上角点坐标后回车,或直接回车接受默认值。

图形界限处于开(ON)状态时,限制绘图只能在绘图界限内;处于关闭(OFF)状态时,允许超出图形界限,系统默认设置为关。

2. 设置绘图单位

用 AutoCAD 绘图时,需要设定长度的单位及其精度,角度的单位、方向和精度,从 AutoCAD 设计中心插入块的图形单位。

命令的启动方式如下。

① 文本窗口输入命令:Units(UN)。

② 下拉菜单:"格式"→"单位"。

执行命令后系统弹出如图 1-4-9 所示的对话框,利用该对话框进行各项设置。

长度——设定长度单位计数类型和精度。点取类型(T)下面的小三角,可以选择计数类型,绘制建筑图样时通常选"小数",点取精度下面的小三角,可以选择计数精度,通常精确到"0"。

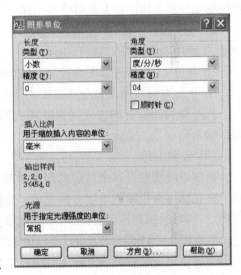

图 1-4-9 图形单位对话框

角度——设定角度单位计数类型和精度。点取类型下面的小三角,可以选择类型,绘建筑图时通常选"度/分/秒",点取精度下面的小三角,可以选择精度,通常精确到"0d"。

顺时针——设定角度正方向,通常不选此项,即以默认的逆时针方向为正。

设计中心块的图形单位——设定从设计中心插入块的图形单位,点取下面的小三角可以选择插入时的图形单位,通常选"毫米"。

确定——点取"确定"按钮,系统接受用户的设定。

取消——点"取消"按钮则刚才的设定不生效,并退出图形单位设定对话框。

方向——设定基准角度方向,点取"方向"按钮后弹出如图 1-4-10 所示的对话框,通过该对话框进行角度方向设定,通常选"东(E)"即以水平向右为 0 度的方向。

图 1-4-10 角度方向控制对话框

3. 设置常用辅助工具

AutoCAD 为用户提供了多种绘图辅助工具。如栅格、捕捉、正交、极轴追踪、对象捕捉等，这些辅助工具类似于手工绘图时的方格纸、三角板，可以更准确地创建和修改图形对象。用户可以通过单击"工具→草图设置"来打开如图 1-4-11 所示的"草图设置"对话框，对这些辅助工具进行设置，以便能更加灵活、方便地使用这些绘图工具。

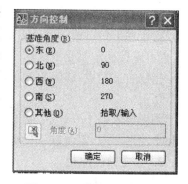

图 1-4-11　草图设置对话框

（1）捕捉和栅格

栅格是绘图的辅助工具，虽然打开的栅格可以显示在屏幕上，但它并不是图形对象，因此不能从打印机输出。用户可以指定栅格在 X 轴方向和 Y 轴方向上的间距，以及栅格与相应坐标轴之间的夹角，X 基点和 Y 基点项可以设定栅格与图形界限的相对位移。栅格捕捉分矩形捕捉和等轴测捕捉，用户可根据需要设定。打开和关闭栅格的方式如下。

① 在状态栏上使用"栅格"按钮，单击右键还可打开草图设置对话框进行设置。

② 使用功能键"F7"进行切换。

③ 通过"工具"→"草图设置"对话框设置。

④ 在文本窗口输入命令：GRID。

打开和关闭捕捉的方式同打开和关闭栅格的方式非常类似，其快捷功能键是 F9，文本窗口输入命令是 SNAP。

（2）极轴追踪

极轴追踪功能可以用指定的角度绘制对象。用户在极轴追踪模式下确定目标点时，系统会在光标接近指定的角度方向上显示临时路径，并自动地在对齐路径上捕捉距离光标最近的点，同时给出提示信息，用户可据此准确地确定目标点。

点取图 1-4-11 对话框中的"极轴追踪"后弹出如图 1-4-12 的对话框。设置增量角后，系统沿与增量角成整数倍的方向上指定点的位置。例如，增量角为 45°，系统将沿 0°、45°、90°、135°、180°、225°、270°、315°方向指定目标点的位置。除了增量角外，用户还可以指定附加角来指定追踪方向。打开和关闭极轴追踪可点取状态栏上的"极轴"按钮，或使用快捷键"F10"。

（3）极轴捕捉

在图 1-4-11 中可设定极轴捕捉，使用极轴捕捉可以在极轴追踪时，准确地捕捉临时对齐方向上指定距离的目标点。

（4）对象捕捉

在绘图时需要频繁使用对象捕捉功能，因此用户可以将某些对象捕捉方式缺省设置为打开状态，这样光标接近捕捉点时，系统就会产生自动捕捉标记、捕捉提示和磁吸供用户使用。点取图 1-4-11 对话框中的"对象捕捉"后弹出如图 1-4-13 的对话框，用户根据需要打开或关闭捕捉方式。也可以打开对象捕捉工具条，在需要捕捉时单击相应的按钮，但这种方式每次单击只能用一次。打开和关闭对象捕捉追踪的快捷键是"F3"。

（5）对象捕捉追踪

对象捕捉追踪可以看作是对象捕捉和极轴追踪功能的联合应用。即用户先根据对象捕捉功能确定对象的某一特征点(只需将光标在该点停留片刻,当自动捕捉标记中出现黄色的"十"标记即可),然后以该点为基点进行追踪,来得到准确的目标点。打开和关闭对象捕捉追踪的快捷键是"F11"。

图 1-4-12 极轴设置对话框

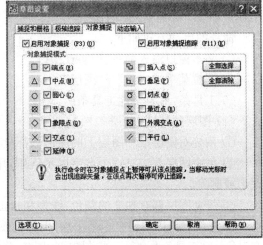

图 1-4-13 对象捕捉对话框

(6) 正交模式

用于约束光标在水平或垂直方向上的移动。打开或关闭正交的方式可通过点取状态栏上的"正交"按钮,或使用快捷键"F8"。

(7) 草图设置选项卡

点取图 1-4-11 中的"选项",打开草图设置选项卡,如图 1-4-14 所示,可以设置自动捕捉时是否显示标记、是否打开磁吸、是否显示自动捕捉提示、是否显示自动捕捉靶框;自动追踪时是否显示极轴追踪矢量、是否显示全屏追踪矢量、是否显示自动追踪工具提示;设置对齐点的获取方式,设置自动捕捉标记大小、靶框大小。

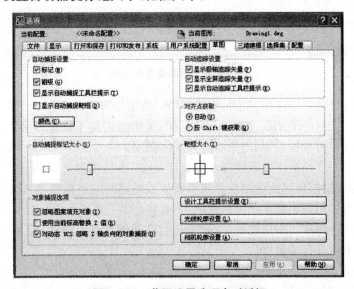

图 1-4-14 草图设置选项卡对话框

4. 设置图层

图层像一层层没有厚度的透明纸,各层之间的坐标完全对齐。图层可以设定颜色、线型和各种状态。绘图时,把同一类型的图形对象绘在相应的图层上,这样在绘制和修改图形对象时,只需确定它的几何参数和所在的图层,不仅方便图形的绘制和修改,而且减少了绘图工作量和节省存储空间。

命令的启动方式如下。

① 文本窗口输入命令:Layer(LA)。

② 下拉菜单:"格式"→"图层"。

③ 工具条:对象特性工具条。

(1) 图层的特性

① 系统对图层数和图层上的图形数都没有限制。

② 每个图层都应有一个名字以示区别,用户可以自行命名图层,但自动生成的层不能改名或删除。

③ 每个图层都有独立的颜色、线型和状态,不依赖于其他图层。

④ 系统允许用户建立多个图层,但当前图层只有一个,绘图时只能在当前图层上绘制。在对象特性工具条上会显示当前图层的层名,并能利用它方便地转换当前图层(参见图1-4-15)。

图 1-4-15　图层设置对话框

⑤ 可以对各图层进行打开、关闭、冻结、解冻、锁定与解锁等操作。

打开/关闭——打开的图层才能显示和打印,关闭的图层不能显示和打印,但要参加图形之间的运算,用户可根据需要,随意打开或关闭图层。

冻结/解冻——冻结的图层不能显示和打印,也不参加图形之间的运算,所以在复杂的图形中冻结不需要的层可以大大加快系统重新生成图形时的运算速度。被解冻的图层正好相反。需注意的是,用户不能冻结当前层,也不能将冻结图层设为当前层。

锁定/解锁——锁定的图层能显示,如果是当前层能在其上绘图、能使用查询命令和目标捕捉功能,但不能进行编辑操作。

(2) 图层的线型

图层的线型是指在图层上绘图时所使用的线型,每一图层都应有一个线型,各层之间的线型可以相同也可以不同。在某一图层上绘图时，可采用图层的线型，也可以单独规定线型。点取下拉菜单的"格式→线型"，系统弹出如图 1-4-16(a)所示对话框，供用户选择线型和设定线型比例，如果没有需要的线型可单击"加载"，系统弹出如图 1-4-16(b)所示的线型库供用户加载所需要的线型。然后在图层中点击线型，在选择线型对话框中选择需要的线型。

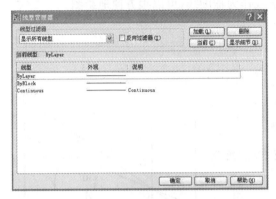

(a) 线型管理对话框　　　　　　　　(b) 加载或重载线型对话框

图 1-4-16　线型管理

（3）图层的颜色

图层的颜色是指在图层上绘图时所使用的颜色，用颜色号表示，颜色号为从 1 到 255 的整数，各图层都有一个颜色，可以相同或不同。点取下拉菜单的"格式→颜色"，系统弹出如图 1-4-17 所示对话框，供用户选择颜色，绘图时用户可以选用图层的颜色，也可以单独规定颜色。然后在图层中点击颜色，在选择颜色对话框中选择需要的颜色。

图 1-4-17　选择颜色对话框

1.4.4　绘制图形

1. 绘直线

（1）功能

该命令可绘二维或三维直线段。

（2）命令启动

① 文本窗口输入命令：Line 或(L)。

② 下拉菜单："绘图"→"直线"。

③ 工具栏：绘图工具栏点取 ✐ 按钮。

（3）实例操作

绘制如图 1-4-18 所示的图形。

命令：_line 指定第一点(给定第一点)

指定下一点或 [放弃(U)]：50(打开正交，给出第二点)

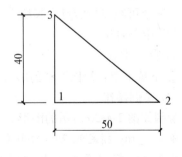

图 1-4-18

指定下一点或［放弃(U)］：@−50,40(确定第三点)

指定下一点或［闭合(C)/放弃(U)］：c(闭合)

2. 绘构造线

(1) 功能

该命令可绘制两个方向上无限延长的二维或三维构造线,在工程制图中,通常有"长对正、宽相等、高平齐"等要求,绘图时用一些构造线作为辅助线,可以很方便地绘图。

(2) 命令启动

① 文本窗口输入命令：Xline 或(XL)。

② 下拉菜单："绘图→构造线"。

③ 工具栏：绘图工具栏点取 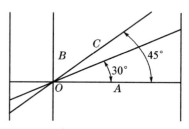 按钮。

(3) 绘图举例

绘制如图 1-4-19 所示的图形。

命令：_xline 指定点或［水平(H)/垂直(V)/角度(A)/二等分(B)/偏移(O)］：h

指定通过点：(给出通过点,画出水平线)

指定通过点：(回车,结束命令)

命令：_xline 指定点或［水平(H)/垂直(V)/角度(A)/二等分(B)/偏移(O)］：v

图 1-4-19　绘制构造线例图

指定通过点：(给出通过点,画出垂直线)

指定通过点：(回车,结束命令)

命令：XLINE 指定点或［水平(H)/垂直(V)/角度(A)/二等分(B)/偏移(O)］：a

输入构造线的角度 (0) 或［参照(R)］： 30

指定通过点：(给出通过点,画出30°线)

指定通过点：(回车,结束命令)

命令：XLINE 指定点或［水平(H)/垂直(V)/角度(A)/二等分(B)/偏移(O)］：b

指定角的顶点：(拾取 O 点)

指定角的起点：(拾取 A 点)

指定角的端点：(拾取 B 点,回车,结束命令)

3. 绘射线

(1) 功能

该命令可绘以指定点为起始点,且在单方向上无限延长的射线。

(2) 命令启动

① 命令：Ray。

② 下拉菜单："绘图"→"射线"。

(3) 实例操作

绘制如图 1-4-20 所示的图形。

命令：_ray 指定起点：(拾取 O 点)

指定通过点：(通过 A 点,画出射线)

指定通过点：(通过 B 点,画出射线)

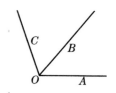

图 1-4-20　绘制射线例图

指定通过点：(通过 C 点，画出射线)

指定通过点：(回车，结束命令)

4. 绘多线

(1) 功能

利用多线命令可以同时绘出多条相互平行的直线，这些直线的线型、颜色可以相同也可以不同，在绘制建筑图样时常用多线命令来绘墙线、管线、窗线等相互平行的直线组。

(2) 命令启动

① 文本窗口输入命令：Mline。

② 下拉菜单："绘图"→"多线"。

输入命令后系统提示：

命令：MLINE 当前设置：对正＝上，比例＝1.00，样式＝STANDARD：指定起点或[对正(J)/比例(S)/样式(ST)]：

对正(J)——确定绘图时的对正类型。

以 J 响应后，出现提示：

输入对正类型[上(T)/无(Z)/下(B)]：("上(T)"表示以拾取点作为多线的上方点，即在光标(拾取点)下绘制多线；无(Z)表示以拾取点作为多线的中点绘制多线；"下(B)"表示以拾取点作为多线的下方点，即在光标(拾取点)上绘制多线。)

比例(S)——确定绘多线时的宽度比例。

样式(ST)——确定绘多线时使用的多线样式。

以 ST 响应后，出现提示：

输入多线样式名或[?]：[可直接输入需要的多线样式名，也可以输入(?)查看共有哪些多线样式名]

指定下一点：(输入多线的下一点，即可绘出一组平行多线，可输入多个下端点，也可回车结束绘多线命令。)

5. 设定多线样式

(1) 功能

用户自己定义多线的样式。

(2) 命令启动

① 命令：Mlstyle。

② 下拉菜单："格式"→"多线样式"。

输入命令后系统弹出如图 1-4-21 所示的对话框。

点新建或输入"N"，出现图 1-4-22 对话框。

图 1-4-21　多线样式对话框

图 1-4-22　新建多线样式对话框

输入多线样式的名称，点"继续"，出现图 1-4-23 对话框。对话框中各项的功能如下。

在新建多线样式对话框中的说明文本框中输入线型说明。如画 4 条线，单击按钮， 添加(A) 在文本框内输入某一个元素的偏移量，在颜色、线型文本框中分别选择该元素的颜色、线型。如果某一个元素多余，可先在列表框中选定该元素，再单击 删除(D) 按钮。在封口选项区域确定多线的封口样式，在填充选项区域可选择多线填充的颜色，单击确定按钮，返回多线样式对话框。

在修改样式对话框中可对多线样式进行修改。如图 1-4-24。如修改线型，单击线型按钮 线型(Y)... ，弹出选择线型对话框图 1-4-25。单击 加载(L)... 按钮，弹出弹出加载或重载线型对话框图 1-4-26，选择需要加载的线型。

单击多线样式对话框中的保存，图 1-4-21 所示，对设置的多线样式进行保存。也可将已存在的多线进行删除。（注：已使用过的多线不能删除）

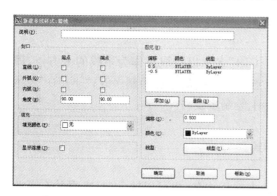

图 1-4-23 新建多线样式设置对话框图

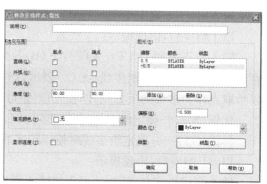

图 1-4-24 修改多线样式设置对话框

图 1-4-25 选择线型对话框

图 1-4-26 加载或重载线型对话框

（3）实例操作

绘制如图 1-4-27 所示的图形。

命令：MLINE

当前设置：对正＝上，比例＝20.00，样式＝STANDARD

指定起点或［对正(J)/比例(S)/样式(ST)］：j

输入对正类型［上(T)/无(Z)/下(B)］＜上＞：z

当前设置：对正＝无,比例＝20.00,样式＝STANDARD

指定起点或［对正(J)/比例(S)/样式(ST)］：　s

输入多线比例 ＜20.00＞：　240

当前设置：对正＝无,比例＝240.00,样式＝STANDARD

指定起点或［对正(J)/比例(S)/样式(ST)］：　st

输入多线样式名或［?］：　墙线

当前设置：对正＝无,比例＝240.00,样式＝墙线

指定起点或［对正(J)/比例(S)/样式(ST)］：

指定下一点：　3600

指定下一点或［放弃(U)］：　4800

指定下一点或［闭合(C)/放弃(U)］：　3600

指定下一点或［闭合(C)/放弃(U)］:c

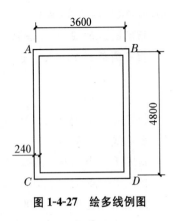

图 1-4-27　绘多线例图

6. 绘多段线

(1) 功能

绘由等宽或不等宽的直线以及圆弧组成的二维多段线,系统把多段线看成是一个整体,用户可以用多段线编辑命令进行编辑。

(2) 命令启动

① 文本窗口输入命令:PLINE 或(PL)。

② 下拉菜单:"绘图"→"多段线"。

③工具栏:绘图工具栏点取![按钮]按钮。

(3) 实例操作

绘制如图 1-4-28 所示的图形。

命令：_pline

指定起点:(给起点 A)

当前线宽为 0.0000

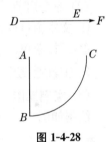

图 1-4-28

指定下一个点或［圆弧(A)/半宽(H)/长度(L)/放弃(U)/宽度(W)］：　＜正交＞开 w (选线宽)

指定起点宽度 ＜0.0000＞:20(输入起点宽度)

指定端点宽度 ＜20.0000＞:(输入总店宽度,默认 20)

指定下一个点或［圆弧(A)/半宽(H)/长度(L)/放弃(U)/宽度(W)］：900(绘出点 B)

指定下一点或［圆弧(A)/闭合(C)/半宽(H)/长度(L)/放弃(U)/宽度(W)］：a(绘圆弧)

指定圆弧的端点或

［角度(A)/圆心(CE)/闭合(CL)/方向(D)/半宽(H)/直线(L)/半径(R)/第二个点(S)/放弃(U)/宽度(W)］:w(选线宽)

指定起点宽度 ＜20.0000＞:0(输入起点宽度)

指定端点宽度 ＜0.0000＞:(输入总店宽度,默认 0)

指定圆弧的端点或

［角度(A)/圆心(CE)/闭合(CL)/方向(D)/半宽(H)/直线(L)/半径(R)/第二个点

(S)/放弃(U)/宽度(W)]：ce(找圆弧圆心)

    指定圆弧的圆心：(拾取圆弧的圆心 A)

    指定圆弧的端点或 [角度(A)/长度(L)]：(拾取点 C)结束命令

    命令：_pline

    指定起点：(给起点 D)

    当前线宽为 0.0000

    指定下一个点或 [圆弧(A)/半宽(H)/长度(L)/放弃(U)/宽度(W)]：(绘点 E)

    指定下一点或 [圆弧(A)/闭合(C)/半宽(H)/长度(L)/放弃(U)/宽度(W)]：w(选线宽)

    指定起点宽度 <0.0000>：30(输入起点宽度)

    指定端点宽度 <30.0000>：0(输入终点宽度,默认 30)

    指定下一点或 [圆弧(A)/闭合(C)/半宽(H)/长度(L)/放弃(U)/宽度(W)]：(绘点 E)结束命令

7. 绘正多边形

(1) 功能

可绘正多边形。

(2) 命令启动

① 文本窗口输入命令：POLYGON 或(POL)。

② 下拉菜单："绘图"→"正多边形"。

③ 工具栏：绘图工具栏点取 ⬠ 按钮。

(3) 实例操作

绘制如图 1-4-29 所示的正六边形。

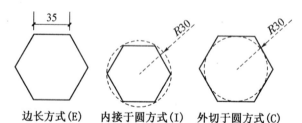

    边长方式(E)   内接于圆方式(I)   外切于圆方式(C)

图 1-4-29　绘正多边形例图

① 边长方式(E)

命令：_polygon 输入边的数目 <6>(输入边数,选默认方式)

指定正多边形的中心点或 [边(E)]：e(选择边(E)方式)

指定边的第一个端点：指定边的第二个端点：35(给边上第一、第二端点)

② 内接于圆方式(I)

命令：_polygon 输入边的数目 <6>：(输入边数或选默认方式)

指定正多边形的中心点或 [边(E)]：(输入中心点)

输入选项 [内接于圆(I)/外切于圆(C)] <I>：I(选择内接于圆方式)

指定圆的半径：30(输入半径)

③ 内切于圆方式(C)

命令：_polygon 输入边的数目 ＜6＞：(输入边数或选默认方式)

指定正多边形的中心点或［边(E)］：(输入中心点)

输入选项［内接于圆(I)/外切于圆(C)］＜I＞：c(选择外切于圆(C)方式)

指定圆的半径：30(输入半径)

8. 绘矩形

(1) 功能

能够绘制矩形。

(2) 命令启动

① 文本窗口输入命令：RECTANG 或(REC)。

②下拉菜单："绘图"→"矩形"。

③ 工具栏：绘图工具栏点取▢按钮。

(3) 实例操作

绘制如图 1-4-30 所示的图形。

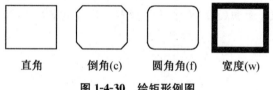

　　直角　　　　倒角(c)　　　圆角角(f)　　　宽度(w)

图 1-4-30　绘矩形例图

① 绘直角矩形

命令：_rectang

指定第一个角点或［倒角(C)/标高(E)/圆角

(F)/厚度(T)/宽度(W)］：(拾取角点)

指定另一个角点或［面积(A)/尺寸(D)/旋转(R)］：@30,25(给出矩形另一对角点的相对坐标)

② 绘倒角矩形

命令：_rectang

指定第一个角点或［倒角(C)/标高(E)/圆角(F)/厚度(T)/宽度(W)］：c(选择倒角(C)选项)

指定矩形的第一个倒角距离 ＜0.0000＞：4(输入第一个倒角的距离)

指定矩形的第二个倒角距离 ＜4.0000＞：(输入第二个倒角的距离,选择默认方式)

指定第一个角点或［倒角(C)/标高(E)/圆角(F)/厚度(T)/宽度(W)］：(拾取角点)

指定另一个角点或［面积(A)/尺寸(D)/旋转(R)］：@30,25(给出矩形另一对角点的相对坐标)

③ 绘圆角矩形

命令：_rectang

当前矩形模式：　倒角＝4.0000×4.0000

指定第一个角点或［倒角(C)/标高(E)/圆角(F)/厚度(T)/宽度(W)］：f(选择圆角

(F)选项)

　　指定矩形的圆角半径 ＜4.0000＞：4(输入圆角的半径)

　　指定第一个角点或［倒角(C)/标高(E)/圆角(F)/厚度(T)/宽度(W)］：(拾取角点)

　　指定另一个角点或［面积(A)/尺寸(D)/旋转(R)］：@30,25(给出矩形另一对角点的相对坐标)

　　④ 绘有宽度的直角矩形

　　命令：_rectang

　　当前矩形模式： 圆角＝4.0000

　　指定第一个角点或［倒角(C)/标高(E)/圆角(F)/厚度(T)/宽度(W)］：f(选择圆角(F)选项)

　　指定矩形的圆角半径 ＜4.0000＞：0(输入圆角的半径为 0)

　　指定第一个角点或［倒角(C)/标高(E)/圆角(F)/厚度(T)/宽度(W)］：w(选择宽度(W)选项)

　　指定矩形的线宽 ＜0.0000＞：3(输入矩形的线宽)

　　指定第一个角点或［倒角(C)/标高(E)/圆角(F)/厚度(T)/宽度(W)］：(拾取角点)

　　指定另一个角点或［面积(A)/尺寸(D)/旋转(R)］：@30,25(给出矩形另一对角点的相对坐标)

9. 绘圆弧

(1) 功能

能够绘制圆弧。

(2) 命令启动

① 文本窗口输入命令：ARC 或(A)。

② 下拉菜单："绘图"→"圆弧"。

③ 工具栏：绘图工具栏点取  按钮。

(3) 实例操作

绘制如图 1-4-31 所示的图形。

图 1-4-31　绘圆弧例图

命令：_arc 指定圆弧的起点或［圆心(C)］：(给出圆弧的起点 A)

　　指定圆弧的第二个点或［圆心(C)/端点(E)］：c(选择圆心选项)

　　指定圆弧的圆心： (输入圆心 o)

　　指定圆弧的端点或［角度(A)/弦长(L)］：a 指定包含角：135(输入角度 135°按回车结束命令)

10. 绘圆

(1) 功能

能够利用 6 种方法绘制圆。如图 1-4-32 圆的子菜单。

(2) 命令启动

① 文本窗口输入命令：CIRCLE 或(C)。

② 下拉菜单："绘图"→"圆"。

③ 工具栏：绘图工具栏点取 按钮。

图 1-4-32　圆的子菜单

（3）实例操作

绘制如图 1-4-33 所示的图形。

① 绘圆 1：用"圆心、半径"(R)方法（默认方法）

命令：_circle 指定圆的圆心或［三点(3P)/两点(2P)/相切、相切、半径(T)］：（给定圆心）

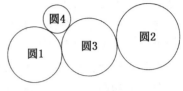

图 1-4-33　绘圆例图

指定圆的半径或 ［直径(D)］＜34.6410＞：10（输入半径并回车）

② 绘圆 2：用"三点"(3P)方法

命令：_circle 指定圆的圆心或［三点(3P)/两点(2P)/相切、相切、半径(T)］：3p

指定圆上的第一个点：（给定第一个点）

指定圆上的第二个点：（给定第二个点）

指定圆上的第三个点：（给定第三个点）

③ 绘圆 3：用"两点"(2P)方法

命令：CIRCLE 指定圆的圆心或［三点(3P)/两点(2P)/相切、相切、半径(T)］：2p

指定圆直径的第一个端点：（捕捉到圆 1 的切点）

指定圆直径的第二个端点：（捕捉到圆 2 的切点）

④ 绘圆 4：用"相切、相切、半径"(T)方法

命令：_circle

指定圆的圆心或［三点(3P)/两点(2P)/相切、相切、半径(T)］：t

指定对象与圆的第一个切点：（捕捉到圆 1 的切点）

指定对象与圆的第二个切点：（捕捉到圆 3 的切点）

指定圆的半径 ＜10.2863＞：5（输入圆的半径）

11. 绘样条曲线

（1）功能

绘制光滑曲线。一般通过起点、控制点、终点及切线方向来绘制样条曲线。主要用来绘制不规则的波浪线、等高线等曲线图形。

（2）命令启动

① 文本窗口输入命令：SPLINE。

② 下拉菜单："绘图"→"样条曲线"。

③ 工具栏：绘图工具栏点取按钮。

（3）实例操作

绘制图 1-4-34 所示的图形。

命令：_spline

指定第一个点或［对象(O)］：

指定下一点： （给定 1 点）

指定下一点或［闭合(C)/拟合公差(F)］＜起点切向＞：（给定 2 点）

指定下一点或［闭合(C)/拟合公差(F)］＜起点切向＞：（给定 3 点）

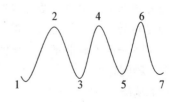

图 1-4-34　绘制样条曲线例图

指定下一点或［闭合(C)/拟合公差(F)］＜起点切向＞：(给定 4 点)

指定下一点或［闭合(C)/拟合公差(F)］＜起点切向＞：(给定 5 点)

指定下一点或［闭合(C)/拟合公差(F)］＜起点切向＞：(给定 6 点)

指定下一点或［闭合(C)/拟合公差(F)］＜起点切向＞：(给定 7 点)

指定起点切向：(确定 1 点的切向)

指定端点切向：(确定 7 点的切向)

12. 修订云线

(1) 功能

绘制类似云朵一样的连续曲线。可以通过拖动鼠标创建新的修订云线,也可将闭合对象(如圆、椭圆等)转换为修订云线。

(2) 命令启动

① 文本窗口输入命令:REVCLOUD。

② 下拉菜单:"绘图"→"修订云线"。

③ 工具栏:绘图工具栏点取按钮。

(3) 实例操作

绘制如图 1-4-35 所示的图形。

命令：_revcloud

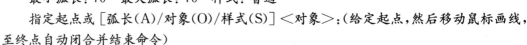

图 1-4-35　绘制样条曲线例图

最小弧长：75　最大弧长：75　样式：普通

指定起点或［弧长(A)/对象(O)/样式(S)］＜对象＞：(给定起点,然后移动鼠标画线,至终点自动闭合并结束命令)

13. 绘椭圆

(1) 功能

能够绘制椭圆。

(2) 命令启动

① 文本窗口输入命令:ellipse 或(el)。

② 下拉菜单:"绘图"→"椭圆"。

③ 工具栏:绘图工具栏点取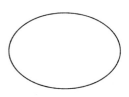按钮。

(3) 实例操作

绘制如图 1-4-36 所示的图形。

命令：_ellipse

指定椭圆的轴端点或［圆弧(A)/中心点(C)］：c(选择中心点选项)

图 1-4-36　绘椭圆例图

指定椭圆的中心点：(给定椭圆的中心点)

指定轴的端点：　(输入椭圆的轴端点)

指定另一条半轴长度或［旋转(R)］：20(输入椭圆的另一条半轴长度)

14. 绘圆环

(1) 功能

能够绘制圆环。

(2) 命令启动

① 命令：DONUT 或（DO）。

② 下拉菜单："绘图"→"圆环"。

(3) 实例操作

绘制如图 1-4-37 所示的图形。

命令：_donut

指定圆环的内径 <10.0000>：15（输入圆环的内径）

指定圆环的外径 <10.0000>：20（输入圆环的外径）

指定圆环的中心点或 <退出>：（给定圆环的圆心）

图 1-4-37 绘圆环例图

15. 绘制点

(1) 功能

能够绘制点，并对对象进行定数或定距等分。

(2) 设置点的样式

命令启动：选择下拉菜单"格式"→"点样式"或直接在命令行输入 ddptype。

打开点样式对话框，如图 1-4-38，选择点的样式。

(3) 绘制点

命令启动

① 文本窗口输入命令：point 或（po）。

② 下拉菜单："绘图"→"点"→"单点"（或"多点"）。

③ 工具栏：绘图工具栏点取 ▪ 按钮。

图 1-4-38 点样式对话框

(3) 绘制等分点

命令启动

① 命令：DIVIDE 或（DIV）。

② 下拉菜单："绘图"→"点"→"定数等分（D)"。

实例操作

绘制如图 1-4-39 所示的图形。

利用"圆"命令绘制圆。

命令：DIVIDE

选择要定数等分的对象：（选择要定数等分的圆）

输入线段数目或 ［块（B)］：6（输入要等分的数目）

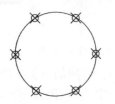

图 1-4-39 绘点定数等分例图

(4) 绘制等距点

命令启动

① 命令：MEASURE 或（ME）。

② 下拉菜单："绘图"→"点"→"定距等分（M)"。

实例操作

绘制如图 1-4-40 所示的图形。

利用"直线"命令绘制直线。

图 1-4-40 绘点定距等分例图

命令：MEASURE

选择要定距等分的对象：（选择要定距等分的直线）

指定线段长度或［块(B)］：3（输入指定线段的长度）

16. 创建块

（1）功能

对已绘出的对象创建块。

（2）创建内部块命令启动

① 文本窗口输入命令：BLOCK 或(B)。

② 下拉菜单："绘图"→"块"→"创建"。

③ 工具栏：绘制工具栏点取 按钮。

输入命令后弹出如图 1-4-41 所示的对话框，通过该对话框，用户能方便地创建块。

图 1-4-41　创建块对话框

（3）实例操作

① 创建如图 1-4-42 所示的门块。

用"直线、圆弧"命令绘制门的图形，来创建块的门宽为 1000，以方便插入时输入比例。在名称栏输入名称"1 米门"，点取选择对象按钮选择对象，单击"确定"，以正交线的交点为基点。

图 1-4-42　门的轮廓　　　　**图 1-4-43　窗的轮廓**

② 创建如图 1-4-43 窗块。

用"直线"命令绘制窗的图形，用来创建块的窗宽为 1 米，以方便插入时确定插入比例，步骤同前。

（4）创建外部块

内部块只能供当前文件所引用，为了弥补内部块给绘图工作带来的不便，可以通过"写块"来创建外部块。在命令行输入命令:wBLOCK 或(w),然后按 Enter 键,打开如图 1-4-44 所示的写块对话框。在"源"选项组选中"块"单选按钮,展开块列表,如图 1-4-45 所示,选中"1 米门"。然后设置外部块的存储名称和路径。然后单击"确定"按钮,"1 米门"转化为外部块,并以独立文件的形式存储。

图 1-4-44 写块对话框

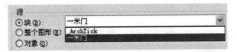

图 1-4-45 块的列表

17. 插入块

(1) 功能

将已定义的块插入到图中,在插入的同时还可以改变所插入图形的比例与旋转角度。

(2) 命令启动

① 文本窗口输入命令:INSERT(I)。

② 下拉菜单:"插入"→"块"。

③ 工具栏:绘制工具栏点取 按钮。

执行命令后系统弹出如图 1-4-46 所示对话框。在"名称"下拉列表中选中要插入的块或通过浏览选中外部块,确定缩放比例(如洞口尺寸为 900,则 X 比例为 0.9,Y 比例为 0.9)和旋转角度后,点取确定,回到作图区,点取门的插入点,即可插入门。

图 1-4-46 插入对话框

18. 图案填充

(1) 功能

对剖开的建筑构配件的断面绘制剖面线。

(2) 命令启动

① 文本窗口输入命令:BHATCH(BH)。

② 下拉菜单:"绘图"→"图案填充"。

③ 工具栏:绘制工具栏点取 按钮。

命令启动后,弹出图 1-4-47 图案填充对话框。首先选择图案填充的图案,可设置要填充图案的角度与比例。确定填充边界时,图案填充只能在封闭边界内填充。出现在封闭边界内的封闭边界称为孤岛,在默认情况下,对孤岛不填充。用户可在填充的图案边界内任选一点,系统自动搜索,从而生成封闭边界。也可用选择对象的方法确定边界。

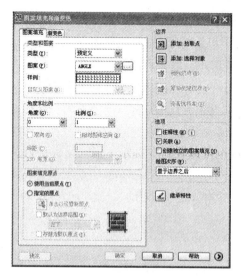

图 1-4-47　图案填充对话框

图 1-4-48　图案填充例图

（3）实例操作

绘制如图 1-4-48 的图形。

用"圆、定数等分、圆弧"命令绘制圆和花瓣。

启动图案填充对话框，图案类型为"预定义"，确定填充图案，

点取"拾取点"按钮，在预填充的 6 花瓣内各选一点，定义填充边界，完成图案填充。

19. 表格

（1）功能

表格是在行和列中包含数据的对象。在工程图中绘制门窗表等。

（2）创建新的表格样式命令启动

① 文本窗口输入命令：tablestyle。

② 下拉菜单："格式"→"表格样式"。

打开表格样式设置对话框。点击"新建"弹出创建新的表格样式对话框，如图 1-4-49。

输入新样式名，单击"继续"，弹出新建表格样式对话框，如图 1-4-50。

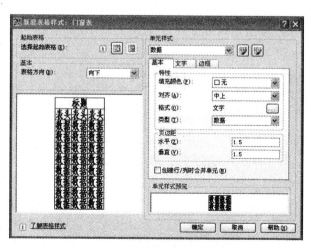

图 1-4-49　创建新的表格样式对话框

图 1-4-50　新建表格样式对话框

（3）插入表格命令启动

① 文本窗口输入命令：TABLE。

② 下拉菜单："绘图"→"表格"。

③ 工具栏：绘制工具栏点取 ⊞ 按钮打开插入表格对话框，如图1-4-51所示。选择表格的样式，"插入选项"中，选中"从空表格开始"可以创建手动填充数据的空表格，选中"自数据库链接"是从外部电子表格中的数据创建表格。"插入方式"选项区域，选中"指定插入点"指定表格左上角的位置，可以使用定点设备，也可以在命令提示下输入坐标值，选中"指定窗口"行数、列数、列宽和行高取决于窗口的大小以及列和行设置。在"列和行设置"选项区预，可设置列数、列宽、数据行和行高。

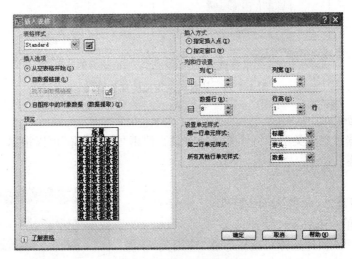

图1-4-51　插入表格对话框

1.4.5　编辑图形

1. 构造选择集

许多AutoCAD命令执行过程中都要求"选择对象"，此时图形光标上的十字线变为选择靶框，用户可以使用下列方式来选择对象。

（1）直接点取方式

这是一种默认的选择对象的方式。选择过程为：在"选择对象："提示下用鼠标在希望选取的对象上单击，该对象立即以高亮的方式显示，表示已被选中。

（2）窗口方式

在"选择对象："提示下用鼠标在屏幕上从左至右拉出一个矩形窗口，则全部处于窗口内的物体立即呈高亮显示，表示已被选中，如图1-4-52所示。如从右至左拉出一个矩形窗口，则全部处于窗口内的物体以及与窗口边界相交的物体立即呈高亮显示，表示已被选中，如图1-4-53所示。该方式下，第一窗口点不能点在物体上，不然就是直接点取方式。

（3）全部（A11）方式

在"选择对象："提示下键入"A"后回车，则选取图面上没有被锁定、关闭或冻结层上的所有对象。

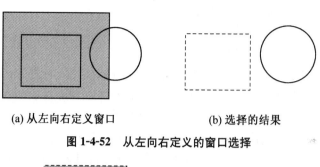

(a) 从左向右定义窗口　　　　　(b) 选择的结果

图 1-4-52　从左向右定义的窗口选择

(a) 从右向左定义窗口　　　　　(b) 选择的结果

图 1-4-53　从右向左定义的窗口选择

（4）快速选择

也可以根据对象的类型和特性来选择对象。使用"快速选择"可以根据指定的过滤条件快速定义选择集。

命令启动

① 文本窗口输入命令：QSELECT。

② 下拉菜单："工具"→"快速选择"。

弹出图 1-4-54 快速选择对话框。在"应用到"下拉列表中选择过滤条件的范围，默认的范围是整个图形，也可通过点击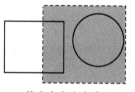按钮来选择范围；在"对象类型"下拉列表中用于指定要包含在过滤条件中的对象类型。"特性"列表框用于列出被选中对象类型的特性，选中其中的某个特性即可指定过滤器的对象特性。"运算符"下拉列表中用于控制过滤器中针对对象特性的运算。"值"下拉列表中用于指定过滤器的特性值。"如何应用"选项组用于指定将符合给定过滤条件的对象包括在新选择集内或排除在新选择集外。"附加到当前选择集"复选框用于指定是将创建的新选择集替换还是附加到当前选择集。

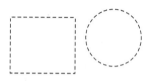

图 1-4-54　快速选择对话框

2. 删除命令

（1）功能

该命令可删除指定的对象。

（2）命令启动

① 文本窗口输入命令：ERASE 或（E）。

② 下拉菜单："修改"→"删除"。

③ 工具栏：修改工具栏点取 ✎ 按钮。

【提示】 比删除命令更快捷的删除方式是选中对象后按"Delete"键。

（3）实例操作

删除如图 1-4-55(a)所示的圆 2。

命令：_erase

选择对象：指定对角点：找到 1 个（选中圆 2）

选择对象：（按回车结束命令）

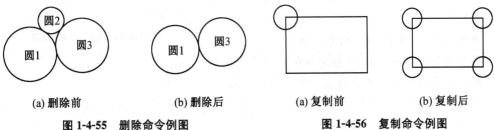

| (a) 删除前 | (b) 删除后 | (a) 复制前 | (b) 复制后 |

图 1-4-55 删除命令例图   图 1-4-56 复制命令例图

3. 复制命令

（1）功能

该命令可复制指定对象到指定位置。

（2）命令启动

①文本窗口输入命令：COPY 或(CP)。

② 下拉菜单："修改"→"复制"。

③工具栏：修改工具栏点取 ☍ 按钮。

（3）实例操作

将图 1-4-56 的圆复制在矩形的其他三个角点上。

命令：_copy（执行复制命令）

选择对象：找到 1 个（选中要复制的圆）

选择对象：（回车，结束对象选择）

当前设置： 复制模式＝多个

指定基点或 [位移(D)/模式(O)]＜位移＞：（指定基点）

指定第二个点或 ＜使用第一个点作为位移＞：（指定第一个角点，也可输入位移）

指定第二个点或 [退出(E)/放弃(U)]＜退出＞：（指定第二个角点）

指定第二个点或 [退出(E)/放弃(U)]＜退出＞：（指定第三个角点）

指定第二个点或 [退出(E)/放弃(U)]（回车，结束复制）

【提示】 "修改"菜单中的"复制"命令与"编辑"菜单中的"复制"命令的区别是"编辑"菜单中的"复制"命令是将对象复制到系统剪切板，当另一个对象要使用时，可将他们从剪贴板粘贴，如可将选择的对象粘贴到 Microsoft Word 或另一个 CAD 图形文件。

4. 镜像复制命令

（1）功能

该命令将选定的对象按给定的镜像线作镜像。

（2）命令启动

① 文本窗口输入命令：MIRROR 或（M1）。

② 下拉菜单："修改"→"复制"。

③ 工具栏：修改工具栏点取按钮。

（3）实例操作

对如图 1-4-57 所示图中的门作镜像编辑。

命令：_mirror

选择对象：指定对角点：找到 9 个（选中要镜像的对象）

选择对象：（回车，结束对象选择）

指定镜像线的第一点：（指定镜像线的第一点）

指定镜像线的第二点：（指定镜像线的第二点）

要删除源对象吗？〔是(Y)/否(N)〕<N>：（回车，结束对象选择。如果输入 y，则原对象被删除）

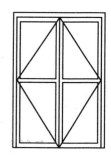

(a) 镜像前　　　(b) 镜像后

图 1-4-57　镜像命令例图

【提示】　默认情况下，镜像文字对象时，不更改文字的方向。如果确实要反转文字，应将 mirrtext 系统变量设置为 1。mirrtext 系统变量默认为 0。

5. 偏移复制命令

（1）功能

对圆、圆弧、椭圆、曲线等作同心复制，对直线作平行复制。

（2）命令启动

① 文本窗口输入命令：OFFSET 或（O）。

② 下拉菜单："修改"→"偏移"。

③ 工具栏：修改工具栏点取按钮。

（3）实例操作

对如图 1-4-58 所示的直线向左、矩形向内做偏移距离为 100 的偏移复制。

(a) 偏移前　　　　　　　　　　　(b) 偏移后

图 1-4-58　偏移命令例图

命令：_offset

当前设置：删除源＝否　图层＝源　OFFSETGAPTYPE＝0

指定偏移距离或〔通过(T)/删除(E)/图层(L)〕<通过>：　100（输入偏移距离）

选择要偏移的对象，或〔退出(E)/放弃(U)〕<退出>：（选中要偏移的直线）

指定要偏移的那一侧上的点，或〔退出(E)/多个(M)/放弃(U)〕<退出>：（拾取直线左侧任意位置）

选择要偏移的对象,或［退出(E)/放弃(U)］＜退出＞:(选中要偏移的矩形)

指定要偏移的那一侧上的点,或［退出(E)/多个(M)/放弃(U)］＜退出＞:(拾取矩形内部任意位置)

选择要偏移的对象,或［退出(E)/放弃(U)］＜退出＞:(回车,退出命令)

【提示】　圆弧偏移复制后,新圆弧与源圆弧圆心角相同;圆作偏移复制后,新圆与源圆圆心位置相同,但半径不同;椭圆作偏移复制后,新椭圆与源椭圆圆心位置相同,但轴长不同。

6. 阵列复制命令

(1) 功能

该命令按矩形或圆形的方式多重复制选定的对象。

(2) 命令启动

① 文字窗口输入命令:ARRAY 或(AR)。

② 下拉菜单:"修改"→"阵列"。

③ 工具栏:修改工具栏点取 🔠 按钮。

输入命令后系统弹出如图 1-4-59 所示的矩形阵列对话框,或如图 1-4-60 所示环形阵列的对话框。

作矩形阵列时,行距为正由原图向 y 轴正向阵列、为负向 y 轴负向阵列;列距为正向 x 轴正向阵列,为负向 x 轴负向阵列。

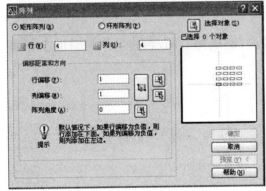

图 1-4-59　矩形阵列对话框　　　　图 1-4-60　环形阵列对话框

(3) 实例操作

对如图 1-4-61 中的窗户进行矩形阵列。

在矩形阵列对话框中,输入 2 行、3 列,行距为 2800,列距为 3000,然后选择要阵列的对象,点击矩形阵列对话框中的"确定"按钮,即完成阵列命令。

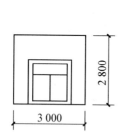

图 1-4-61　阵列命令例图

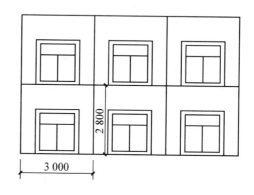

图 1-4-62　阵列后图形

7. 移动命令

（1）功能

该命令将选定的对象移动到指定的位置。

（2）命令启动

① 文本窗口输入命令：MOVE 或(M)。

② 下拉菜单："修改"→"移动"。

③ 工具栏：修改工具栏点取✥按钮。

（3）实例操作

对如图 1-4-63 中的小圆移动到大圆的圆心，变成同心圆，再将两圆同时向左移动 −150，向下移动 −100。

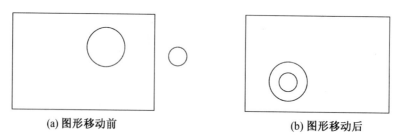

(a) 图形移动前　　　　　　　　　　　　(b) 图形移动后

图 1-4-63　移动命令例图

命令：_move

选择对象：找到 1 个(选中小圆)

选择对象：(回车，结束对象选择)

指定基点或［位移(D)］＜位移＞：　(指定小圆圆心为基点)

指定第二个点或 ＜使用第一个点作为位移＞：(指定大圆圆心)

命令：_move

选择对象：指定对角点：找到 2 个(同时选中大圆和小圆)

选择对象：(回车，结束对象选择)

指定基点或［位移(D)］＜位移＞：（指定小圆圆心为基点）

指定第二个点或 ＜使用第一个点作为位移＞：@－150,－100（输入相对坐标,回车,结束命令）

8. 旋转命令

(1) 功能

该命令将选定对象绕指定点旋转指定的角度。

(2) 命令启动

① 文本窗口输入命令：ROTATE 或(RO)。

② 下拉菜单："修改"→"旋转"。

③ 工具栏:修改工具栏点取 按钮。

(3) 实例操作

把如图 1-4-64 中(a)的矩形旋转到(b)状态。

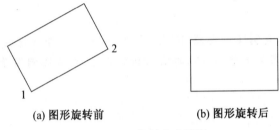

(a) 图形旋转前   (b) 图形旋转后

图 1-4-64 旋转命令例图

命令：_rotate

UCS 当前的正角方向： ANGDIR＝逆时针 ANGBASE＝0

选择对象：指定对角点：找到 1 个(选择对象)

选择对象：(回车,结束对象选择)

指定基点：(指点旋转基点 1)

指定旋转角度,或［复制(C)/参照(R)］＜330＞： r(以参照形式旋转对象,旋转角度＝新角度的值－参照角度的值。如果知道旋转的角度,可直接输入角度。)

指定参照角 ＜30＞： 指定第二点:(指定 1 点和 2 点)

指定新角度或［点(P)］＜0＞:(拾取 X 轴上正向任一点。)

9. 比例缩放命令

(1) 功能

该命令将选定的对象按指定的比例或相对于指定基点放大或缩小。

(2) 命令启动

① 文本窗口输入命令:SCALE 或(SC)。

② 下拉菜单："修改"→"缩放"。

③ 工具栏:修改工具栏点取 按钮。

(3) 实例操作

把如图 1-4-65 中(a)的圆以圆心为基点放大 2 倍,并保留原对象。

(a) 缩放复制前　　　　　　(b) 缩放复制后

图 1-4-65　比例缩放命令例图

命令：_scale

选择对象：找到 1 个(选择对象)

选择对象：(回车,结束对象选择)

指定基点：(指点比例缩放的基点圆心)

指定比例因子或［复制(C)/参照(R)］<2.0000>：　c(缩放原对象并保留原对象。如果不保留原对象可直接输入比例)

缩放一组选定对象。

指定比例因子或［复制(C)/参照(R)］<2.0000>：　2(输入缩放比例并回车。如采用参照值缩放,需先输入参照长度,回车,再输入新的长度,缩放比例因子＝新的长度值/参照长度值)

10. 拉伸命令

(1) 功能

STRETCH 命令与 MOVE 命令类似,可以移动指定的一部分图形。但用 STRETCH 命令移动图形时,这部分图形与其他图形的连接元素:如直线、圆弧、多义线等将受到拉伸或压缩。

(2) 命令启动

① 文本窗口输入命令:STRETCH 或(S)。

② 下拉菜单:"修改"→"拉伸"。

③ 工具栏:修改工具栏点取▨按钮。

(3) 实例操作

把如图 1-4-66 中(a)拉伸至(c)状态。

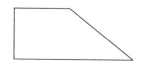

(a) 拉伸前　　　　　　(b) 以交叉窗口选择　　　　　　(c) 拉伸后

图 1-4-66　比例缩放命令例图

命令：_stretch

以交叉窗口或交叉多边形选择要拉伸的对象…

选择对象：指定对角点：找到 1 个(以交叉窗口选择对象,选中右下角)

选择对象：(回车,结束对象选择)

指定基点或［位移(D)］<位移>:(指定基点)

指定第二个点或＜使用第一个点作为位移＞：(指定第二点。也可输入具体的数值)

11. 拉长命令

(1) 功能

该命令可改变线或圆弧的长度。

(2) 命令启动

① 文本窗口输入命令：LENGTHEN(LEN)。

② 下拉菜单："修改"→"拉长"。

(3) 实例操作

把如图 1-4-67 中的圆弧缩短 1/2。

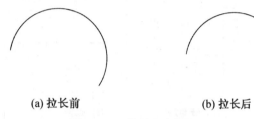

(a) 拉长前　　　　　　　　(b) 拉长后

图 1-4-67　拉长命令例图

命令：_lengthen

选择对象或 [增量(DE)/百分数(P)/全部(T)/动态(DY)]：p(选用增量(DE)时,直接输入一数值;选用百分数(P)时,以总长的百分比的形式改变长度;选用全部(T),以输入直线或圆弧的新长度改变长度;选用动态(DY)时,动态地改变线和弧长度)

输入长度百分数 ＜100.0000＞:50(输入百分值)

选择要修改的对象或 [放弃(U)]：(选择对象)

选择要修改的对象或 [放弃(U)]：(回车,结束命令)

12. 修剪命令

(1) 功能

该命令可用剪切边修剪指定的对象。

(2) 命令启动

① 文本窗口输入命令：TRIM(TR)。

② 下拉菜单："修改"→"修剪"。

③ 工具栏:修改工具栏点取 ✂ 按钮。

(3) 实例操作

把如图 1-4-68 中(a)修剪至(b)状态。

命令：_trim

当前设置:投影＝UCS,边＝无

选择剪切边...

选择对象或 ＜全部选择＞：　找到 2 个(选择作为剪切边的对象)

选择对象：(回车,结束剪切边选择)

选择要修剪的对象,或按住 Shift 键选择要延伸的对象,或[栏选(F)/窗交(C)/投影

(P)/边(E)/删除(R)/放弃(U)]：(选取要修剪的对象,系统会以剪切边为界把所选对象上的拾取部分剪切掉。按住 Shift 键选择要延伸的对象选取要延伸到剪切边的对象,系统会把所选对象近点取端延伸到剪切边。栏选(F)是以栏选方式选择要修剪的对象。窗交(C)是以窗交选择方式选择要修剪的对象。投影(P)指定修剪对象时使用的投影方式。边(E)用于设置对象是在另一对象的延长边处修剪,还是在三维空间中与该对象相交的对象修剪。删除(R)用于指定删除的对象。放弃(U 用于)取消上一部操作。)

选择要修剪的对象,或按住 Shift 键选择要延伸的对象,或[栏选(F)/窗交(C)/投影(P)/边(E)/删除(R)/放弃(U)]：(选择要修剪的对象后,回车,结束命令)

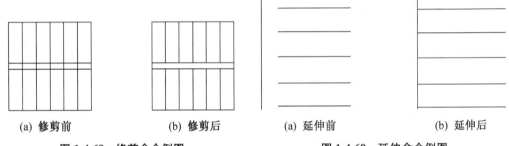

(a) 修剪前　　　　　(b) 修剪后　　　　　(a) 延伸前　　　　　(b) 延伸后

图 1-4-68　修剪命令例图　　　　　图 1-4-69　延伸命令例图

13. 延伸命令

(1) 功能

该命令延长指定的对象到指定的边界。

(2) 命令启动

① 文本窗口输入命令：EXTEND 或(EX)。

② 下拉菜单："修改"→"延伸"。

③ 工具栏：修改工具栏点取按钮 。

(3) 实例操作

把如图 1-4-69 中(a)延伸至(b)状态。

命令：_extend

当前设置：投影＝UCS,边＝无

选择边界的边...

选择对象或＜全部选择＞：　找到 1 个(选择左边的垂直线作为延伸边的对象)

选择对象：(回车,结束延伸边选择)

选择要延伸的对象,或按住 Shift 键选择要修剪的对象,或[栏选(F)/窗交(C)/投影(P)/边(E)/放弃(U)]：　指定对角点：(选项的含义同修剪命令)

选择要延伸的对象,或按住 Shift 键选择要修剪的对象,或[栏选(F)/窗交(C)/投影(P)/边(E)/放弃(U)]：(选择要延伸的对象水平线后,回车,结束命令)

【提示】　选择要延伸的对象时,应选择靠近延伸边界的一侧。

14. 打断命令

(1) 功能

该命令将对象部分删除或分解成两部分。

（2）命令启动

① 文本窗口输入命令：BREAK 或（BR）。

② 下拉菜单："修改"→"打断"。

③ 工具栏：修改工具栏点取![按钮]按钮。

（3）实例操作

把如图 1-4-70 中(a)打断至(b)状态。

命令：_break 选择对象：（选择要打断的对象）

指定第二个打断点 或［第一点(F)］：（指定第二个打断点。第一个打断点默认为拾取对象时的点。也可选择第一点(F)选项，重新选择第一个打断点。）

单击修改工具栏"打断于点"![按钮]按钮，将对象在一点处打断。如图 1-4-71 所示。

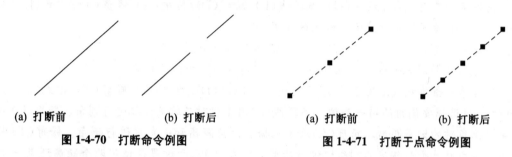

(a) 打断前　　　　　(b) 打断后　　　　　(a) 打断前　　　　　(b) 打断后

图 1-4-70　打断命令例图　　　　　　**图 1-4-71　打断于点命令例图**

15. 合并命令

（1）功能

将相似的对象合并为一个对象。

（2）命令启动

① 文本窗口输入命令：JOIN。

② 下拉菜单："修改"→"合并"。

③ 工具栏：修改工具栏点取![按钮]按钮。

（3）实例操作

将图 1-4-72 中(a)合并至(b)状态。

(a) 合并前　　　　　(b) 合并后

图 1-4-72　合并命令例图

命令：_join 选择源对象：（选择源对象。源对象不同，命令行的提示也不同。）

选择要合并到源的直线：　找到 1 个（选择要合并的对象）

选择要合并到源的直线：　找到 1 个,总计 2 个

选择要合并到源的直线：（回车,结束命令）

已将 2 条直线合并到源

【提示】　要合并的对象必须是相似的。线段在同一条直线上,圆弧有相同的圆心和直径,椭圆有相同的轴长和圆心。

16. 倒角命令

（1）功能

可以连接两个对象,使他们以平角或倒角形式连接。

（2）命令启动

① 文本窗口输入命令：CHAMFER 或（CHA）。

② 下拉菜单："修改"→"倒角"。

③ 工具栏：修改工具栏点取 按钮。

（3）实例操作

采用倒角命令，将图 1-4-73 中（a）变成（b）状态。

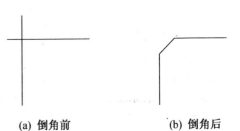

(a) 倒角前　　　　(b) 倒角后

图 1-4-73　倒角命令例图

命令：_chamfer

（"修剪"模式）当前倒角距离 1＝0.0000，距离 2＝0.0000

选择第一条直线或［放弃（U）/多段线（P）/距离（D）/角度（A）/修剪（T）/方式（E）/多个（M）］：　d（设置倒角至选定边端点的距离）

指定第一个倒角距离 <0.0000>：200（输入第一个倒角距离）

指定第二个倒角距离 <200.0000>：200（输入第二个倒角距离）

选择第一条直线或［放弃（U）/多段线（P）/距离（D）/角度（A）/修剪（T）/方式（E）/多个（M）］：（选择要倒角的第一条边。多段线（P）用于对对二维多段线进行到角。距离（D）用来确定倒角时的倒角距离。角度（A）表示根据一倒角距离和一角度进行倒角。修剪（T）用来确定倒角时是否对相应的倒角边进行修剪。方式（E）用于设置是使用两个距离还是一个距离和一角度进行倒角。多个（M）用于为多组对象的边进行倒角）

选择第二条直线，或按住 Shift 键选择要应用角点的直线：（选择要倒角的第二条边）

【提示】　倒角创建前通常先进行倒角设置；当设置的倒角距离太大或倒角角度无效时，系统会出现提示；倒角的两个对象可以相交也可以相交，但不能对两个相互平行的对象进行倒角。若倒角距离为 0，则两线段以平角连接，并自动修剪掉多余部分。

17. 圆角命令

（1）功能

可以创建与对象相切并且具有指定半径的圆弧来连接两个对象。

（2）命令启动

① 文本窗口输入命令：FIllET 或（F）。

② 下拉菜单："修改"→"圆角"。

③ 工具栏：修改工具栏点取 按钮。

一般圆角应用于相交的圆弧或直线等对象，与倒角的操作相同。

【提示】　圆角创建前通常先进行圆角设置；如果对象过短无法容纳圆角半径，则不对这些对象圆角；圆角的两个对象可以相交也可以不相交，与倒角不同，当圆角用于两个平行对象时，无论圆角半径是何值，都是用半圆弧将两个平行对象连接起来。若圆角距离为 0，则两线段以平角连接，并自动修剪掉多余部分。

18. EXPLODE 分解命令

（1）功能

把矩形、多边形分解为各直线段，把多段线分解为一系列组成多段线的直线段与圆弧，把复合线分解成各直线段,把块分解为组成该块的各个对象,把尺寸标注分解成线段、箭头和尺寸文本,方便对单个对象进行编辑。

(2)命令启动

① 文本窗口输入命令:EXPLODE 或(X)。

② 下拉菜单:"修改"→"炸开"。

③ 工具栏:修改工具栏点取 按钮。

输入命令后系统提示:

命令: _explode

选择对象:

选择要分解的对象回车即可。

19. 多线修改命令

(1)功能

把多线绘制的图形进行编辑,以达到想要的效果。

(2)命令启动

① 文本窗口输入命令:MLEDIT。

② 下拉菜单:"修改"→"对象"→"多线"。

③ 双击所绘的多线。

输入命令后系统弹出如图 1-4-74 所示的对话框,选中需要修剪的效果,回到绘图区,再点取需要修剪掉的部分。

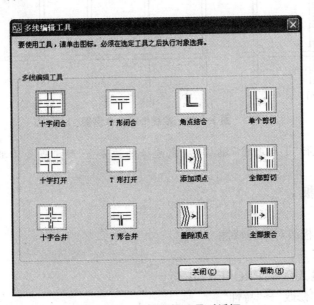

图 1-4-74 多线编辑工具对话框

(3)实例操作

采用多线编辑命令,将图 1-4-75 中(a)编辑成(c)状态。

命令: _mledit(执行命令,打开对话框,选中十字打开)

选择第一条多线:(选中第 1 条边)

选择第二条多线：（选中第 2 条边。边的选择没有先后）

即可完成一个角点的编辑，不断重复上面的步骤，把其余的点编辑成"十字打开"。

命令：_mledit（执行命令，打开对话框，选中 T 形打开）

选择第一条多线：（选中第 3 条边）

选择第二条多线：（选中第 4 条边）

即可完成一个角点的编辑，不断重复上面的步骤，把其余的点编辑成"T 形打开"。

命令：_mledit（执行命令，打开对话框，选中角点结合）

选择第一条多线：（选中第 5 条边）

选择第二条多线：（选中第 6 条边。边的选择没有先后）

即可完成一个角点的编辑，不断重复上面的步骤，把其余的点编辑成"角点结合"。

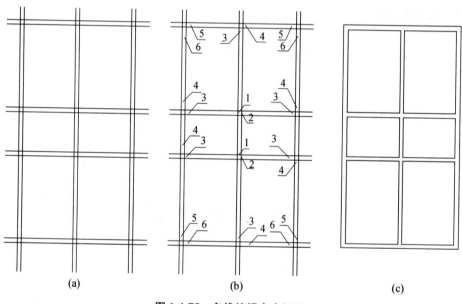

图 1-4-75　多线编辑命令例图

【提示】　在进行"T 形打开"编辑时，先选择的边是 T 形角点处需要留下的 T 形中间的边。

20. 特性选项板

（1）功能

利用特性选项板改对象的特性。

（2）命令启动

① 文本窗口输入命令：PROPERTIES。

② 下拉菜单："修改"→"特性"。

③ 工具栏：标准工具栏点取 ▓ 按钮。

④ 选择要查看或修改其特性的对象，在绘图区右击，然后在弹出的快捷菜单中选择"特性"命令。

⑤ 选择要查看或修改其特性的对象后用鼠标双击。

输入命令后系统弹出如图 1-4-76 所示对话框。在对话框内修改对象的特性。

图 1-4-76　特性选项板

21. 特性匹配

(1) 功能

把某一对象(源对象)的特性(如颜色、图层、线型、线宽、文字样式、标注样式、图案填充等)复制到其他若干个目标对象上。

(2) 命令启动

① 文本窗口输入命令:MATCHPROP 或 PAINTER。

② 下拉菜单:"修改"→"特性匹配"。

③ 工具栏:标准工具栏点取  按钮。

输入命令后,命令行提示:

选择源对象:(只能选一个对象)

当前活动设置:颜色 图层 线型 线型比例 线宽 厚度 打印样式 标注 文字 填充图案 多段线 视口 表格材质 阴影显示 多重引线

选择目标对象或 [设置(S)]:(选择其他的对象,源对象的特性即被复制到所选对象)

22. 夹点编辑

(1) 功能

利用夹点,可以对对象方便地进行拉伸、移动、旋转、缩放以及镜像等编辑操作。

(2) 命令启动

首先选取欲编辑对象,那么被点取的对象就会出现若干个蓝色小格,这些小格为相应对象的特征点。将光标移动到希望成为基点的特征点上,然后按点取鼠标左键,则该特征点高亮显示(称为热点),此时按鼠标右键弹出快捷菜单,利用该菜单的命令可以完成各种相应操作。

1.4.6 文字、尺寸标注

1. 文字标注

进行各种设计时,不仅要绘出图形,而且还要标注一些文字,如技术要点、说明等。

(1) 文字样式的设定

用户可以根据需要从 AutoCAD 系统提供的标准字体中定义自己的字体样式,在一张图中可以定义多个字体样式,每个字体样式都有一个名字,当希望用某一字体样式时,只要通过 DTEXT 命令的"Style"选项将该字体样式确定为当前样式,就可用来标注文字。

文字样式设定命令启动:

① 文本窗口输入命令:STYLE。

② 下拉菜单:"格式"→"文字样式"。

执行命令后,系统弹出如图 1-4-77 所示的对话框。用户可以点取"新建"来创建字体样式。

字体(F)——用户可以点取"字体名"下面的下三角来选择所需要的字体名,点取"字体样式"下的下三角来选择字体样式,在"高度"下的方框内可设定字的高度。

效果——确定字体的特征。"颠倒"确定是否将文字倒个标注;"反向"确定是否将文字以镜像方式标注;"垂直"用来确定文字是水平标注或垂直标注;"宽度因子"用来设置字的宽高比;"倾斜角度"用来确定文字的倾斜角度。

图 1-4-77 文字样式对话框

对话框右下方预览所选择或所确定的字体样式的形式。

要想应用所设值的字体,可选择该字体,点击"置为当前"按钮。

【提示】 默认的 Standard 的文字样式和已经使用的文字样式不能删除。

(2) 单行文本

命令启动:

① 命令:DTEXT(DT)。

② 下拉菜单:"绘图"→"文字"→"单行文字"。

执行命令后命令行提示:

命令:_dtext

当前文字样式: "样式 3" 文字高度: 3.5 注释性: 否

指定文字的起点或 [对正(J)/样式(S)]:(给定一点)

指定高度＜3.5＞：350(指定文字的高度)

指定文字的旋转角度＜0＞：(输入字的旋转角度。默认为 0°,不旋转字体可直接回车)

输入文字：(输入文字,如回车就跳转下一行,连续两次回车,结束文字输入)

(3) 文字标注说明

① 绘图时有时需要标注一些特殊字符,如"°"(度),"±"(正负号),"∅"(直径),AutoCAD 提供了如表 1-4-1 所示的控制符,来实现这些要求。

② 标注文字时,不论采用哪种文字排列方式,最初屏幕上的文字都是临时按左对齐的方式排列。当命令结束后,才按指定的排列方式重新生成。

③ 输入控制符时,控制符也临时显示在屏幕上,当结束命令后,才显示相应的特殊符号。

表 1-4-1　特殊字符表

符　号	功　能	符　号	功　能
%%O	打开或关闭文字上划线	%%P	标注"正负"符号(±)
%%U	打开或关闭文字下划线	%%C	标注"直径"符号(Φ)
%%D	标注"度"的符号(°)	%%%	标注百分比符号(%)

(4) 用 MTEXT 命令标注多行文字

多行文本命令启动：

① 命令：MTEXT 或(MT)。

② 下拉菜单："绘图"→"文字"→"多行文字"。

执行命令后弹出"文字格式对话框",如图 1-4-78 所示。

图 1-4-78　文字格式对话框

且命令行提示：

命令：_mtext 当前文字样式："样式 3" 文字高度：350 注释性：否

指定第一角点：(给定文本框的第一个点)

指定对角点或［高度(H)/对正(J)/行距(L)/旋转(R)/样式(S)/宽度(W)/栏(C)］:(给定文本框的第二个点,然后输入文字,点击文字格式对话框中的确定按钮,即结束命令。)

2. 文字编辑

用 DDEDIT 命令编辑文字。

命令启动：

① 命令：DDEDIT 或(DD)。

② 下拉菜单："修改"→"对象"→"文字"→"编辑"。

③ 工具栏：文字工具栏点取 按钮。

④ 双击要修改的文本(常用)。

对文本的内容、格式等进行编辑。

3. 尺寸标注

尺寸标注是设计绘图中的一项重要内容,物体各部分的大小和各部分的确切位置只有通过尺寸标注才能表达出来,没有正确的尺寸标注,所绘出的图纸就没有意义。

(1) 利用对话框设置尺寸标注样式

命令启动:

① 命令 DDIM。

② 下拉菜单:"格式"→"标注样式"。

③ 工具栏:标注工具栏点取 按钮。

执行命令后系统弹出如图 1-4-79 所示的对话框。点击"新建"按钮,弹出"创建新标注样式对话框",输入新样式的名称,点"继续"按钮,弹出如图 1-4-80 所示的新建标注样式对话框,创建新的尺寸标注样式。点击图 1-4-79 所示的对话框中"修改"按钮,可以修改已存在尺寸标注样式;点击"置为当前"按钮,可将对话框中选取的某一需要样式设为当前样式。绘制建筑图时,其设定参数如图 1-4-81~图 1-4-85 所示。

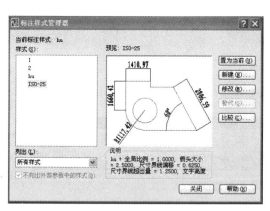

图 1-4-79　标注样式管理器

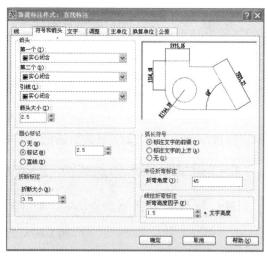

图 1-4-80　新建标注样式对话框

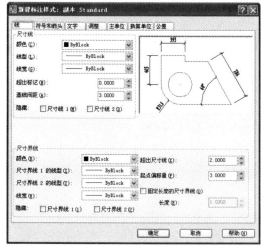

图 1-4-81　新建标注样式(线)对话框

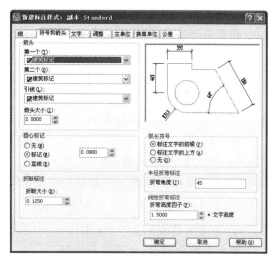

图 1-4-82　新建标注样式(符号和箭头)对话框

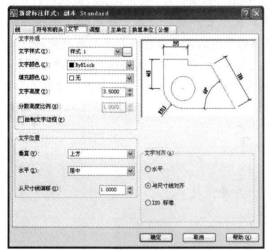

图 1-4-83　新建标注样式(文字)对话框　　　图 1-4-84　新建标注样式(调整)对话框

（2）尺寸标注的方法

AutoCAD 系统将标注分为线性尺寸标注、角度尺寸标注、半径尺寸标注、直径尺寸标注、坐标标注、引线和公差标注等。

尺寸标注命令启动：

① 文本窗口输入命令：DIM。

② 下拉菜单："标注"（点取需要的标注项目）。

③ 工具栏：在尺寸标注工具栏上点取需要的标注工具按钮。

（3）尺寸标注编辑

用 DIMEDIT 命令编辑尺寸数字的位置：

① 文本窗口输入命令：DIMEDIT。

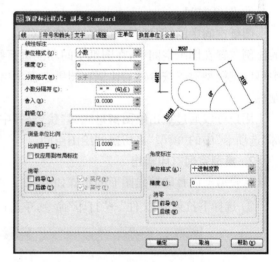

图 1-4-85　新建标注样式(主单位)对话框

② 工具栏：在尺寸标注工具栏上点取 按钮。

命令：_dimtedit

选择标注：(选择要编辑的尺寸)

指定标注文字的新位置或 [左(L)/右(R)/中心(C)/默认(H)/角度(A)]（左(L)选项指沿尺寸线左边对齐。右(R)选项指沿尺寸线右边对齐。中心(C)选项指沿尺寸线中心对齐。默认(H)选项指放在尺寸线默认位置。角度(A)选项指尺寸数字沿一定角度放置）

用 DIMEDIT 命令编辑尺寸标注：

① 文本窗口输入命令：DIMEDIT。

② 工具栏：在尺寸标注工具栏上点取 按钮。

命令：_dimedit

输入标注编辑类型［默认(H)/新建(N)/旋转(R)/倾斜(O)］＜默认＞:(默认(H))选项指选定的标注文字移回到由标注样式指定的默认位置和旋转角度。新建(N)选项指将新输入的文字加入到尺寸标注中。旋转(R)选项指将所选尺寸数字以指定的角度旋转。倾斜(O)选项指将所选尺寸的延伸线以指定的角度倾斜,主要用于轴测图的尺寸标注)

【提示】 在绘制建筑详图时,由于所采用的比例较大,可以通过改变"修改标注样式"对话框中"主单位"选项卡"测量单位比例"区"比例因子"的大小来实现尺寸标注。如比例因子设为 0.5,则标注的尺寸数字大小为图形尺寸大小的 0.5。

1.4.7　图形输出

输出图形即打印出工程图,是计算机绘图的一个重要环节。

1. 模型空间与图纸空间

① 模型空间

模型就是用户所画的图形,模型空间是指用户建立模型所处的环境。用户在模型空间可以按实际尺寸绘制图形,而不必考虑最后图形输出时图纸的尺寸和布局。

② 图纸空间

图纸空间中的"图纸"与真实的图纸相对应。通常在模型空间绘好图后,将图形以一定的比例放置在图纸空间中,在图纸空间不能进行绘图,但可以标注尺寸和文字。在图纸空间中可以把模型对象按合适的比例在图纸上表示出来,还可以定义图纸的大小、生成图框和标题栏。

用户可以通过点击绘图窗口底部"状态栏"中的"模型"按钮进行切换,点击绘图窗口底部"选项卡"中的"模型"再切换到绘图空间。

2. 模型空间打印输出

从模型空间打印输出图形的步骤如下:

① 选择下拉菜单"文件"→"打印"命令,单击扩展按钮 ⊙ ,弹出图 1-4-86 的打印对话框。

图 1-4-86　打印对话框

打印对话框中的主要参数含义如下：

图纸尺寸——用于指定图纸尺寸及单位。

打印分数——用于指定打印的分数。

打印范围——可设定图形的打印区域。"图形界限"表示打印图形界限内的图形；"显示"表示打印当前绘图区所显示的图形；"窗口"表示在绘图区指定一个区域，打印该区域内的图形。如图 1-4-87 所示。

图 1-4-87　打印范围

打印比例——用户可选择出图时的比例，也可选择"布满图纸"复选框，系统在打印时将自动缩放图形，以充满所选定的图纸。用户也可选择"自定义"选项，然后在下面的文本框中输入相应的打印比例。

打印偏移——用户可在"X"和"Y"文本框中输入数据，以指定相对于可打印区域左下角的偏移量。入选中"居中打印"复选框，则图形以居中对齐方式打印到图纸上。

图形方向——用于确定图形在图纸上的输出方向。其中"纵向"表示图形按照所绘制的方向输出；"横向"表示将图形按照所绘制的方向旋转 90°输出；"反向打印"表示将图形反方向打印。

② 设置好参数，选中打印设备，单击"预览"按钮，即可看到预览效果，如图 1-4-88。如果不合适，可点击 ⊗ 关闭按钮或按"回车"，关闭预览，返回打印对话框，重新设置。最后点击"确定"按钮即可打印。

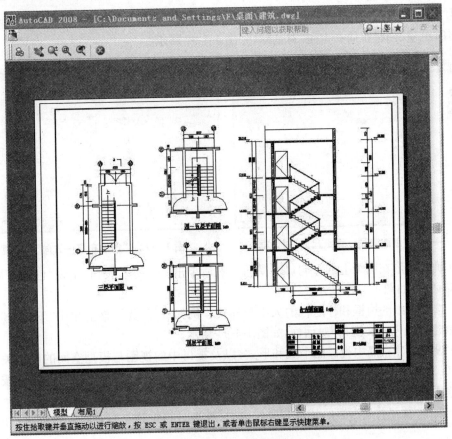

图 1-4-88　打印预览对话框

3. 布局空间打印输出

使用布局向导打印输出图形的步骤如下：

① 选择下拉菜单"插入"→"布局"→"创建布局向导"命令，系统弹出"创建布局—开始"对话框，如图 1-4-89 所示。

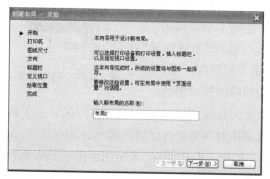
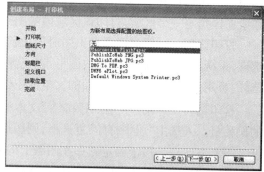

图 1-4-89 "创建布局—开始"对话框　　　　图 1-4-90 "创建布局—打印机"对话框图

② 在"输入新布局名称"文本框中输入布局的名称"布局2"，然后单击"下一步"按钮，出现"创建布局—印机"对话框，如图 1-4-90 所示。

③ 为新布局选择一种配置好的打印设备，然后单击"下一步"按钮，出现"创建布局—图纸尺寸"对话框，如图 1-4-91 所示。

④ 选择布局使用的图纸尺寸，如"A3"纸，再选择图纸单位，如"毫米"，然后单击"下一步"按钮，出现"创建布局—方向"对话框，如图 1-4-92 所示。

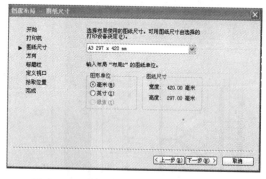
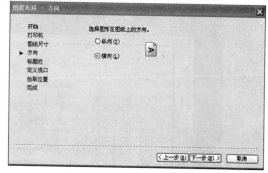

图 1-4-91 "创建布局—图纸尺寸"对话框　　　　图 1-4-92 "创建布局—方向"对话框

⑤ 确定图形在图纸上的方向，如"横向"，然后单击"下一步"按钮，出现"创建布局—标题栏"对话框，如图 1-4-93 所示。

⑥ 选择图纸的边框和标题栏的大小与样式。例如选择"无"，然后单击"下一步"按钮，出现"创建布局—定义视口"对话框，如图 1-4-94 所示。

⑦ 设置新建布局中视口的个数和形式，以及视口中的视图与模型空间的比例关系，例如"1:100"，即把模型空间中的图形缩小 100 倍显示在视口中。然后单击"下一步"按钮，出现"创建布局—拾取位置"对话框，如图 1-4-95 所示。

⑧ 单击"选择位置"按钮，切换到绘图窗口，并通过指定两个对角点来指定视口的大小和位置。

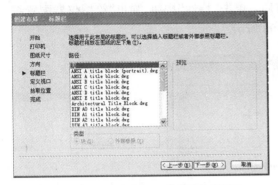

图 1-4-93 "创建布局—标题栏"对话框

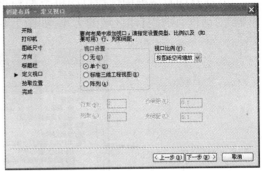

图 1-4-94 "创建布局—定义视口"对话框

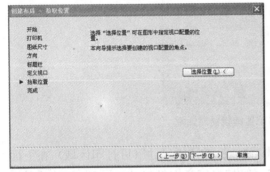

图 1-4-95 "创建布局—拾取位置"对话框

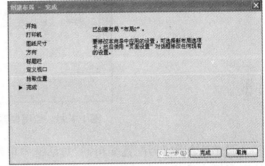

图 1-4-96 "创建布局—完成"对话框

⑨ 单击"下一步"按钮,出现"创建布局—完成"对话框,如图 1-4-96 所示。单击"确定"按钮,则将所创建的布局出现在屏幕上。

⑩ 选择"文件"→"打印"命令,弹出如图 1-4-97 的"打印"对话框。

图 1-4-97 "打印"对话框

⑪ 在打印对话框中选择打印机类型和布局。单击"特性"按钮,弹出"绘图仪器配置编辑器"对话框,调整打印区域的大小,如图 1-4-98 所示。

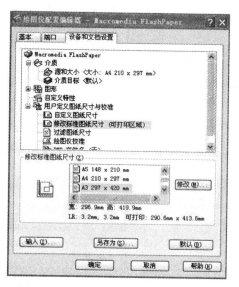

图 1-4-98　绘图仪器配置编辑器对话框

⑫ 在"绘图仪器配置编辑器"对话框中单击"修改标准图纸尺寸"(可打印区域),在下面的列表框中选择相应的图纸,单击"修改"按钮,弹出"自定义图纸尺寸—可打印区域"对话框,如图 1-4-99 所示。把"上、下、左、右"对应的边界尺寸设置为 0,使打印区域与图纸大小一致。单击"下一步"按钮,回到"打印"对话框即可。

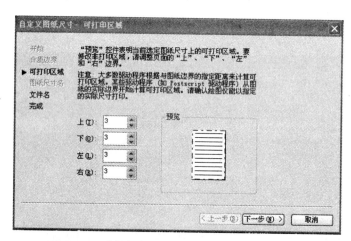

图 1-4-99　"自定义图纸尺寸—可打印区域"对话框

⑬ 将图形发送到打印机或绘图仪之前,一般先要生成打印图形的预览。我们可以从"打印"对话框中单击"预览"按钮,系统预览图形在打印时的确切外观,包括线宽、填充图案和其他打印样式选项。

⑭ 预览结束后,按回车键回到"打印"对话框,单击确定,就可以从打印机上输出满意的图形。

【案例】

利用 CAD 绘图命令绘制图 1-4-100 所示的图形。

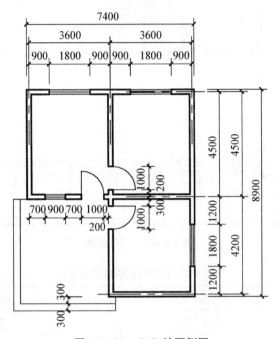

图 1-4-100 CAD 绘图例图

1. 建立绘图环境

（1）设置图形界限

本张图纸总长为 7400 mm，总宽为 8900 mm，可采用 A4 图纸绘制。

设置图形界限：下拉菜单"格式"→"图形界限"

命令：'_limits

重新设置模型空间界限：

指定左下角点或［开(ON)/关(OFF)］<0,0>：(回车，接受默认值)

指定右上角点 <36000,27000>：21000,29700（输入右上角坐标 21000,29700，采用 A4 竖式布置，图形界限放大 100 倍，可以按照实际尺寸绘图）

（2）设定图形单位。将长度单位和角度单位均精确到 0。

（3）设定图层、颜色、线型、线宽。如图 1-4-101 所示。

（4）设定文字样式。选择仿宋字体，字体宽度因子设置为 0.7。

（5）设定尺寸样式。尺寸标注中各项的设定值为表 1-4-2 中所示。为设定的按照默认值取值。

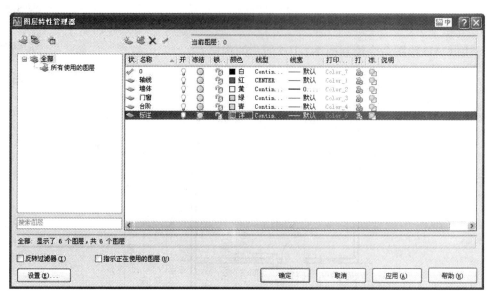

图 1-4-101　图层设定

表 1-4-2　尺寸标注各项值的设定

选项卡	对应的项		设定的值	
线	尺寸线		默认值	
	尺寸界限	超出尺寸线	2~3	
		起点偏移量	3	
符号和箭头	箭头		建筑标记	
	箭头大小		2~3	
文字	字体高度		3.5(可根据需要设置)	
	文字位置	垂直	上方	
		水平	居中	
		从尺寸线偏移	1	
	文字对齐		与尺寸线对齐或 ISO 标准	
调整	标注特征比例		100	
主单位	线性标注	单位格式	小数	
		精度	0	
	测量单位比例		1	

【提示】　在设定文字时,文字格式中的字体高度取为 0,在标注样式中设置字体的高度。否则按照文字格式中所设置的文字高度取值,在标注样式中设置的字体高度无效。

(6)设置辅助工具。启用正交;设置对象捕捉方式为"端点""交点"和"中点",并启用对象捕捉和对象追踪。

【提示】　辅助工具为透明命令,可以根据绘制的图形灵活打开或关闭。

2. 绘轴线

把设置好的"轴线"层设为当前层,颜色、线型、线宽都设为随层(ByLayer)。利用直线、复制或偏移命令按照相应的尺寸绘制轴线。如图 1-4-102 所示。

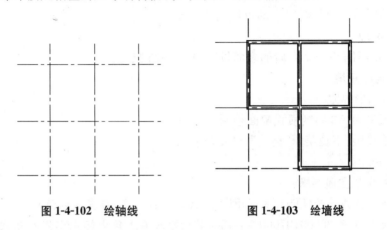

图 1-4-102　绘轴线　　　　　　　　　图 1-4-103　绘墙线

3. 绘墙体

把设置好的"墙体"层设为当前层。利用多线命令绘制墙体。首先设置多线,也可利用标准多线样式(标准多线样式的两条平行线间的距离为 1 mm),将多线比例设置为 200 即可用来绘制 200 厚的墙线。并利用多线编辑命令编辑墙体。如图 1-4-103 所示。

4. 绘门窗的洞口

仍把"墙体"设为当前层。利用直线、偏移(或复制)命令绘制各门窗洞口线,利用修剪命令修剪出门窗洞口。在绘图时应灵活运用对象捕捉和对象追踪等辅助工具。如图 1-4-104 所示。

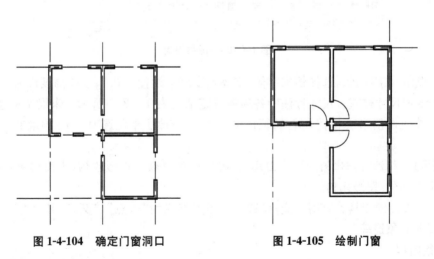

图 1-4-104　确定门窗洞口　　　　　　图 1-4-105　绘制门窗

5. 绘门窗

把设置好的"门窗"层设为当前层。利用直线或多线、复制、偏移、圆弧命令绘制门窗,也可将门窗做成块,插入即可。如图 1-4-105 所示。

6. 绘台阶

把设置好的"台阶"层设为当前层。利用直线、阵列命令绘制台阶踏步线。

7. 尺寸标注

把设置好的"尺寸"层设为当前层。打开尺寸标注工具栏进行尺寸标注。首先用线性尺寸标注,然后选择连续尺寸标注,即可使尺寸对齐。

【案例 1-4-2】

利用 CAD 绘制 1-3-27 台阶的多面投影图,并标注尺寸。

绘图录像

1. 设置绘图环境

(1)设置图形界限

本张图纸采用 A3 图纸横式幅面绘制。

设置图形界限:下拉菜单"格式"→"图形界限"

命令:'_limits

重新设置模型空间界限:

指定左下角点或［开(ON)/关(OFF)］<0,0>:(回车,接受默认值)

指定右上角点 <36000,27000>:420,297(输入右上角坐标 420,297,采用 A3 横式布置,图形界限按实际尺寸,图形按照比例绘制)

(2)设定图形单位。将长度单位和角度单位均精确到 0。(如已设定,可省略此步骤)

(3)设定图层、颜色、线型、线宽。如图 1-4-106 所示。

名称	开	在所有...	锁定	颜色	线型	线宽	打印样式
0				□白	Continuous	—— Default	7
尺寸标注				■绿	Continuous	—— 0.18 mm	3
投影图实线				□青	Continuous	—— 0.70 mm	4
投影图虚线				□青	DASHED	—— 0.70 mm	4
图幅				□黄	Continuous	—— 0.18 mm	2
图框				□黄	Continuous	—— 0.70 mm	2
文字				■洋红	Continuous	—— Default	6

图 1-4-106 图层设置

(4)设定文字样式。选择仿宋字体,字体宽度因子设置为 0.7,字体高度设为 3.5。

(5)设定尺寸样式。尺寸标注中各项的设定值同表 1-4-2 中所示。未设定的按照默认值取值。修改调整选项卡中"标注特征比例"为"1",修改主单位选项卡中"测量单位比例"为"30"。

【提示】 标注特征比例＝1/出图比例,图形缩放倍数＝图形比例/出图比例,测量单位比例＝出图比例/图形比例。

(6)设置辅助工具。启用正交;设置对象捕捉方式为"端点"、"交点"和"中点",并启用对象捕捉和对象追踪。

2. 绘图框

把设置好的"图框"层设为当前层,颜色、线型、线宽都设为随层(ByLayer)。利用矩形(rec)、偏移(o)、拉伸(s)、直线(L)、复制(co 或 cp)、文本(t)等命令按照相应的尺寸绘制图框。

3. 投影图

把设置好的"投影图实线"层设为当前层。利用直线命令绘制投影图。在输入直线长度时,直接输入按照比例缩小后的直线长度。如 2500,按照比例输入 2500/30 即可。在绘图时灵活运用状态栏的"正交、对象捕捉和对象追踪"等设置快速精确绘图。

把设置好的"投影图虚线"层设为当前层,绘制投影图中的虚线。如果虚线不显示,可打开下拉菜单"格式"—"线型",打开线型设置对话框(lt),打开"显示细节"(如已打开,可省略),修改"全局比例因子"为合适的数字,虚线即可显示。也可输入"lts",直接修改线型比例。

4. 标注尺寸和文字

把设置好的"尺寸标注"层设为当前层。打开尺寸标注工具栏进行尺寸标注。首先用线性尺寸标注,然后选择连续尺寸标注,即可使尺寸对齐。

把设置好的"文本"层设为当前层。标注图名和比例。

绘制好的投影图如 1-4-107 所示。

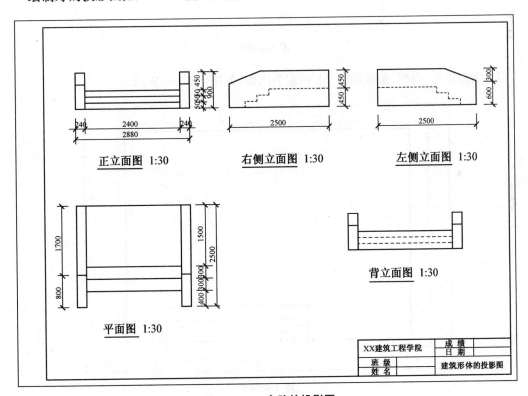

图 1-4-107　台阶的投影图

【课后讨论】

1. 用直线、多线、多段线、偏移、多线编辑、尺寸标注命令,绘制图 1-4-108 所示的房屋平面图。

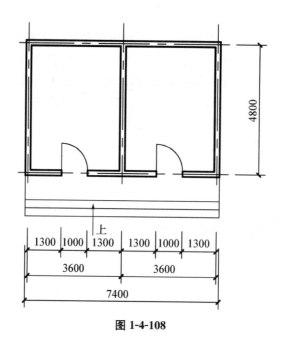

图 1-4-108

2. 用多边形、直线、偏移绘制 A2 幅面的图框，如图 1-4-109 所示。

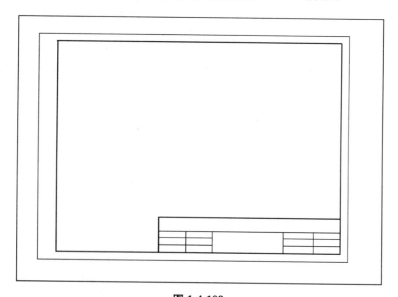

图 1-4-109

3. 绘制下面标高符号，如图 1-4-110 所示。

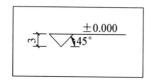

图 1-4-110

【单元小结】

国家制图标准是建筑工程在设计、施工、管理中必须严格执行的法令,绘制和识读工程施工图必须按照此标准进行。在学习本单元时,一定要正确理解国家制图标准的规定,熟悉各种手工绘图工具的正确使用方法,熟练应用计算机绘图软件的基本命令。本单元是后面学习的基础,通过本单元的学习要达到正确应用国家制图标准,提高绘图质量,加快绘图速度,为以后的学习打下坚实的基础。

【单元课业】

课业名称:抄绘一张图纸,如图 1-4-111。

时间安排:本单元学习结束后。

1. 课业说明:通过本单元学习,在正确理解国家制图标准的基本规定,熟悉绘图工具的使用的基础下,通过抄绘图样,达到提高绘图质量,加快绘图速度的教学目标。

2. 背景知识

教材:单元1 建筑形体的投影图

(1)建筑形体的多面投影图

(2)剖面图与断面图

(3)建筑制图标准的基本规定

(4)CAD绘图的基本命令

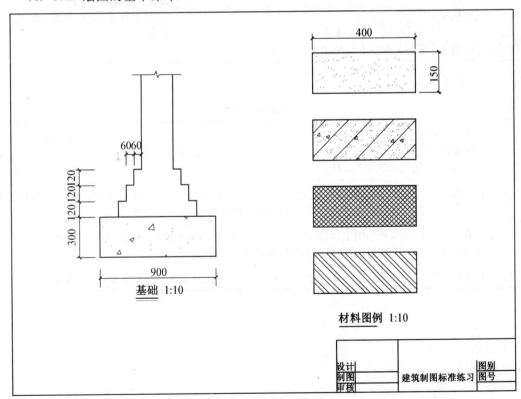

图 1-4-111

参考资料:(1) 国家制图标准和规范
　　　　　(2) CAD 绘图资料

3. 任务内容

每个同学需完成的任务:

(1) 根据所绘的图形,确定采用的比例。

(2) 根据比例确定图样的大小,从而确定图纸幅面的大小。

(3) 合理布置图形在幅面内的位置。

(4) 正确使用绘图工具,绘制图样。

4. 课业要求及评价

评价内容与标准

技能	评价内容	评价标准
确定比例	是否能根据所绘的图形选择合适的比例	1. 能确定合适的比例和图纸幅面的大小; 2. 能正确熟练应用绘图工具和绘图软件; 3. 图面布置均匀、合理、美观; 4. 线型的使用正确,线型粗、中、细线宽均匀、清晰分明; 5. 字体大小合适,尺寸标注位置疏密均匀,排列整齐。 6. 整张图纸整洁、美观,并独立完成
确定图幅	是否能确定合适的图纸幅面	
绘图工具的使用	手工绘图时,是否能正确使用绘图工具;计算机绘图时,是否能正确应用 CAD 绘图软件的命令	
合理布置图形	图形在图纸内的布置位置是否合理、均匀、美观	
线型的应用	图形不同部位的线型是否正确,所绘图线的质量是否符合要求	
文字的尺寸标注	不同位置的文字字号的选择是否合适的大小,文字书写的质量	
图纸的整体观感	图面是否整洁美观,布局是否合理	

5. 课业评定等级

评定等级与标准

A	在不需要他人指导下,熟练应用绘图工具和绘图仪器,正确绘制建筑形体的三视图,所绘图样线型清晰完整准确,字体工整且大小合适,尺寸标注设置合理,符合建筑制图的标准的规定,图面整洁,并能指导他人完成绘图工作。
B	在不需要他人指导下,能熟练应用绘图工具,正确绘制图样,所绘图样线型清晰完整准确,字体工整且大小合适,尺寸标注设置合理,符合建筑制图的标准的规定,图面整洁。
C	在他人指导下,能应用绘图工具,正确绘制图样,所绘图样线型清晰完整准确,字体工整且大小合适,尺寸标注设置合理,符合建筑制图的标准的规定,图面整洁。
D	在他人指导下,能应用绘图工具,绘制规定的图样,所绘图样基本符合建筑制图的标准的规定。

单元 2 建筑施工图

扫码可见本单元课件

引 言

建筑施工图是表示建筑物的总体布局、外部造型、内部布置、细部构造、内外装饰、固定设施和施工要求的图样,是指导建筑施工的指导性文件之一。本单元主要介绍首页图及建筑施工图中的总平面图、建筑平面图、建筑立面图、建筑剖面图和建筑详图的图示内容、图示方法与阅读方法等。

学习目标

1. 掌握建筑施工图的图示内容和图示方法;
2. 利用正确的读图方法读懂建筑施工图;
3. 根据建筑施工图的图示内容,查阅相应的规范图集,查找相应建筑节点的构造做法,用于指导施工。

建造一幢房屋,要经过设计和施工两个阶段。首先,根据所建房屋的要求和有关技术条件,进行初步设计,绘制房屋的初步设计图。当初步设计经征求意见、修改和审批后,就要进行建筑、结构、设备(给水排水、暖通、电气)各专业间的协调,计算、选用和设计各种构配件及其构造与做法,即技术设计阶段;然后进入施工图设计阶段,按照建筑、结构、设备(给水排水、暖通、电气)各专业分别完成、详细地绘制所设计的全套房屋施工图,将施工中所需的具体要求,都明确地反映到这套图纸中。房屋施工图是建造房屋的技术依据,整套图纸应该完整统一、尺寸齐全、明确无误。

房屋的施工图通常有:建筑施工图、结构施工图和设备施工图,分别简称"建施"(JS)、"结施"(GS)、"设施"。而设备施工图则按需要又可分为给水排水施工图(SS)、采暖通风施工图(TS)、电气施工图(DS)等,简称"水施""暖施""电施"。一幢房屋的全套施工图的编排顺序一般为:图纸目录、施工设计总说明、总平面图、建筑施工图、结构施工图、设备施工图。一般中小型工程,通常把图纸目录、建筑设计总说明等内容放在同一张图纸上,称为首页图。

建筑施工图是表示建筑物的总体布局、外部造型、内部布置、细部构造、内外装饰、固定设施和施工要求的图样。一般包括:图纸目录、建筑设计说明、总平面图、门窗表、建筑平面图、建筑立面图、建筑剖面图和建筑详图等。

结构施工图主要表示建筑承重构件的布置、构件的形状、尺寸、材料及相互间的连接等情况,通常包括结构施工设计说明、结构平面布置图、结构构件详图及结构计算书。

设备施工图主要表示水、电、暖设备的布置和走向、安装要求等。是由各专业施工图的平面图、系统图和详图组成。

在识读工程图纸时,对于全套图纸来说,先看首页图,后看专业图;对于各专业图来说,先"建施",后"结施""水施""暖施""电施"。对于"建施"来说,先总图,设计说明,再平、立、剖面图,后详图;对于"结施"来说,先结构设计说明,再基础图、结构平面布置图,后结构构件详图;具体到每一张图纸来说,先读标题,再读文字,然后读图样,最后读尺寸。读图时,应把各类图纸相互联系,密切配合,反复多遍进行识读,才能读懂。

2.1 建筑设计说明

【学习目标】

1. 识读建筑施工设计说明,了解工程的结构类型、层数、作用、建筑面积、抗震设防烈度等基本概况;
2. 能根据建筑施工设计说明的详图索引标志查阅图集中对应建筑节点的构造做法;
3. 能根据图纸目录查阅相应的施工图纸;
4. 培养学生严谨科学的学习态度。

【关键概念】

建筑施工设计说明、图纸目录、门窗表

2.1.1 建筑设计说明的内容

建筑设计说明是对建筑设计的依据、工程概况、建筑构造做法、建筑消防、建筑节能等内容进行总的阐述,以及对图形表达不清楚的部位用文字加以说明。通常把图纸目录、建筑设计说明、主要工程做法表和门窗表、节能构造措施等图纸称之为首页图。

1. 建筑设计说明

建筑设计说明主要用来阐述建筑工程的名称、层数、结构类型、抗震设防的烈度等总的工程概况,以及建筑工程中细部的构造做法,如地面、楼面、室内装修、室外装修、屋面、顶棚等的构造做法。如果这些构造做法选自建筑施工图集,应在建筑施工设计说明中标注清楚所选图集的图册号、页码及详图编号。

2. 图纸目录

图纸目录说明该套图纸有几类,各类图纸分别有几张,每张图纸的图号、图名、图幅大小,图纸的主要内容,图纸内所引用的标准图编号及名称等。编制图纸目录是为了在阅读施工图时便于查找图纸。

3. 门窗表

门窗表主要用来表示工程中所有的门窗类型、尺寸、数量、所选用的材料、图集及开启方式等,为施工进料及编制预算等提供依据。

4. 建筑节能措施

建筑节能是我国建设资源节约型和环境型社会的重要举措,在建筑设计说明中一般专门编制建筑设计专篇,阐述本工程所采取的节能措施。在施工首页图中应对采取的节能构造措施进行说明,包括节能设计的依据、节能的措施和节能计算等。

【案例】

图 2-1-1 是一栋商住楼的首页图,表达了工程图纸的图纸目录、工程的概况、建筑构造的做法及所选用的图集、门窗表等内容。

图纸目录

图别	编号	图纸内容	图幅	备注
建施	JS01	施工说明 图纸目录 消防 节能专篇 门窗表	A2	
建施	JS02	一层平面图	A2	
建施	JS03	二层平面图	A2	
建施	JS04	三层平面图	A2	
建施	JS05	四层平面图	A2	
建施	JS06	五层平面图	A2	
建施	JS07	六层平面图	A2	
建施	JS08	屋顶平面图	A2	
建施	JS09	南立面图	A2	
建施	JS10	北立面图	A2	
建施	JS11	西立面图	A2	
建施	JS12	东立面图	A2	
建施	JS13	1-1剖面图	A2	
建施	JS14	梯甲大样图 梯乙大样图	A2	
建施	JS15	梯丙大样图	A2	
建施	JS16	梯丁大样图	A2	
建施	JS17	大样图	A2	

门窗表

类型	设计编号	洞口尺寸	数量	断面等级	中空玻璃规格	图集名称	选用型号	备注
门	M0821	800X2100	24					成品实木门 用户自理
	M0921	900×2100	59					成品实木门 用户自理
	M1021	1000×2100	16					成品实木门 用户自理
	M1224	1200×2400	1					成品实木门
	M1824	1800×2400	3					电子对讲防盗门
	TM1424	1400×2400	4					用户自理
	TM1524	1500×2400	8					用户自理
	TM1824	1800×2400	20					用户自理
组合门	M1	3700×3500	1					全玻组合门
	M2	4000×3500	1					全玻组合门
	MLC1	6350×3500	1			见详图		全玻组合门
窗	C1	2800×2600	1	88系列	6+9A+6	苏J002-2000	仿CSP-14	塑钢窗 带纱窗
	C2	5650×2600	4	88系列	6+9A+6	苏J002-2000	仿CSP-14	塑钢窗 带纱窗
	C3	6700×2600	1	88系列	6+9A+6	苏J002-2000	仿CSP-14	塑钢窗 带纱窗
	C4	6100×2600	4	88系列	6+9A+6	苏J002-2000	仿CSP-15	塑钢窗 带纱窗
	C5	7000×2600	2	88系列	6+9A+6	苏J002-2000	仿CSI-23	塑钢窗 带纱窗
	C6	6700×2600	1	88系列	6+9A+6	苏J002-2000	仿CSI-23	塑钢窗 带纱窗
	C0706	700×600	4	88系列	6+9A+6	苏J002-2000	仿CSI-24	塑钢窗 带纱窗
	C0906	900×600	12	88系列	6+9A+6	苏J002-2000	仿CSI-25	塑钢窗 带纱窗
	C0914	900×1400	4	88系列	6+9A+6	苏J002-2000		塑钢窗 带纱窗
	C1211	1200×1050	4	88系列	6+9A+6	苏J002-2000		塑钢窗 带纱窗
	C1514	1500×1400	49	88系列	6+9A+6	苏J002-2000		塑钢窗 带纱窗
	C1536	1500×2600	2	88系列	6+9A+6	苏J002-2000		塑钢窗 带纱窗
	C1814	1800×1400	8	88系列	6+9A+6	苏J002-2000		塑钢窗 带纱窗
	C2426	2400×2600	6	88系列	6+9A+6	苏J002-2000		塑钢窗 带纱窗
凸窗	PC2117	2100×1400	8	88系列	6+9A+6			塑钢窗 带纱窗

注:所注门窗尺寸均为洞口尺寸,制作尺寸,制作前请核实洞口尺寸后再行制作。制模前请核实洞口尺寸后再行制模。玻璃规格及制作规范应按规范要求。所有外窗的主要物理性均应满足有关规范要求。(1)玻璃应采用安全玻璃;(2)木窗气密性能不低于3级;(3)外窗气密性能不低于3级;(4)外窗传热系数 $K < 3.0\,\mathrm{W/m^2 \cdot K}$。

图2-1-1 建筑施工设计说明(a. 图纸目录、门窗表)

建筑设计说明

一、设计依据：
1. 规划定点图及图审批意见。
2. 建设方委托设计申请书、方案及对本工程的设计要求。
3. 国家及区家现行的有关法规和规范：
（1）《中华人民共和国工程建设标准强制性条文》
（2）《民用建筑设计通则》GB50352—2005
（3）《无障碍设计规范》GB50763—2012
（4）《建筑设计防火规范》GB50016—2014
（5）《办公建筑设计防火规范》JGJ 67—2006
（6）《公共建筑节能设计标准》DGJ32/J96—2010

二、工程概况：
1. 本工程为××小区商住楼，建筑层数为六层，框架结构，总建筑面积为3 034平方米，总建筑高度为20.30米，一层和二层层高为4.200米，三至六层层高为2.900米。
2. 本工程建筑总高度为20.30米。
3. 本工程抗震设防烈度为七级，设计基本地震加速度值为0.1g。
4. 本工程耐火等级为二级，建筑耐久年限为50年，建筑防火设计等级为二级。

三、设计高度原则：
1. 本工程士0.000标高相当于黄海高程具体详见总平面。
2. 平面、立面、剖面图所注尺寸以毫米计，标高以米为单位。
3. 本工程高出士m及单位总平面尺寸以mm为单位，标高以m为单位。
4. 凡施工与验收规范有要求的，应按现行有关规范执行。
5. 所有尺寸以标注为准，不得在图上直接量取。
6. 施工中等有关专业单位密切配合。
7. 所有材料应符合国家现行有关材料规范及规定的要求。
8. 本设计文件已经由有关机构审查批准。

四、墙体工程：
1. 墙体砌块详见工程材料做法表。
2. 本工程墙体除注明外均采用。

五、楼地面工程：
（略）

六、内装修工程：
1. 楼地面构造做法详见工程材料做法表。
2. 凡采用地砖墙面的房间。

七、外装修工程：
（略）

八、屋面工程：
1. 屋面保温采用20厚挤塑聚苯板（XPS），其燃烧性能等级为A级。
2. 本屋面排水见屋顶平面图，排水详见工程材料做法表。
3. 本屋面视其尺寸为600。

九、油漆涂料工程：
（略）

十一、防水工程：
1. 屋面防水（屋面采用柔性防水材料，其燃烧性能等级为B1级）

十二、防水工程：
1. 本工程防水应由相应有专业承包的公司或有专业队伍进行。

十三、其他工程：
1. 本工程墙体（江苏地区）。

图 2-1-1　建筑施工设计说明（b. 建筑设计说明）

工程做法表

分类	序号	名　称	做法及说明	适用部位	备　注
防水底板	1	防水砂浆潮层	1. 20厚1:2水泥砂浆掺5%避水浆,位置一般在－0.06标高处;在室内地坪变化处防潮层应重叠300,并在高低差土一侧墙身做20厚1:2防水砂水砂浆防潮层,如埋土侧为室外,还应刷1.5厚聚氨酯防水涂料,砖基防潮采用外抹15厚防水砂浆。	墙基	钢筋混凝土构造或下为砌石构造时可不做
地面	1	防滑地砖地面(有防水层)	1. 8~10厚地面砖,干水泥擦缝 2. 撒素水泥面(洒适量清水) 3. 20厚1:2干硬性水泥砂浆黏结层(用于商铺地面) 4. 刷素水泥浆一道 5. 40厚C20细石混凝土 6. 聚氨酯三遍涂膜防水,厚1.8 7. 69厚C15混凝土,随捣随抹平 8. 100厚碎石垫层,灌1:5水泥砂浆 9. 素土夯实	用于一层卫生间(商业)地面	防水层与竖管,墙转角处均上翻300高
地面	2	防滑地砖地面	1. 8~10厚地面砖,干水泥擦缝 2. 撒素水泥面(洒适量清水) 3. 20厚1:2干硬性水泥砂浆结层(用于商铺地面) 4. 刷素水泥浆一道 5. 60厚C15混凝土,随捣随抹平 6. 100厚碎石垫层,灌1:5水泥砂浆 7. 素土夯实	用于一层除卫生间以外地面(商业)	
楼面	1	防滑地砖楼面	1. 8~10厚地砖楼面,干水泥擦缝 2. 5厚1:1水泥细砂浆结合层 3. 20厚1:3水泥砂浆找平层 4. 现浇钢筋混凝土楼面	用于除卫生间(商业)以外楼面用于上部住宅卫生间和厨房以外楼面时,1和2用户自理	
楼面	2	防滑地砖楼面(有防水层)	1. 8~10厚防滑地砖楼面,干水泥擦缝 2. 5厚1:1水泥细砂浆结合层 3. 30厚C20细石混凝土 4. 聚氨酯三遍涂膜防水层,厚1.8 5. 20厚1:3水泥砂浆找平层,四周做成圆弧状或钝角 6. 现浇钢筋混凝土楼面	用于卫生间(商业)楼面用于上部住宅除卫生间和厨房楼面时,1和2用户自理	防水层与竖管、墙转角处均上翻300高
踢脚	1	地砖踢脚	1. 贴地砖,素水泥擦缝 2. 5厚1:1水泥细砂浆结合层 3. 10厚1:3水泥砂浆打底 4. 刷界面处理剂一道		高度150与墙平齐
外墙面	1	涂料墙面	1. 外墙乳胶漆 2. 20厚聚合物砂浆中间压入(耐碱玻纤网格布) 3. 20厚阻燃性挤塑聚苯板(XPS) 4. 20厚混合砂浆 5. 200厚煤矸石烧结空心砖 6. 界面剂处理	具体位置详立面	阻燃性挤塑聚苯板(XPS)燃烧性能为B1级,另墙面每层设300高复合发泡水泥板防火隔离带,与挤塑板同厚,燃烧性能为A级,具体参见苏J/T27—2011
内墙面	1	乳胶漆墙面	1. 刷乳胶漆 2. 5厚1:0.3:3水泥石灰膏砂浆粉面 3. 12厚1:1:6水泥石灰膏砂浆打底 4. 刷界面处理剂一道	用于除卫生间和厨房以外墙面	
内墙面	2	瓷砖墙面	1. 5厚釉面砖白水泥擦缝 2. 3厚建筑陶瓷胶粘剂 3. 6厚1:2.5水泥砂浆粉面 4. 12厚1:3水泥砂浆打底 5. 刷界面处理剂一道	用于卫生间(商业)墙面用于卫生间和厨房(住宅)墙面时,取消1和2,由用户自理	内墙到顶

分类	序号	名 称	做法及说明	适用部位	备 注
平顶	1	乳胶漆顶棚	1. 刷内墙涂料二度 2. 6厚1:0.3:3水泥石灰膏砂浆粉面 3. 6厚1:0.3:3水泥石灰膏砂浆打底扫毛 4. 刷素水泥浆一道(内掺水重3%～5%的107胶) 5. 现浇钢筋混凝土楼板	其他房间	
	2	水泥砂浆顶棚	1. 刷(喷)涂料 2. 6厚1:2.5水泥砂浆粉面 3. 6厚1:3水泥砂浆打底 4. 刷素水泥浆一道(内掺建筑胶) 5. 现浇钢筋混凝土板	用于卫生间(商业)顶棚用于卫生间厨房(住宅)顶棚时,取消1,由用户自理	
屋面	1	屋面	1. 50厚C30细石混凝土,内部配Φ4@100双向钢筋,随浇随抹 2. 20厚1:3水泥砂浆保护层 3. 40厚阻燃性挤塑聚苯板(XPS) 4. 4厚SBS改性沥青防水层卷材 5. 20厚1:3水泥砂浆找平 6. 1:6水泥护渣2%找坡层(最薄处40厚,抗压强度不小于0.3 MPa) 7. 现浇钢筋混凝土屋面板	平屋面	阻燃性挤塑聚苯板(XPS)燃烧性能为B1级,另屋面女儿墙四周设500宽复合发泡水泥板防火隔离带,与挤塑板同厚;燃烧性能为A级,具体参见苏J/T27—2011
散水	1	混凝土散水	1. 60厚C15混凝土,撒1:1水泥砂子,压实抹光 2. 120厚碎石或碎砖垫层 3. 素土夯实,向外坡4%	散水	散水宽900,散水与墙面交界处及沿散水长度方向每隔6 m做20 mm宽温度伸缩缝,通缝内填嵌缝膏
台阶	1	水泥花砖台阶	1. 20厚水泥花砖画层、干水泥擦缝 2. 8厚1:1水泥细砂浆结合层 3. 20厚1:3水泥砂浆找平层 4. 素水泥浆一道 5. 60厚C15混凝土,台阶面向外坡1% 6. 200厚碎石或碎砖石,灌1:5水泥砂浆 7. 素土夯实	室外台阶	
油漆	1	银粉漆	1. 银粉漆二度 2. 刮腻子 3. 防锈漆或红丹一度	用于所有外露铁件	非露部位刷红丹防锈漆二度
	2	调和漆	1. 调和漆二度 2. 刮腻子 3. 防锈漆成红丹一度	木门及木扶手	木扶手刷栗壳色木门均刷棕色

图 2-1-1 建筑施工设计说明(c. 工程做法表)

建筑节能设计专篇

一、工程概况

所在城市	气候分区	结构形式	层数	节能计算面积(m²)	节能设计标准	节能设计方法
××××	夏热冬冷	框架结构	地上:6层	地上3034 m²	50%	□规定性指标 □性能性指标

二、设计依据

1.《民用建筑热工设计规范》GB50176—1993

2.《公共建筑节能设计标准》GB50189—2005

3. 国家、省、市现行的相关法律、法规

三、建筑物围护结构热工性能

围护结构部位	主要保温材料		厚度 (mm)	传热系数 K(W/m² · K)		备注
	名称	导热系数 (W/m² · K)		工程设计值	规范限值	
屋面 1	阻燃性挤塑聚苯板(XPS)	0.030×1.25	40	0.649	0.80	
墙体 1 (包括非透明幕墙)	北:阻燃性挤塑聚苯板(XPS) 东:阻燃性挤塑聚苯板(XPS) 西:阻燃性挤塑聚苯板(XPS) 南:阻燃性挤塑聚苯板(XPS)	北:0.030×1.15 东:0.030×1.15 西:0.030×1.15 南:0.030×1.15	北:20 东:20 西:20 南:20	0.94	1.00	

本工程外墙墙体材料为 200 厚煤矸石烧结空心砖墙,内墙为 200 厚加气混凝土砖块(B05 级)。

四、地面和地下室外墙热工性能

围护结构部位	主要保温材料名称	厚度(mm)	传热系数 K(W/m² · K)		备注
			工程设计值	规范限值	
地面	阻燃性挤塑聚苯板(XPS)	40	1.20	1.20	

五、窗(包括透明幕墙)的热工性能和气密性

朝向	窗框	玻璃	窗墙面积比/天窗屋面比		传热系数 K(W/m² · K)		遮阳系数 SC		遮阳形式	可见光透射比		可开启面积比	
			工程设计值	规范限值	工程设计值	规范限值	工程设计值	规范限值		工程设计值	规范限值	工程设计值	规范限值
南	6透明玻璃+9空气+6透明玻璃—塑料窗框		0.24	0.70	3.00	3.50	0.51	0.55	水平外遮阳	1.00	0.40	0.30	0.30
北	6透明玻璃+9空气+6透明玻璃—塑料窗框		0.26	0.70	3.00	3.50	0.72	1.00	—	1.00	0.40	0.30	0.30
东	6透明玻璃+9空气+6透明玻璃—塑料窗框		0.07	0.70	3.00	4.70	0.72	1.00		1.00	0.40	0.30	0.30
西	6透明玻璃+9空气+6透明玻璃—塑料窗框		0.07	0.70	3.00	4.70	0.72	1.00		1.00	0.40	0.30	0.30
屋面	—		0.00	20%	—	3.0	—	0.40					

本工程窗的气密性不低于《建筑外窗气密性能分级及其检测方法》GB7107—2002 规定的 6 级,幕墙的气密性不低于《建筑幕墙物理性能分级》GB/T 15227 规定的 6 级。

六、太阳能热水系统

本工程有太阳能/其他新能源热水供应系统。

七、权衡判断

本工程均符合规定性指标而无需进行权衡判断。

八、节能构建图详:

保温墙体他能构造和技术要求参 06J123 第 13 页;普通窗口保温构造参 06J123—1/33;带窗套窗口保温构造参 06J123—1/39。

图 2-1-1 建筑施工设计说明(d. 建筑节能专篇)

2.1.2 建筑的类型、等级和民用建筑构造组成

1. 建筑的类型

建筑，一般来讲是建筑物与构筑物的通称。建筑物是用建筑材料构筑的空间和实体，供人们居住和进行各种活动的场所，如工厂、住宅学校、影剧院等。构筑物是为某种使用目的而建造的、人们一般不直接在其内部进行生产和生活活动的工程实体或附属建筑设施，如烟囱、水塔、堤坝等。我们所说的建筑一般指建筑物。建筑按不同的标准又可分为不同的类型。

（1）按使用性质分类

按使用性质，建筑可分为工业建筑、农业建筑和民用建筑三大类。其中民用建筑按其使用性质不同又可分为居住建筑和公共建筑。

（2）按建筑规模和数量分类

按规模和数量，建筑可分为大量性建筑和大型性建筑。

（3）按层数分类

按照建筑设计防火规范（GB 50016—2014）的规定，民用建筑按照其层数和高度可分为单、多层民用建筑和高层民用建筑。高层民用建筑根据其建筑高度、使用功能和楼层的建筑面积可分为一类和二类。如下表 2-1-1 所示。建筑高度大于 100 m 的民用建筑为超高层建筑。

表 2-1-1 民用建筑的分类

名称	高层民用建筑		单、多层民用建筑
	一类	二类	
住宅建筑	建筑高度大于 54 m 的住宅建筑（包括设置商业服务网点的住宅建筑）	建筑高度大于 27 m，但不等于 54 m 的住宅建筑（包括设置商业服务网点的住宅建筑）	建筑高度不大于 27 m 的住宅建筑（包括设置商业服务网点的住宅建筑）
公共建筑	1. 建筑高度大于 50 m 的公共建筑 2. 任一楼层建筑面积大于 1000 m² 的商店、展览、电信、邮政、财贸金融建筑和其他多种功能组合的建筑 3. 医疗建筑、重要公共建筑 4. 省级及以上的广播电视和防灾指挥调度建筑、网局级和省级电力调度建筑 5. 藏书超过 100 万册的图书馆、书库	除一类高层公共建筑外的其他高层公共建筑	1. 建筑高度大于 24 m 的单层公共建筑 2. 建筑高度不大于 24 m 的其他公共建筑

（4）按承重结构的材料分类

按承重结构的材料，建筑可分为生土-木结构建筑、砖木结构建筑、砖混结构建筑、钢筋混凝土结构建筑、钢结构建筑等

（5）按建筑结构的承重方式分类

按建筑结构的承重方式，建筑可分为墙承重式、骨架承重式、内骨架承重式、空间结构承重式等。

2. 建筑的分等

建筑物的等级一般按耐久性和耐火性能进行划分。

（1）按设计使用年限分等级

建筑物的设计使用年限主要根据建筑物的重要性和规模大小划分，作为基建投资和建筑设计的重要依据。《民用建筑设计通则》中规定：以主体结构确定的设计使用年限分为下列四级（见表 2-1-2）。同《建筑结构可靠度设计统一标准》中规定的设计使用年限一致。

表 2-1-2　建筑物耐久等级表

类别	设计使用年限（年）	示　例
1	5	临时性建筑
2	25	易于替换结构构件的建筑
3	50	普通建筑和构筑物
4	100	纪念性建筑和构筑物

若建设单位提出更高要求，也可按建设单位的要求确定。

建筑结构的"设计使用年限"，明确了设计使用年限是设计规定的一个时期，在这一规定时期内，只需进行正常的维护而不需进行大修就能按预期目的使用，完成预定的功能，即房屋建筑在正常设计、正常施工、正常使用和维护下所应达到的使用年限，如达不到这个年限则意味着在设计、施工、使用与维护的某一环节上出现了非正常情况，应查找原因。当结构的使用年限超过设计使用年限后，并不是就不能使用了，而是结构失效概率可能较设计预期值增大。

（2）按耐火性能分等级

所谓耐火等级，是衡量建筑物耐火程度的标准，它是由组成建筑物的构件的燃烧性能和耐火极限的最低值所决定的。划分建筑物耐火等级的目的在于根据建筑物的用途不同提出不同的耐火等级要求，做到既有利于安全，又有利于节约基本建设投资。现行《建筑设计防火规范》（GB 50016—2014）将建筑物的耐火等级划分为四级（见表 2-1-3）。

表 2-1-3　建筑物构件的燃烧性能和耐火极限（h）

构件名称		耐火极限			
		一级	二级	三级	四级
墙	防火墙	不燃性 3.00	不燃性 3.00	不燃性 3.00	不燃性 3.00
	承重墙	不燃性 3.00	不燃性 2.50	不燃性 2.00	难燃性 0.50
	非承重外墙	不燃性 1.00	不燃性 1.00	不燃性 0.50	可燃性
	楼梯间的墙 电梯井的墙 住宅单元之间的墙 住宅分户墙	不燃性 2.00	不燃性 2.00	不燃性 1.50	难燃性 0.50

（续表）

构件名称		耐火极限			
		一级	二级	三级	四级
墙	疏散走道两侧的隔墙	不燃性 1.00	不燃性 1.00	不燃性 0.50	难燃性 0.25
	房间隔墙	不燃性 0.75	不燃性 0.50	不燃性 0.50	难燃性 0.25
柱		不燃性 3.00	不燃性 2.50	不燃性 2.00	难燃性 0.50
梁		不燃性 2.00	不燃性 1.50	不燃性 1.00	难燃性 0.50
楼板		不燃性 1.50	不燃性 1.00	不燃性 0.50	可燃性
屋顶承重构件		不燃性 1.50	不燃性 1.00	可燃体 0.50	可燃性
疏散楼梯		不燃性 1.50	不燃性 1.00	不燃性 0.50	可燃性
吊顶（包括吊顶搁栅）		不燃性 0.25	难燃性 0.25	难燃性 0.15	可燃性

注：1. 除本规范另有规定者外，以木柱承重且墙体采用不燃材料的建筑物，其耐火等级应按四级规定。

2. 住宅建筑构件的耐火极限和燃烧性能可按现行国家标准《住宅建筑规范》(GB 50368)的规定执行。

燃烧性能是指建筑构件在明火或高温状态下燃烧与否以及燃烧的难易程度。建筑构件的燃烧性能可分为三类，不燃性、难燃性和可燃性。不燃性构件指用非燃烧材料做成的建筑构件，如天然石材、人工石材、金属材料等。难燃性构件指用不易燃烧的材料做成的建筑构件，或者用燃烧材料做成，但用非燃烧材料作为保护层的构件，如沥青混凝土构件、木板条抹灰等。可燃性构件体指用容易燃烧的材料做成的建筑构件，如木材、纸板、胶合板等。

建筑构件的耐火极限是指任一建筑构件在规定的耐火试验条件下，从受到火的作用时起，到失去支持能力或完整性被破坏或失去隔火作用时为止的这段时间，用小时表示。只要以下三个条件中任一个条件出现，就可以确定是否达到其耐火极限。

3. 建筑的构造组成

一幢民用建筑，一般是由基础、墙或柱、楼地层、楼梯、屋顶和门窗等六大部分所组成。

（1）基础是建筑物最下部的承重构件，其作用是承受建筑物的全部荷载，并将这些荷载传给地基。因此，基础必须具有足够的强度，并能抵御地下各种有害因素的侵蚀。

（2）墙（或柱）是建筑物的承重构件和围护构件。作为承重构件的外墙，其作用是抵御自然界各种因素对室内的侵袭；内墙主要起分隔空间及保证舒适环境的作用。框架或排架结构的建筑物中，柱起承重作用，墙仅起围护作用。因此，要求墙体具有足够的强度、稳定性，保温、隔热、防水、防火、耐久及经济等性能。

（3）楼板层和地坪：楼板是水平方向的承重构件，按房间层高将整幢建筑物沿水平方向分为若干层;楼板层承受家具、设备和人体荷载以及本身的自重,并将这些荷载传给墙或柱;同时对墙体起着水平支撑的作用。因此要求楼板层应具有足够的抗弯强度、刚度和隔声、防潮、防水的性能。地坪是底层房间与地基土层相接的构件,起承受底层房间荷载的作用。要求地坪具有耐磨防潮、防水、防尘和保温的性能。

(4)楼梯是楼房建筑的垂直交通设施。供人们上下楼层和紧急疏散之用。故要求楼梯具有足够的通行能力,并且防滑、防火,能保证安全使用。

(5)屋顶是建筑物顶部的围护构件和承重构件。抵抗风、雨、雪霜、冰雹等的侵袭和太阳辐射热的影响;又承受风雪荷载及施工、检修等屋顶荷载,并将这些荷载传给墙或柱。故屋顶应具有足够的强度、刚度及防水、保温、隔热等性能。

(6)门与窗均属非承重构件,也称为配件。门主要供人们出入、内外交通和分隔房间用,窗主要起通风、采光、分隔、眺望等围护作用。处于外墙上的门窗又是围护构件的一部分,要满足热工及防水的要求;某些有特殊要求的房间,门、窗应具有保温、隔声、防火的能力。

一座建筑物除上述六大基本组成部分以外,对不同使用功能的建筑物,还有许多特有的构件和配件,如阳台、雨篷、台阶、排烟道等。如图 2-1-2 所示。

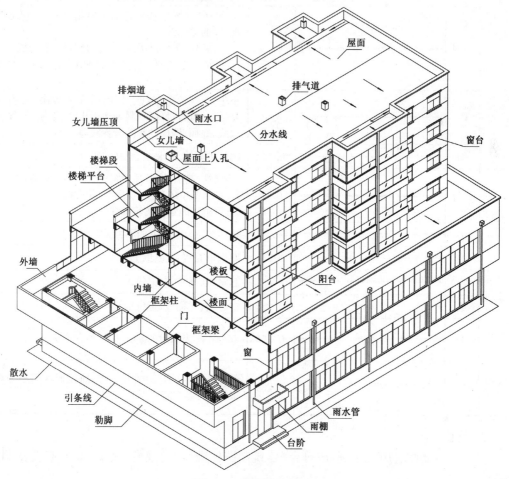

图 2-1-2　建筑的构造组成

2.1.3 建筑工程图纸的基本规定

绘制和阅读房屋的建筑施工图,应依据正投影原理并遵守《房屋建筑制图统一标准》(GB/T 50001—2010)、《总图制图标准》(GB/T 50103--2010)、《建筑制图标准》(GB/T 50104—2010)的规定。

1. 图线

建筑专业制图采用的各种线型,应符合《建筑制图标准》(GB/T 50104—2010)中的规定,表2-1-4摘录了有关线型的基本规定。

表 2-1-4　图线

名称		线型	线宽	用途
实线	粗		b	1. 平、剖面图中被剖切的主要建筑构造(包括构配件)的轮廓线 2. 建筑立面图或室内立面图的外轮廓线 3. 建筑构造详图中被剖切的主要部分的轮廓线 4. 建筑构配件详图中的外轮廓线 5. 平、立、剖面图的剖切符号
	中粗		$0.7b$	1. 平、剖面图中被剖切的次要建筑构造(包括构配件)的轮廓线 2. 建筑平、立、剖面图中建筑构配件的轮廓线 3. 建筑构造详图及建筑构配件详图中的一般轮廓线
	中		$0.5b$	小于0.7b的图形线、尺寸线、尺寸界限、索引符号、标高符号、详图材料做法引出线、粉刷线、保温层线、地面、墙面的高差分界线等
	细		$0.25b$	图例填充线、家具线、纹样线等
虚线	中粗		$0.7b$	1. 建筑构造详图及建筑构配件不可见的轮廓线 2. 平面图中的起重机(吊车)轮廓线 3. 拟扩建的建筑物轮廓线
	中		$0.5b$	投影线,小于0.7b的不可见轮廓线
	细		$0.25b$	图例填充线、家具线等
单点长划线	粗		b	起重机(吊车)轨道线
	细		$0.25b$	中心线、对称线、定位轴线
折断线	细		$0.25b$	部分省略表示时的断开界线
波浪线	细		$0.25b$	部分省略表示时的断开界线,曲线形构间断开界限构造层次的断开界限

2. 比例

建筑专业制图选用的比例,应符合《建筑制图标准》中的规定,表 2-1-5 是有关比例的规定。

表 2-1-5　建筑专业制图选用的比例

图　名	比　例
建筑物或构筑物的平面图、立面图、剖视图	1∶50、1∶100、1∶150、1∶200、1∶300
建筑物或构筑物的局部放大图	1∶10、1∶20、1∶25、1∶30、1∶50
配件及构造详图	1∶1,1∶2、1∶5、1∶10、1∶15、1∶20、1∶25、1∶30、1∶50

3. 标高符号

标高是标注建筑物高度的另一种尺寸形式,是以某一水平面作为基准面,并做零点(水准基点)起算地面(楼面)至基准面的垂直高度。标高符号的画法和标高数字的注写应按照《房屋建筑制图统一标准》(GB/T 50001—2010)的规定。

(1)标高符号应以直角等腰三角形表示,按图 2-1-3(a)所示形式用细实线绘制,如标注位置不够,也可按用引出线引出再标注。标高符号的具体画法如图 2-1-3(a)所示。

(2)总平面图室外地坪标高符号,宜用涂黑的三角形表示。

(3)标高符号的尖端应指至被注高度的位置。尖端一般应向下,也可向上。标高数字应注写在标高符号的左侧或右侧;标高数字应以米为单位,注写到小数点以后第三位,如图 2-1-3(c)。在总平面图中,可注写到小数点以后第二位,如图 2-1-3(b)。

① 零点标高应注写成±0.000,正数标高不注"+",负数标高应注"—",例如 3.000、—0.600。

② 在图样的同一位置需表示几个不同标高时,标高数字可按图 2-1-3(d)的形式注写。

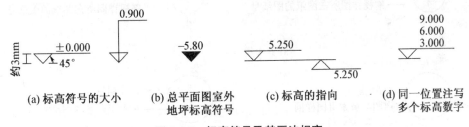

(a) 标高符号的大小　　(b) 总平面图室外　　(c) 标高的指向　　(d) 同一位置注写
　　　　　　　　　地坪标高符号　　　　　　　　　　　　　多个标高数字

图 2-1-3　标高符号及其画法规定

标高有绝对标高和相对标高之分。绝对标高是以青岛附近的黄海平均海平面为零点(1985 年国家高程基准),以此为基准的标高。在实际施工中,用绝对标高不方便,因此,习惯上常用将房屋底层的室内主要地面标高定位零点的相对标高,比零点高的标高为"正",比零点低的标高为"负"。在施工说明中,应说明相对标高和绝对标高之间的联系。

房屋的标高,还有建筑标高和绝

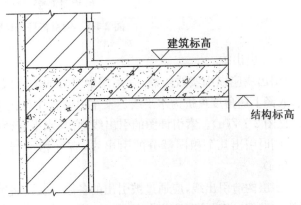

图 2-1-4　建筑标高与结构标高

对标高的区别。建筑标高是构件包括粉饰层在内、装修完成后的标高;结构标高是不包括构件表面的粉饰层厚度,是构件的毛面标高。如图 2-1-4 所示。

（4）索引符号及详图符号

对图中需要另画详图表达的局部构造或构件,则应在图中的相应部位以索引符号索引。索引符号用来索引详图,而索引出的详图,应画出详图符号来表示详图的位置和编号,并用索引符号和详图符号相互之间的对应关系,建立详图与被索引的图样之间的联系,以便相互对照查阅。《房屋建筑制图统一标准》对索引符号与详图符号的画法和编号作了如下规定:索引符号的圆及水平直径线均应以细实线绘制,圆的直径应为 8～10 mm,索引符号的引出线应指在要索引的位置上,当引出的是剖视详图时,用粗实线段表示剖切位置,引出线所在的一侧应为剖视方向,圆内编号的含义如图 2-1-5(a)所示;详图符号应以粗实线绘制直径为 14 mm 的圆,当详图与被索引的图样不在同一张图纸内时,可用细实线在详图符号内画一水平直径,圆内编号的含义如图 2-1-5(b)所示。

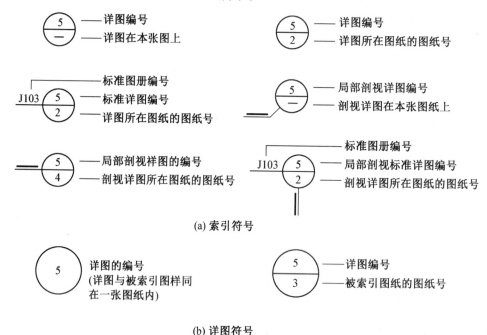

(a) 索引符号

(b) 详图符号

图 2-1-5　索引符号与详图符号

（5）引出线

引出线应以细实线绘制,宜采用水平方向的直线、与水平方向成 30°、45°、60°、90°的直线,或经上述角度再折为水平线。文字说明宜注写在水平线的上方,也可注写在水平线的端部,见图 2-1-7(a)。索引详图的引出线,应与水平直径线相连接见图 2-1-5。

同时引出几个相同部分的引出线,宜互相平行,也可画成集中于一点的放射线见图 2-1-6(a)。

多层构造引出线,应通过被引出的各层。文字说明宜注写在水平线的上方,或注写在水平线的端部,说明的顺序应由上至下,并应与被说明的层次相互一致。如层次为横向排序,则由上至下的说明,如层次为纵向排序,顺序应与从左至右的层次相互一致见图 2-1-6(b)。

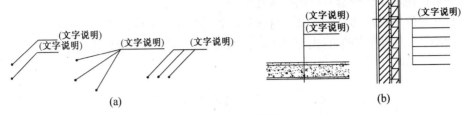

图 2-1-6　引出线

2.1.4　阅读建筑工程图的步骤

工程图纸应按专业顺序编排。应为图纸目录、总图、建筑图、结构图、给水排水图、暖通空调图、电气图等。

读图的一般步骤是：对于全套图纸来说，先看首页图，后看专业图；对于各专业图来说，先"建施"，后"结施""水施""暖施""电施"。对于"建施"来说，先总图、设计说明，再平、立、剖面图，后详图；对于"结施"来说先结构设计说明，再基础图、结构平面布置图，后结构构件详图；具体到每一张图纸来说，一看标题，二看文字，三看图样，四看尺寸。

1. 看标题

对于一套建筑工程图样应首先读工程图样的总标题，了解建设项目名称。具体到每一张图纸，应先读标题栏，了解本张图纸的类别及主要内容等。

2. 看说明

主要先看设计总说明，在设计总说明中，详细说明了新建工程的用途、名称、面积、标高、依据的图集及工程某部为具体的构造做法。具体到某一张图纸，应首先读该张图纸内的文字说明。

3. 看图形

读建筑平面图、立面图、剖面图等主要图样，分析各视图间的相互关系，熟悉建筑各平面形状和空间形状，根据建筑各部分的使用功能，认清平面图、立面图与剖面图的关系，对建筑有一个整体感。同时，识读整体图与详图间的关系，建施与结施、设施等建筑图样间的关系。

4. 看尺寸

阅读每一张图纸内图样各部位的尺寸，掌握建筑各组成部分的相互关系及位置。

当然，这些步骤并不是独立的，因为每一张图纸都不是独立的，而是要经常互相联系起来，经过反复多次阅读才能看懂。

【课后讨论】

1. 一套房屋的工程图包括哪几部分？
2. 建筑施工图的作用是什么？包括哪些图纸内容？
3. 阅读一套施工图的顺序是什么？
4. 建筑按照使用性质、规模和数量、承重结构的材料、承重结构的方式分别分为哪几种类型？
5. 建筑按照耐久性能如何分级？
6. 建筑按照耐火性能如何分级？

7. 一般民用建筑的构造组成包括哪几部分？

8. 什么是绝对标高和相对标高？什么是建筑标高和结构标高？

9. 读图 2-1-1 的首页图可知：该建筑的层数是几层？结构类型是什么结构？

2.2 建筑总平面图

【学习目标】

1. 能确定新建建筑及其层数
2. 能确定新建建筑的尺寸及其标高
3. 能确定新建建筑与周围地物的关系及风向
4. 培养学生严谨科学的学习态度。

【关键概念】

总平面图、风向频率玫瑰图

2.2.1 总平面图的内容和用途

建筑总平面图是新建建筑区域范围内的总体布置图。它表明区域内建筑的布局形式、新建建筑的类型、建筑间的相对位置、建筑物的平面外形和绝对标高、层数、周围环境、地形地貌、道路及绿化的布置情况等。建筑总平面图是建筑施工定位、建筑土方施工的依据，并为水、电、暖管网设计提供依据。

2.2.2 总平面图的内容及图示方法

1. 图名、比例

在总平面图的下方注写图名和比例。总平面图所绘制的范围较大，内容相对简单，所采用的比例一般比较小，通常采用 1∶500、1∶1000、1∶2000 的比例。

2. 新建工程的状况及与周围环境的关系

总平面图应反映建筑物在室外地坪上的墙基外包线，不应画屋顶平面投影图。同一工程不同专业的总平面图，在图纸上的布图方向均应一致；单体建（构）筑物平面图在图纸上的布图方向，必要时可与其在总平面图上的布图方向不一致，但必须标明方位；不同专业的单体建（构）筑物平面图，在图纸上的布图方向均应一致。

建筑总平面图中，要表达新建工程与原有建筑、拟建建筑、道路、绿化、地形地貌间的关系。新建、原有、拟建的建筑物，附近的地物环境、交通绿化等要用图例来表示。

《总图制图标准》（GB/T 50103—2010）分别列出了总平面图图例、道路与铁路图例、管线与绿化图例，表 2-2-1 摘录了其中的一部分。当表 2-2-1 中的图例不够应用时，可查阅该标准。如这个标准图例不够应用，必须另行设定图例时，则在总平面图上专门画出自定的图例，并注明其名称。

3. 坐标系统

在大范围和复杂地形的总平面图中,为了保证施工放线正确,往往以坐标表示建筑物、道路或管线的位置。坐标有测量坐标与自设坐标两种系统。坐标网格应以细实线表示,一般画成 100×100 m 或 50×50 m 的方格网。测量坐标网应画成十字交叉线,坐标代号用"X,Y"表示;自设坐标网应画成网格通线,自设坐标代号用"A,B"表示。在总平面图上绘有测量坐标和自设坐标两种系统时,应在附注中注明两种坐标系统的换算公式。表示建筑物、构筑物位置的坐标应根据设计不同阶段要求标注,当建筑物与构筑物与坐标轴线平行时,可标注其对角坐标。与坐标轴线成角度或建筑平面复杂时,应标注三个以上坐标,坐标应标注在图纸上。如图 2-2-1 所示。根据工程具体情况,建筑物、构筑物也可用相对尺寸定位。

4. 尺寸与标高

在总平面图上应标注新建工程的尺寸,以及新建工程与原有建筑之间的定位尺寸。应标注房屋定位轴线(或外墙面)或其交点、圆形建筑物的中心、道路的中心或转折点位置尺寸。总平面图尺寸、标高均以米为单位,并应至少保留小数点后两位,不足时以"0"补齐。

总平面图上应表示出建筑物室内地坪和室外地坪的标高,其标高符号应遵守《房屋建筑制图统一标准》中的有关规定。在总平面图上标注的标高为绝对标高。新建工程轮廓线内的标高表示首层室内主要地坪的绝对标高。建筑物室外散水,标注建筑物四周转角或两对角的散水坡脚处的绝对标高。

表 2-2-1 常用建筑总平面图图例

序号	名称	图例	说明
1	新建建筑物	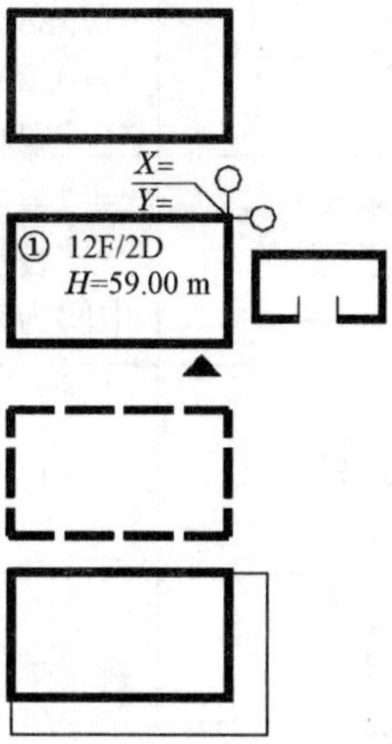	新建建筑物以粗实线表示与室外地坪相接处±0.00外墙定位轮廓线 建筑物一般以±0.00高度处的外墙定位轴线交叉点坐标定位。轴线用细实线表示,并标明轴线号 根据不同设计阶段标注建筑编号,地上、地下层数,建筑高度,建筑出入口位置(两种表示方法均可,但同一图纸采用一种表示方法) 地下建筑物以粗虚线表示其轮廓 建筑上部(±0.00以上)外挑建筑用细实线表示 建筑物上部连廊用细虚线表示并标注位置
2	原有建筑物	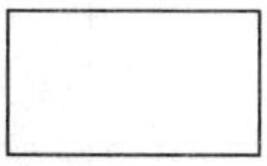	用细实线表示
3	计划扩建的预留地或建筑物		用中粗虚线表示
4	拆除的建筑物	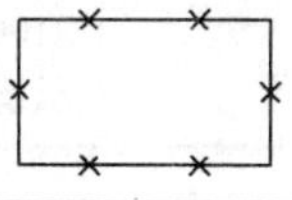	用细实线表示

（续表）

序号	名称	图例	说明
5	建筑物下面的通道		
6	散装材料露天堆场		需要时可注明材料名称
7	其他材料露天堆场或露天作业场		需要时可注明材料名称
8	铺砌场地		
9	水池、坑槽		也可以不涂黑
10	坐标	1 $X=105.00$ $Y=425.00$ 2 $A=105.00$ $B=425.00$	1. 表示地形测量坐标系 2. 表示自设坐标系 坐标数字平行于建筑标注
11	方格网交叉点标高	-0.50 ┃ $\frac{77.85}{78.35}$	"78.35"为原地面标高 "77.85"为设计地面标高 "—0.50"为施工高度 "—"表示挖方（"+"表示填方）
12	填方区 挖方区 未整平区及零线	+ — +	"+"表示填方区 "—"表示挖方区 中间为未整平区点划线为零线
13	填挖边坡		
14	室内地坪标高	$\frac{151.00}{(\pm 0.00)}$	数字平行于建筑物书写
14	室外地坪标高	▼143.00	室外标高也可采用等高线
15	新建的道路	0.3% / 100.00 / R=6.00 / 107.50	"R=6.00"表示道路转弯半径；"107.50"为道路中心线交叉点标高，两种表示方法均可，同一图纸采用一种方式表示；"100.00"为交坡点之间距离，"0.3%"表示道路坡度，——表示坡向

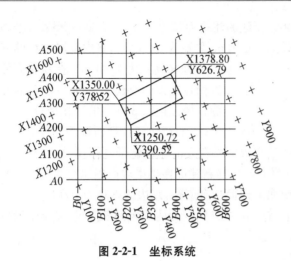

图 2-2-1　坐标系统

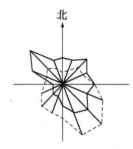

图 2-2-2　风向玫瑰图

5. 其他内容

地形复杂的总平面图应标出等高线,表示该地区的地形情况。总图应按上北下南绘制。根据场地形状或布局,可向左或向右偏转,但不宜超过 45°。在总平面图上应绘制指北针或风向玫瑰图。箭头所指的方向为北向,风向玫瑰图中细实线表示全年的风向,虚线表示 7、8、9 三个月份的夏季风向。如图 2-2-2 所示。

【案例】

图 2-2-3 所示为一总平面图。

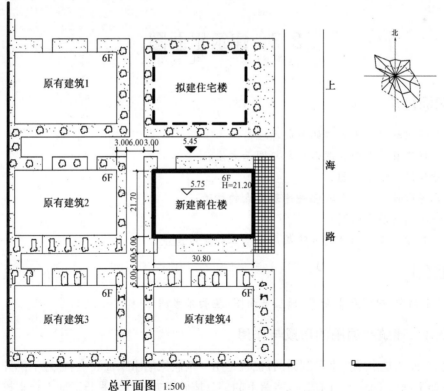

总平面图 1:500

图 2-2-3　总平面图

由总平面图可知,采用比例为1:500,新建的建筑为新建商住楼(粗实线绘制),平面形状为矩形,六层,总高度为21.20 m,总长为30.80 m,总宽为21.70 m,室内首层地坪的绝对标高为5.75 m,室外地坪的绝对标高为5.45 m,室内外地面高差为0.30 m。在新建商住楼的北向有一拟建住宅楼(中粗虚线绘制),六层。新建商住楼以原有建筑定位,在新建商住楼的西边和南边共有原有建筑4栋,均为六层。新建商住楼西边有3 m宽的绿化带,再向西有6 m宽的道路,路到原有建筑2还有3 m宽的绿化带,可知新建商住楼西墙面到原有建筑2的东墙面的距离为12 m。在新建商住楼的南墙面外有5 m宽绿化带,再向南有5 m宽的道路,路南边到原有建筑4还有5 m宽的绿化带,可知新建商住楼南墙面到原有建筑4的北墙面的距离为15 m。在新建商住楼的东南西北四面都有道路,东边的道路为上海路。

由右上角的风向玫瑰图可知,该地区全年的主导风向为西北风和东南风,夏季主导风向为东南风。

【课后讨论】

1. 总平面图的作用是什么?
2. 总平面图中标注的尺寸以什么为单位?精确到第几位?
3. 总平面图中的标高是绝对标高,还是相对标高?
4. 新建建筑物内部的标高指什么位置的标高?
5. 如何表示建筑物的层数?
6. 总平面图中如何表示建筑物的朝向?
7. 如何表示建筑所在地的风向?

2.3 建筑平面图

【学习目标】

1. 能够理解建筑平面图的形成原理;
2. 掌握建筑平面图的图示内容与图示方法;
3. 能读懂建筑平面图;
4. 能查阅建筑图集查找相关建筑节点的构造;
5. 能绘制建筑平面图;
6. 培养学生正确的读图方法及严谨端正的学习态度。

【关键概念】

底层平面图、中间层平面图、顶层平面图、屋面排水图

2.3.1 建筑平面图的形成与作用

建筑平面图是房屋的水平剖面图,也就是用一个假想的水平面,在窗台之上剖开整幢房屋,移去处于剖切平面上方的房屋,将留下的部分按俯视方向在水平投影面上作正投影所得

到的图样。它主要用来表示房屋的平面布置情况,在施工过程中,是进行放线、砌墙和安装门窗等工作的依据。建筑平面图应包括被剖切到的断面、可见的建筑构造和必要的尺寸、标高等内容。若一幢多层房屋的各层平面布置都不相同,应画出各层的建筑平面图。平面图,以楼层编号,包括地下二层平面图、地下一层平面图、首层平面图、二层平面图等。若有两层或更多层的平面布置相同,这几层可以合用一个建筑平面图,称为某两层或某几层平面图,例如:二、三层平面图,三、四、五层平面图等,也可称为标准层平面图。若两层或几层的平面布置只有少量局部不同,也可以合用一个平面图,但需另绘不同处的局部平面图作为补充。若一幢房屋的建筑平面图左右对称,则习惯上将两层平面图合并画在一个图上,左边画一层的一半,右边画另一层的一半,中间用对称线分界,在对称线两端画上对称符号,并在图的下方分别注明它们的图名。

　　建筑平面图除上述的各层平面图外,还有局部平面图、屋顶平面图等。局部平面图可以用于表示两层或两层以上合用的平面图中的局部不同之处,也可以用来将平面图中某个局部以较大的比例另行画出,以便能较为清晰地表示出室内的一些固定设施的形状和标注它们的定形、定位尺寸。屋顶平面图则是房屋顶部按俯视方向在水平投影面上投影所得到的正投影图。

2.3.2　建筑平面图的图示内容与图示方法

　　在图示时平面图的方向宜与总图方向一致,平面图的长边宜与横式幅面图纸的长边一致。在同一张图纸上绘制多于一层的平面图时,各层平面图宜按层数由低向高的顺序从左至右或从下至上布置。

1. 图名、比例、朝向

　　(1)图名:标注于图的下方表示该层平面的名称。如地下室平面图、底层(一层)平面图、中间层平面图、顶层平面图等。在新建建筑中,特别是居住建筑,为了增加储藏,通常设置地下室或半地下室作为储藏空间。储藏室平面图表示储藏室的平面布置、房间的大小及其分隔与联系等。底层平面图表示该层的内部平面布置、房间大小,以及室外台阶、阳台、散水、雨水管的形状和位置等,中间层平面图表示该层内部的平面布置、房间大小、阳台及本层外设雨篷等。识读时首先识读图名可以知道该是属于哪一层平面图。

　　(2)比例:通过识读比例可知该层平面图所采用的比例大小,比例的选择是依据房屋大小和复杂程度来选定,通常采用有 1∶50、1∶100、1∶150、1∶200 或 1∶300。

　　(3)朝向:一般在主要地坪为±0.000 平面图上画出指北针来表示建筑的朝向。一般建筑平面图是按照上北下南,左西右东的方向绘制,当平面图不采用此绘制方法时,指北针尤其重要。指北针的绘制如图 2-3-1 所示,圆的直径宜为 24 mm,用细实线绘制;指针尾部的宽度宜为 3 mm,指针头部应注"北"或"N"字。需用较大直径绘制指北针时,指针尾部宽度宜为直径的 1/8。

2. 剖切到的建筑构配件与未被剖切到但能投影到的建筑构配件的轮廓

　　建筑平面图是水平剖面图,在绘制平面图时,应绘出被剖切到的建筑构配件的轮廓,如被剖切到的墙体、柱和门窗等。被剖切到的构配件应采用相应的图例符号进行表示,如表2-3-1 所示。一般建筑平面图所采用的比例较小,被剖切到的构配件的断面可采用简化材料图例符号表示,如被剖切到墙体用粗实线绘出其轮廓,剖切到的钢筋混凝土柱采用涂黑的方式表达等。门窗应按表 2-3-1 的规定,画出门窗图例,并明确注明它们的代号和型号。门、窗的代号分别为 M、C,代号后面的阿拉伯数字是它们的型号,也可直接按照序号标注,如 M1、M2,C1、C2 等。在平面图中表示出了门的类型及开启方向,窗的开启方式通常在建筑立面图上表示出来。

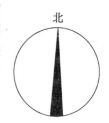

图 2-3-1 指北针

除墙体、柱、门窗等被剖切到的构配件外,在建筑平面图中,还应画出其他未被剖切到但能投影到的构配件和固定设施的图例或轮廓形状,如楼梯、散水、阳台、雨篷、花坛、台阶等。

由建筑平面图中被剖切到的墙体和门窗,将每层房屋分隔成若干房间,每个房间都应注明名称或编号。编号应注写在直径为 6 mm 细实线绘制的圆圈内,并应在同张图纸上列出房间名称表。由每层平面图就可以看出建筑在该层中房间的布局、形状、组合,以及每个房间所起的作用。

3. 定位轴线及编号

在建筑平面图中应绘出定位轴线,用它们来确定房屋各承重构件的位置。在定位轴线的端部应标注定位轴线的编号,用以分清楚不同位置的承重构件。定位轴线用细单点长划线绘制,其编号注在轴线端部用细实线绘制的圆内,圆的直径应为 8~10 mm,圆心在定位轴线的延长线或延长线的折线上。平面图上定位轴线的编号,宜标注在图样的下方与左侧,横向定位轴线(与建筑宽度方向一致的定位轴线)编号即横向编号用阿拉伯数字从左至右顺序编写,纵向定位轴线(与建筑长度方向一致的定位轴线)编号即竖向编号用大写拉丁字母(除 I、O、Z 外)从下至上顺序编写。如果字母数量不够使用,可增加双字母或单字母加数字注脚。如果工程较为复杂,可采用分区编号的形式。分区编号的注写形式为"分区号——该分区编号"。"分区号——该分区编号"采用阿拉伯数字或大写拉丁字母表示。在标注非承重的隔墙或次要承重构件时,可用在两根轴线之间的附加定位轴线表示,附加轴线的编号应按图 2-3-2 中规定的分数表示。

表 2-3-1 常用的构造及配件图例

序号	名 称	图 例	备 注
1	墙体		1. 上图为外墙,下图为内墙 2. 外墙细线表示有保温层或有幕墙 3. 应加注文字或涂色或图案填充表示各种材料的墙体 4. 在各层平面图中防火墙宜着重以特殊图案填充表示
2	隔断		1. 加注文字或涂色或图案填充表示各种材料的轻质隔断 2. 适用于到顶与不到顶的隔断
3	玻璃幕墙		幕墙龙骨是否表示有项目设计决定
4	栏杆		

(续表)

序号	名　称	图　例	备　注
5	楼梯	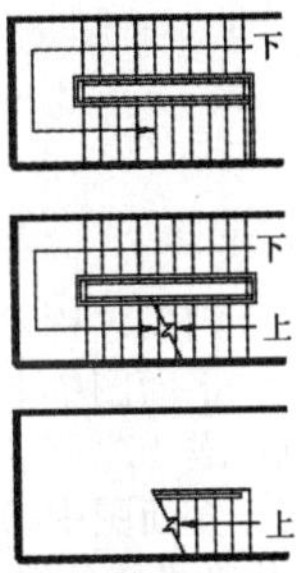	1. 上图为顶层楼梯平面,中图为中间层楼梯平面,下图为底层楼梯平面 2. 需设置靠墙扶手或中间扶手时,应在图中表示
6	坡道	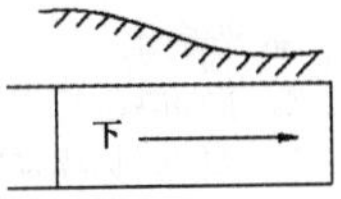	长坡道
		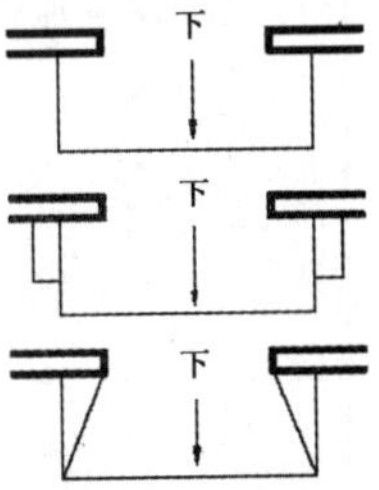	上图为两侧垂直的门口坡道,中图为有挡墙的门口坡道,下图为两侧找坡的门口坡道
7	台阶	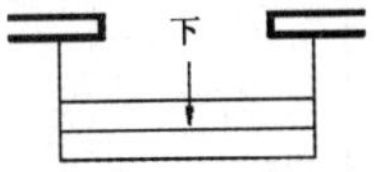	
8	平面高差	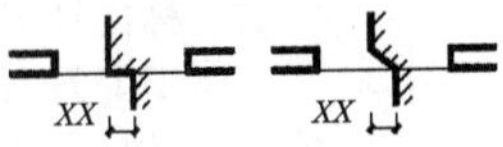 XX　　XX	用于高差小的地面或楼面交接处,并应与门的开启方向协调
9	检查口	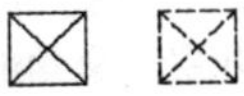	左图为可见检查口,右图为不可见检查口
10	孔洞		阴影部分亦可填充灰度或涂色代替
11	坑槽	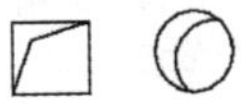	
12	墙预留洞、槽	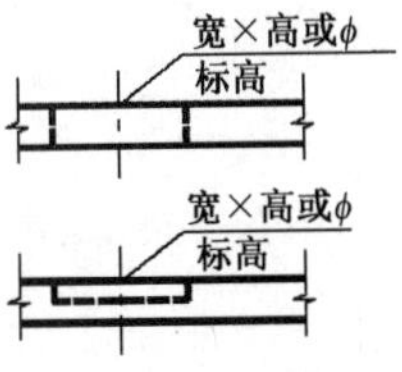 宽×高或ϕ 标高 宽×高或ϕ 标高	1. 上图为预留洞,下图为预留槽 2. 平面以洞(槽)中心定位 3. 标高以洞(槽)底或中心定位 4. 宜以涂色区别墙体和预留洞(槽)

(续表)

序号	名 称	图 例	备 注
13	单面开启单扇门（包括平开或单面弹簧）	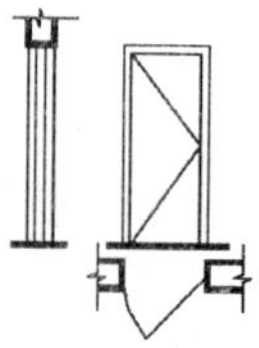	1. 门的名称代号用 M 表示 2. 平面图中上为内,下为外门的开启线为 90°、60°或 45°,开启弧线宜绘出 3. 立面图中,开启线实线为外开,虚线为内开。开启线交角的一侧为安装合页一侧。开启线在建筑立面图中可不表示,在立面大样中可根据需要绘出 4. 剖面图中,左为外,右为内 5. 附加纱扇应以文字说明,在平、立、剖面中均不表示 6. 立面形式应按实际形式绘制
	双面开启单扇门（包括双面平开或双面弹簧）	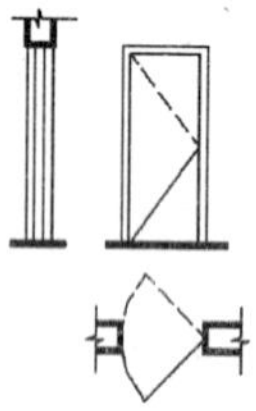	
	双层单扇平开门	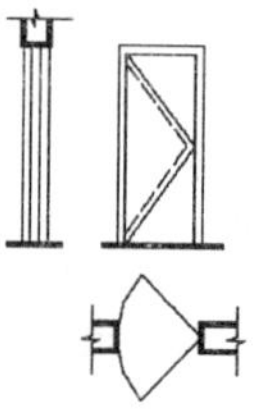	
14	单面开启双扇门（包括平开或单面弹簧）	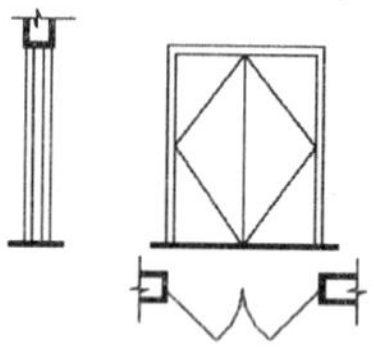	1. 门的名称代号用 M 表示 2. 平面图中上为内,下为外门的开启线为 90°、60°或 45°,开启弧线宜绘出 3. 立面图中,开启线实线为外开,虚线为内开。开启线交角的一侧为安装合页一侧。开启线在建筑立面图中可不表示,在立面大样中可根据需要绘出 4. 剖面图中,左为外,右为内 5. 附加纱扇应以文字说明,在平、立、剖面中均不表示 6. 立面形式应按实际形式绘制
	双面开启双扇门（包括双面平开或双面弹簧）	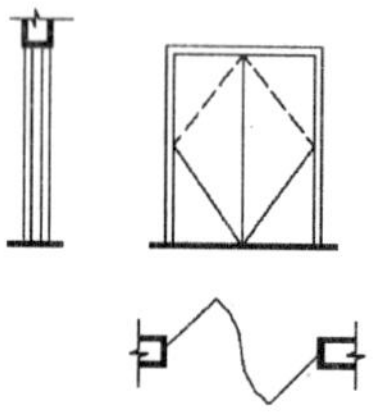	
	双层双扇平开门	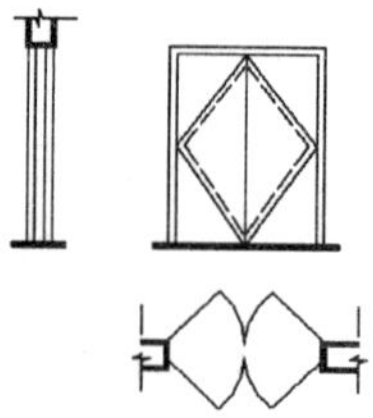	

（续表）

序号	名　称	图　例	备　注
15	折叠门	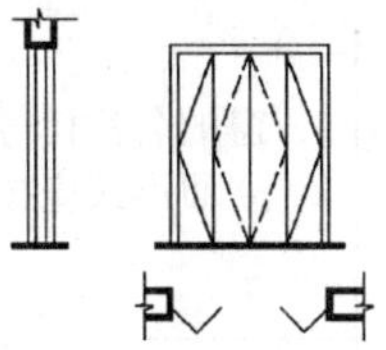	1. 门的名称代号用 M 表示 2. 平面图中上为内,下为外门的开启线为 90°、60° 或 45°,开启弧线宜绘出 3. 立面图中,开启线实线为外开,虚线为内开。开启线交角的一侧为安装合页一侧。 4. 剖面图中,左为外,右为内 5. 附加纱扇应以文字说明,在平、立、剖面中均不表示 6. 立面形式应按实际形式绘制
16	推拉折叠门	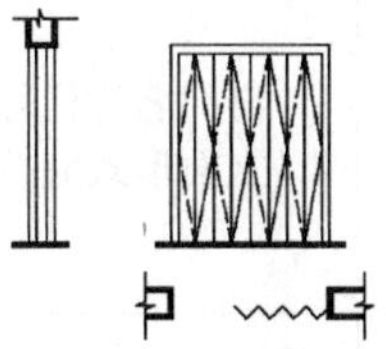	
17	固定窗	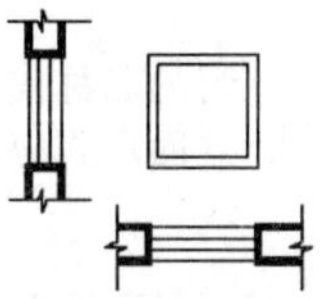	1. 窗的名称代号用 M 表示 2. 平面图中上为内,下为外 3. 立面图中,开启线实线为外开,虚线为内开。开启线交角的一侧为安装合页一侧。开启线在建筑立面图中可不表示,在立面大样中可根据需要绘出 4. 剖面图中,左为外,右为内。虚线仅表示开启方向,项目设计不表示 5. 附加纱扇应以文字说明,在平、立、剖面中均不表示 6. 立面形式应按实际形式绘制
18	上悬窗	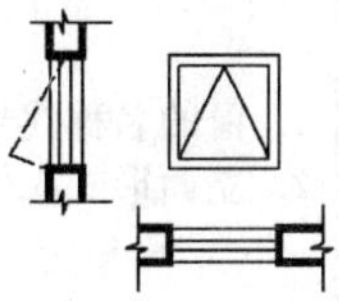	
	中悬窗	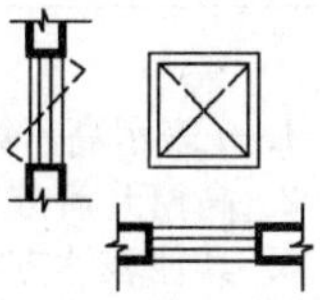	
19	下悬窗	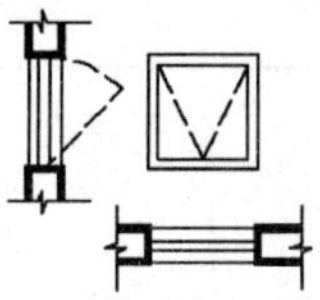	
20	单层外开平开窗	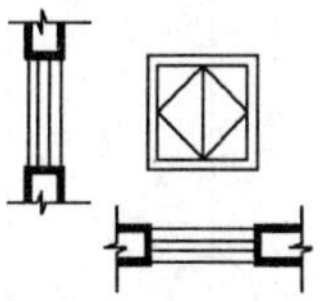	
	单层内开平开窗	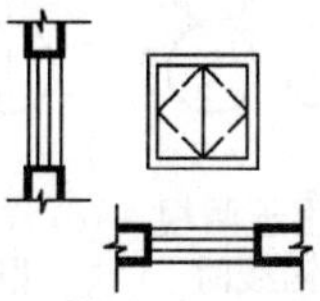	
	双层内外开平开窗	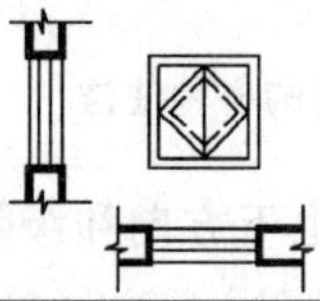	

(续表)

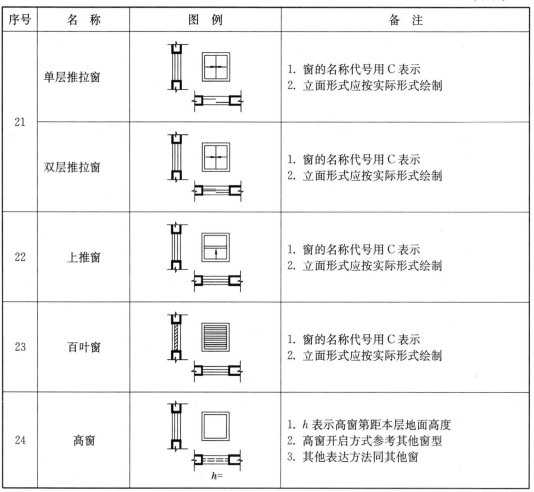

序号	名称	图例	备注
21	单层推拉窗		1. 窗的名称代号用C表示 2. 立面形式应按实际形式绘制
	双层推拉窗		1. 窗的名称代号用C表示 2. 立面形式应按实际形式绘制
22	上推窗		1. 窗的名称代号用C表示 2. 立面形式应按实际形式绘制
23	百叶窗		1. 窗的名称代号用C表示 2. 立面形式应按实际形式绘制
24	高窗		1. h 表示高窗第距本层地面高度 2. 高窗开启方式参考其他窗型 3. 其他表达方法同其他窗

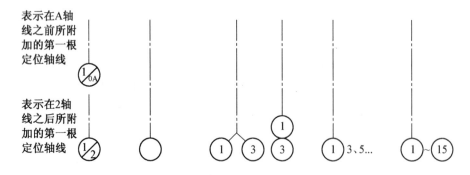

(a) 附加定位轴线　(b) 通用详图的定　(c) 详图用于两根　(d) 详图用于三　(e) 详图用于三
　　　　　　　　　位轴线,只绘圆　　　定位轴线时　　　根及以上定　　根以上连续
　　　　　　　　　圈,不注编号　　　　　　　　　　位轴线时　　　标号轴线时

图 2-3-2　定位轴线的各种注法

4. 平面图的尺寸、标高及室内踏步、楼梯的上下方向和级数

平面图中的尺寸均以毫米为单位,但不在数字后面注写单位。平面图中的尺寸包括内

部尺寸和外部尺寸,外部尺寸指标注在平面图外部的尺寸,通常包括三道尺寸。最靠近图形的一道,是表示外墙上门窗洞口的宽度及其定位尺寸等;标注建筑平面图各部位的定位尺寸时,应注写与其最邻近的轴线间的尺寸。第二道尺寸主要标注轴线间的尺寸,也就是表示房间的开间或柱距(建筑物纵向两个相邻的墙或柱中心线之间的距离)、进深或跨度(建筑物横向两个相邻的墙或柱中心线之间的距离)的尺寸。最外面的一道尺寸,表示建筑物外墙面之间的总尺寸,表示建筑物的总长、总宽。内部尺寸指标注在图形内部的尺寸,表示各房间的净开间、净进深,内部门窗洞的宽度和位置、墙厚,以及其他一些主要构配件与固定设施的定形和定位尺寸等。由这些尺寸可以读出房间的大小、门窗的宽度,并进一步确定房间的面积、建筑的面积和门窗的位置等。

在平面图中,还应标注出楼地面、地下层地面、阳台、平台、台阶等处的完成面的相对标高,即包括面层(粉刷层厚度)在内的建筑标高。由标高可以确定本层建筑平面中哪些位置存在高差及高差的大小,在地面有起伏处,应画出分界线。通过不同层平面图的标高值,可以确定建筑的层高(本层楼面层上表面至上一层楼面层上表面的距离)。

在平面图中还应标出室内踏步、楼梯的上下方向和级数,楼梯上下级数指本层到上一层的级数。

5. 有关的符号

在底层平面图中,必须在需要绘制剖面图的部位,画出剖切符号,以及在需要另画详图的局部或构件处,画出详图索引符号。

剖切符号及其编号,仍应遵照前面有关章节的规定画出,平面图上剖切符号的剖视方向通常宜向左或向上,若剖面图与被剖切图样不在同一张图纸内,可在剖切位置线的另一侧注明其所在的图纸号,也可在图纸上集中说明。读剖面图时结合底层平面图中的剖切符号,可知剖面图的类型、剖切的位置、剖视的方向,在作剖面图时,应投影到哪些构配件。

对图中需要另画详图表达的局部构造或构件,则应在图中的相应部位以索引符号索引。索引符号用来索引详图。而索引出的详图,应画出详图符号来表示详图所引的位置和编号,并用索引符号和详图符号相互之间的对应关系,建立详图与被索引的图样之间的联系,以便相互对照查阅。索引符号与详图符号的画法和编号应遵照前面有关章节的规定。

【相关知识】

墙体的构造

(1)普通砖墙

传统砖混结构建筑中墙体采用的是标准机制黏土砖,一块标准砖的尺寸为 240 mm×115 mm×53 mm,灰缝通常为 10 mm,见图 2-3-3。砌筑 240 mm 厚及 120、180、370 mm 厚的墙体的砌筑方式见图 2-3-4。承重砖墙的厚度不得小于 180 mm。了解砖墙组合的这种规律有利于避免在施工时剁砖。

在现在建筑中承重墙可采用承重多孔砖,多孔砖的尺寸为 240 mm(长)×115 mm(宽)×90 mm(厚)及 190 mm(长)×190 mm(宽)×90 mm(厚)等,见图 2-3-5。

在框架结构建筑中,墙体为填充墙,不承重,可采用砌块砌筑。各地砌块规格不统一,其中混凝土小型空心砌块的常见尺寸为 190 mm×190 mm×390 mm,辅助块尺寸为 90 mm×190 mm×190 mm 和 190 mm×190 mm×90 mm 等;粉煤灰硅酸盐中型砌块的常见尺寸为

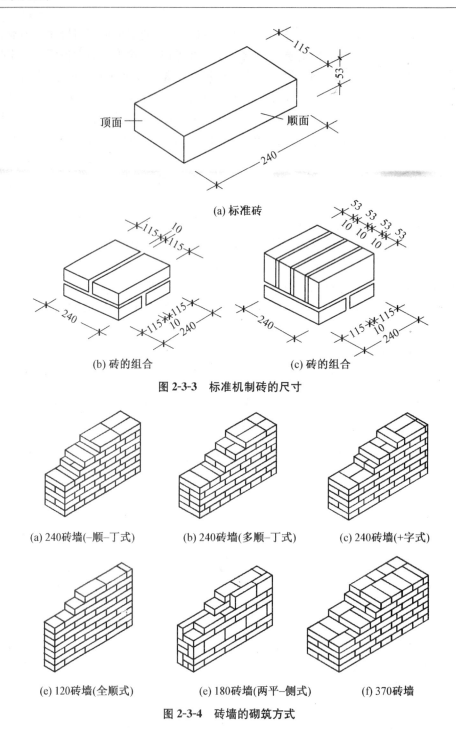

(a) 标准砖

(b) 砖的组合   (c) 砖的组合

图 2-3-3 标准机制砖的尺寸

(a) 240砖墙(一顺–丁式)   (b) 240砖墙(多顺–丁式)   (c) 240砖墙(+字式)

(e) 120砖墙(全顺式)   (e) 180砖墙(两平–侧式)   (f) 370砖墙

图 2-3-4 砖墙的砌筑方式

240 mm×380 mm×880 mm 和 240 mm×430 mm×850 mm 等。蒸压加气混凝土砌块则长度多为 600 mm,其中 a 系列宽度为 75 mm、100 mm、125 mm 和 150 mm,厚度为 200 mm、250 mm、和 300 mm;b 系列宽度为 60 mm、120 mm、180 mm 等,厚度为 240 mm 和 300 mm 等。见图 2-3-6。

图 2-3-5　承重多孔砖

图 2-3-6　加气混凝土砌块

（2）砌块墙

不论采用何种砌墙材料,都必须使砌块横平竖直、上下错缝、内外搭接、砂浆饱满、厚薄均匀。

当砌体墙作为填充墙使用时,砌体墙应采取措施减少对主体结构的不利影响,并应设置拉结筋、水平系梁、构造柱等与主体结构可靠拉结。砌体墙与框架柱的拉结,在骨架承重体系的建筑中,框架柱沿全高每隔 500 mm 高设 2Φ6 的拉结钢筋,拉筋伸入墙内的长度,6、7 度时不应小于墙长的 1/5,且不应小于 700 mm,8、9 度时宜沿墙全长贯通。如图 2-3-7 所示。墙长大于 5 m 时,墙顶与梁宜有拉结;墙长超过层高 2 倍时,宜设置钢筋混凝土构造柱。砌体中的构造柱应采用马牙槎与墙体连接,马牙槎的尺寸为

图 2-3-7　填充墙拉结筋的设置

300 mm 高,先退后进,退后尺寸为 60 mm。墙高超过 4 m 时墙体半高宜设置与柱连接且沿墙全长贯通的钢筋混凝土水平系梁。如图 2-3-8 所示。砌体的砂浆强度不应低于 M5,墙顶应与框架梁密切结合,采用砖斜砌或砂浆塞填。如图 2-3-9 所示。

图 2-3-8　填充墙水平系梁和构造柱的设置

图 2-3-9　填充墙上皮砖斜砌

【案例】

现以图 2-3-10～图 2-3-15 所示的一套商住楼的平面图为案例来阐述建筑平面图的读图方法。

1. 一层平面图

图 2-3-10 所示的为某商住楼的一层平面图。

(1) 读标题栏。在标题栏中注明了工程的名称、设计单位和建设单位，以及本张图纸的主要内容。采用 1：100 的比例绘制。本案例省略了标题栏。

(2) 读文字说明。在图纸的右下角，注明了文字说明。由说明可知工程墙体的材料为空心砖墙，厚 200 mm。门垛（为了方便安装门，而在门洞一侧设置较短的墙体）的尺寸为 100 mm，若图中有注明，则按图纸中注明的尺寸施工。厨卫间均设置了地漏，及地面向地漏的坡度为 0.5％，所有厨卫间的地面标高比邻近的地面低 20 mm。说明中还阐述了排烟道及排气道的设置及所选用的图集。文字说明作为图样的必要部分，读图时应首先读文字说明。

(3) 读图样。由指北针可知，本工程的朝向上北下南，左西右东。结构类型为框架结构，图纸中涂黑的矩形为钢筋混凝土框架柱，剖切到的墙体采用粗实线绘制。本工程有三个对外出入口，主要出入口设在⑦轴线外墙处，在Ⓐ和Ⓕ轴线外墙的左边各设了一个次要出入口。在Ⓐ轴线处左边的门为门联窗（MLC）。在房间内靠近每个出入口处各设了一部楼梯，共三部楼梯，并表明了由每部楼梯上到二层的方向及级数，一层平面图只能看到楼梯的上行梯段。其中楼梯丙的楼梯间在一层是封闭的，即楼梯丙不服务一层。由东面上两级台阶，通过 M1 或 M2 进入房间。一层平面图中的主要用途为商业用房，内部空间较大，在西面有办公室和男女厕所，在厕所内布置了卫生洁具。在建筑外墙上设置了窗户，内部房间设置了门 M0921，外门有 M1、M2、M1824、MLC1。在建筑外墙外侧南、西、北室外地面上均设置了散水，散水的宽度为 900 mm。

(4) 读标高。建筑室内外地坪高差为 0.300 m，由每个室外台阶进入室内都需要上 2 级台阶高度，台阶的踏面宽度为 300 mm，台阶平台的宽度为 900 mm，东面台阶平台的宽度为 1800 mm。室内主要地面标高为±0.000。男女厕所的标高为−0.020 m，比临近的地面低了 20 mm。

(5) 读尺寸。建筑平面外轮廓总长为 30800 mm，总宽为 21700 mm。横向定位轴线由①～⑦轴线，纵向定位轴线有Ⓐ～Ⓕ。通过定位轴线表明了框架柱的柱距，各定位轴线间的柱距并不一致，如①～③轴线间的柱距为 3300 mm，3～4 轴线间的柱距为 7200 mm，A～B 轴线间的跨度为 4400 mm，Ⓑ～Ⓒ轴线间的跨度为 4500 mm 等。并由此可知房间的尺寸：办公室的开间为 3300 mm，进深为 4200 mm。男女厕所的开间为 1800 mm，进深为 3000 mm。楼梯间梯丙的开间为 3000 mm，进深为 4800 mm。框架柱的尺寸为 500×500，定位轴线与有些柱的中心线并不重合，如①轴线到框架柱的外缘为 100 mm，⑦轴线到框架柱的外缘为 100 mm。在框架柱间设置的窗户大多为通窗，即窗户的宽度为柱距减掉柱的尺寸。

(6) 读符号。一层平面图中有一个剖切符号，其编号为 1-1，表明了剖切平面的位置，剖在了 MLC1 的门和 C5，为全剖面图，向右投影。

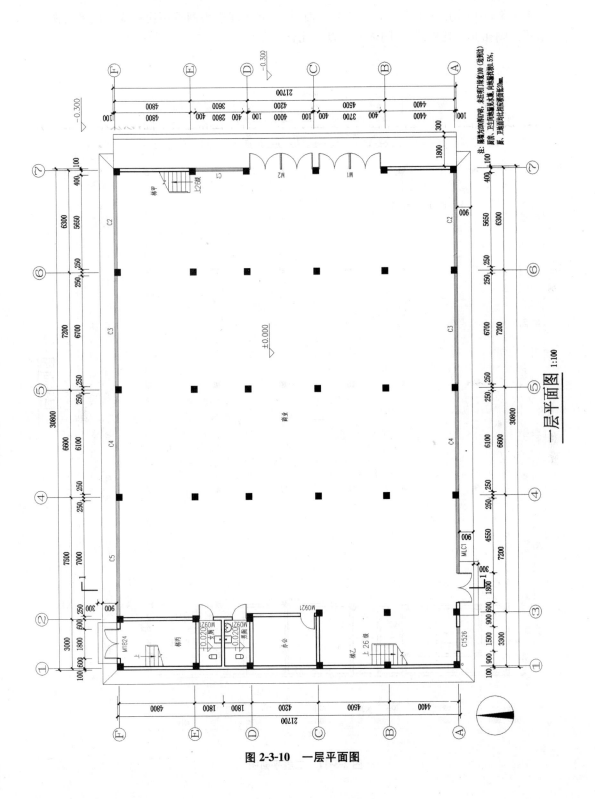

图 2-3-10 一层平面图

2. 二层平面图

图 2-3-11 所示的为某商住楼的二层平面图，主要房间也为商业用房。除二层平面图与一层平面图相同之处外，其不同之处有以下几点：

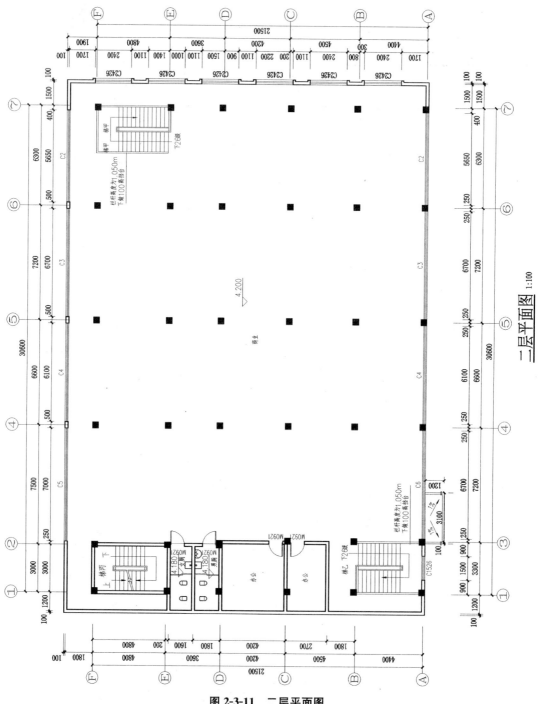

图 2-3-11 二层平面图

（1）由于图示分工的不同，二层及以上平面图不再绘制一层平面图中的散水、台阶、指北针和剖切符号等。

（2）二层楼板在①、⑦、Ｆ轴线外侧向外作了悬挑，①轴线处楼板向外悬挑至外墙中心线 1200 mm，外墙半墙厚为 100 mm，外墙厚为 200 mm。⑦轴线处楼板向外悬挑至外墙中心线 1500 mm，外墙半墙厚为 100 mm，外墙厚为 200 mm。Ｆ轴线处楼板向外悬挑至外墙中心线 1800 mm，外墙半墙厚为 100 mm，外墙厚为 200 mm。由于楼板向外悬挑二层的房间如办公室、厕所的房间尺寸也随之增大。

（3）二层楼梯甲和楼梯乙只看到向下的楼梯段，即楼梯甲和楼梯乙只由一层上到二层。在楼梯甲和楼梯乙的周围未设置墙体，而设置了栏杆，在图中已有说明。对于楼梯丙，不仅看到了上行梯段的部分踏步，还看到了下行梯段，且楼梯丙的楼梯间在二层也是封闭的，即楼梯丙不服务二层。

（4）二层平面图的主要地面标高为 4.200 m，厕所的地面标高为 4.180 m。根据一层的主要地坪标高±0.000，可知一层的层高为 4.200 m。

（5）绘出了在③轴线对外出入口上部与外墙连接的雨篷，并表示出了雨篷的排水方向及坡度，排水坡度为 1%，在雨篷的两侧设置了泄水管。二层楼板的悬挑部分就作为了其他两个对外出入口的雨篷。

3. 三层平面图

建筑的三～六层为住宅。图 2-3-12 为三层平面图，图示了住宅的布局，为两个单元，一梯两户。在西单元的东西两户和东单元的西户均为三室两厅一厨一卫，东单元的东户为四室两厅一厨两卫。

（1）以西单元西户为例来看房间的分隔与布置。从楼梯丙进入三层，且只看到楼梯丙向下的梯段，无向上的梯段，即楼梯丙只到三层，结合一层和二层平面图，可知楼梯丙只服务三层。然后通过西单元的外门 M1824 进入，是直跑式楼梯丁，从楼梯间的东面进入三层用户平台，再通过 M1021 进入西边的用户。进入户内，北边为一餐厅，通过餐厅北侧的 TM1524（推拉门）进入厨房，厨房内绘出了洗菜盆、案板、灶台的示意图，在厨房的西北角布置了排烟道。餐厅的西边是一卧室，通过 M0921 进入，在卧室内图示了床的示意图。从餐厅向南是客厅，客厅内图示了沙发、茶几、电视的示意图，客厅的西墙面设置了一窗户 PC2117（飘窗）。在客厅的东面为一卫生间，通过 M0821 进入，在卫生间内图示了浴盆、便器、洗脸盆的示意图，在卫生间的北墙面上设置了一高窗 C0906，在卫生间的西北角设置了一排气道，用于排除卫生间内的污浊空气和不良气味。由客厅再向南，是两间卧室，西边的卧室为次卧室，次卧室内图示了床及床头柜的示意图，在南面的外墙上设置了窗户 C1514。在东面的卧室为主卧室，主卧室内图示了床及床头柜的示意图，在主卧室南面设置了阳台，通过门 TM1824（推拉门）进入阳台，阳台设置了 FC1（封窗）。西单元西户与东户阳台间设置了一分户墙，分户墙比阳台外墙凸出 100 mm。

（2）在三层房间的外侧为二层的屋顶，在建筑东西外墙外侧 D 轴线下方用细实线标出了分水线的位置，在分水线两侧标出了屋面排水的方向及坡度，坡度为 2%。在屋顶的四周设置女儿墙，采用女儿墙内檐沟外排水，檐沟的纵向排水坡度为 0.5%，共设置 10 根雨水管。

（3）在三层平面图上为了分隔房间，墙体的数量增加了较多，为了确定墙体的位置，在

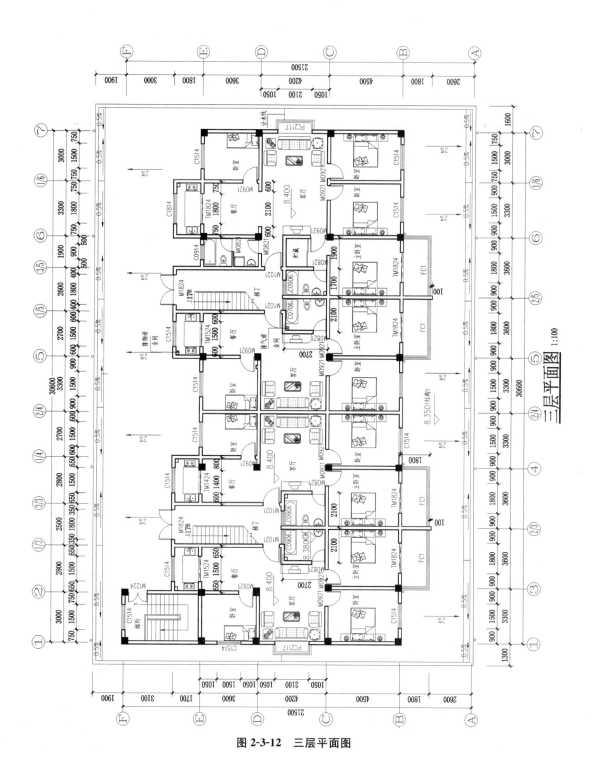

图 2-3-12　三层平面图

原来定位轴线的基础上,又增加了 9 条附加定位轴线,附加定位轴线的编号见前面相关章节。通过定位轴线的尺寸标注表明了各房间的开间和进深情况:主卧室的开间为 3600 mm,南向次卧室的开间为 3300 mm,北向次卧室的开间有 3000 mm、2700 mm、3300 mm。餐厅的开间为 2700 mm,只有东单元东户餐厅的开间为 3300 mm。西单元楼梯间开间为 2500 mm,东单元楼梯间开间为 2600 mm。由外部尺寸的第二道尺寸线标明。在第一道尺寸标注中标明建筑外墙上房间的门窗宽度和其定位尺寸。

（4）三层平面图的主要楼地面标高为 8.400 m,根据二层平面图的标高值,可知二层的层高为 4.200 m。卫生间的楼面标高为 8.380 m,比临近的楼面低 20 mm。二层屋顶的标高为 8.350 m,是结构标高,即钢筋混凝土板的上顶面标高,不包括上面的其他构造层次。

4. 四层平面图

图 2-3-13 所示的为某商住楼的四层平面图,也为住宅。除四层平面图与三层平面图相同之处外,其不同之处有以下几点:

（1）四层平面图不再图示三层平面图外二层屋顶的布置。

（2）在四层中表示楼梯丙处楼梯间的屋顶。因为楼梯丙只服务三层。屋顶为单坡排水,图中图示了排水的方向和坡度,坡度为 2％,排水方式为女儿墙内檐沟外排水,设置了两根雨水管。

（3）四层楼梯丁设置成了平行双跑式楼梯,在四层平面图不仅看到了由四层上五层楼梯段的部分踏步,还看到了由四层下三层的直跑楼梯段的部分踏步。

（4）四层平面图图示了住宅两个对外出入口处的雨篷。雨篷上标注了排水的方向及坡度,排水坡度为 2％,在雨篷的右上角设置了泄水管。

（5）四层楼面的标高为 11.300 m,卫生间的标高为 11.280 m.,根据三层楼面标高,可知三层的层高为 2.900 m。

5. 五层平面图

图 2-3-14 为五层平面图。五层平面图与四层平面图基本相似,所不同的有以下几点:

（1）五层平面图不再图示楼梯丙的屋顶及对外出入口的雨篷。

（2）五层平面图的楼梯间图示的是平行双跑式楼梯的图例。在五层平面图不仅看到了由五层上六层楼梯段的部分踏步,还看到了由四层到五层的第一跑楼梯段的全部踏步及第二跑楼梯段的部分踏步。

（3）五层平面图的楼面标高为 14.200 m,卫生间楼面的标高为 14.180 m。根据四层楼面标高,可知四层的层高也为 2.900 m。

6. 六层平面图

图 2-3-15 为六层平面图。六层平面图与五层平面图基本相似,所不同主要是楼梯只有向下的梯段,无向上的梯段。六层平面图的楼面标高为 17.100 m,卫生间楼面的标高为 17.080 m。根据五层楼面标高,可知五层的层高也为 2.900 m。

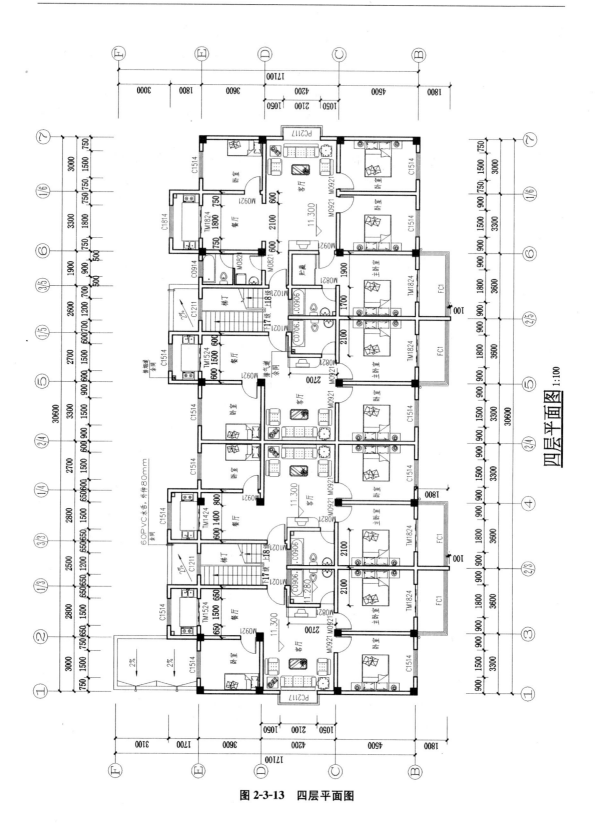

图 2-3-13　四层平面图

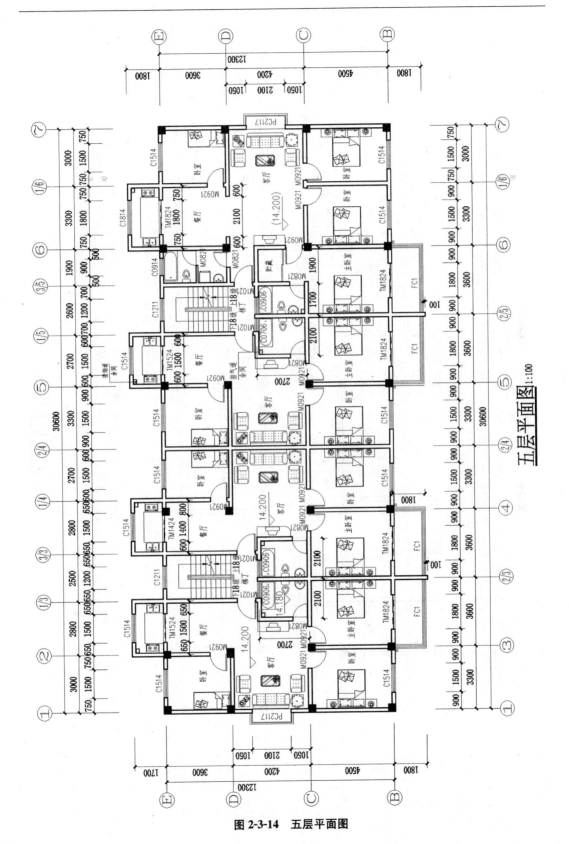

图 2-3-14 五层平面图

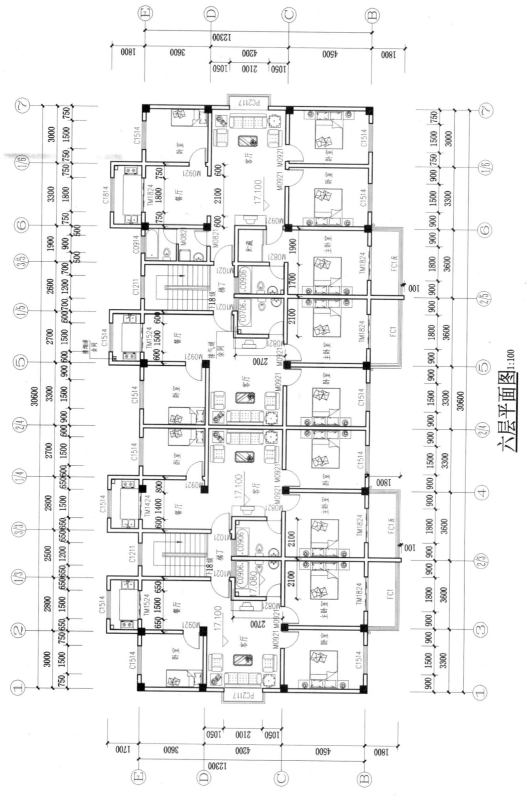

图 2-3-15 六层平面图

【任务】

识读图 2-3-10 所示一层平面图和图 2-1-1 建筑设计说明,查阅本工程室外设施散水和台阶的构造做法,并完成表格 2-3-2 的任务。

1. 散水

外墙外侧室外地面上应做散水或排水沟,或在散水外侧接排水沟。

图 2-3-16 散水

图 2-3-17 排水沟(明沟)

散水是外墙外侧室外地面上排除雨水的排水坡。散水的做法通常是在素土夯实上铺三合土、混凝土等材料,厚度 60～70 mm。散水应设 3‰～5‰的排水坡。散水宽度一般为 0.6～1.0 m,如果采用无组织排水,散水应比屋顶挑檐宽出 200 mm。散水与外墙交接处应设分格缝,分格缝用弹性防水材料嵌缝,防止外墙下沉时将散水拉裂。散水整体面层纵向距离每隔 6～12m 做一道伸缩缝,缝内填嵌缝膏。

排水沟可做成明沟或暗沟。排水沟的构造做法可用砖砌、石砌、混凝土现浇,沟底应做纵坡,坡度为 0.5‰～1‰,宽度为 220～350 mm。

识读图 2-3-10 平面图,可知本工程室外地面设置了散水,散水的坡度为 900 mm;查阅图 2-1-1 建筑施工设计说明(c. 工程做法表),可知本工程采用的是混凝土散水。

2. 台阶

台阶是在室外或室内的地坪或楼层不同标高处设置的供人行走的阶梯。公共建筑室内外台阶踏步宽度不宜小于 0.30 m,踏步高度不宜大于 0.15 m,并不宜小于 0.10 m,踏步应防滑。室内台阶踏步数不应少于 2 级,当高差不足 2 级时,应按坡道设置;人流密集的场所台阶高度超过 0.70 m 并侧面临空时,应有防护设施。

识读图 2-3-10 平面图,可知本工程室外地面设置了三个台阶,每个台阶均为两级,每一级高度应为 150 mm,台阶的

图 2-3-18 台阶

宽度是 300 mm。查阅图 2-1-1 建筑施工设计说明（c 工程做法表），可知本工程采用的是水泥花砖台阶。

根据对图纸的识读，完成任务表 2-3-2 的任务。

表 2-3-2　散水和台阶任务单

室外设施	图示及尺寸
散水	散水详图 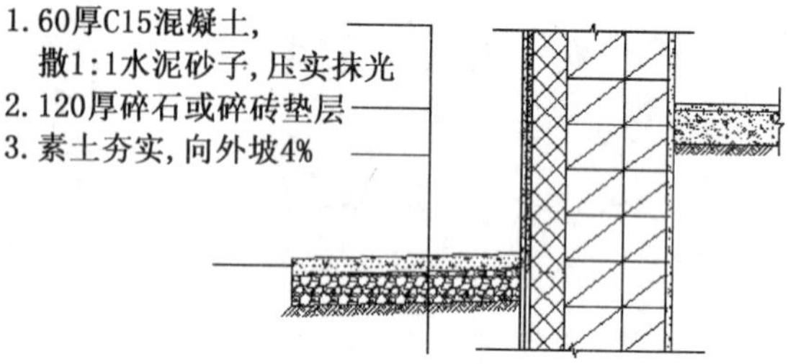 1. 60厚C15混凝土，撒1:1水泥砂子，压实抹光 2. 120厚碎石或碎砖垫层 3. 素土夯实，向外坡4%
台阶	台阶详图 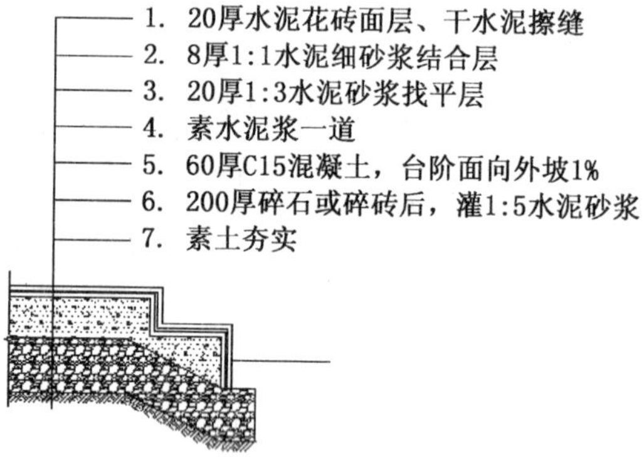 1. 20厚水泥花砖面层、干水泥擦缝 2. 8厚1:1水泥细砂浆结合层 3. 20厚1:3水泥砂浆找平层 4. 素水泥浆一道 5. 60厚C15混凝土，台阶面向外坡1% 6. 200厚碎石或碎砖后，灌1:5水泥砂浆 7. 素土夯实

2.3.3　屋面排水图的图示内容与图示方法

屋面排水图也属于建筑平面图，但屋面排水图是建筑的俯视图，而不像其他平面图是水平剖面图。

在屋面排水图的下方应标出图名和比例。屋面排水图所采用的比例一般同楼层平面图所采用的比例。由于屋顶平面图表达的内容较少，也可用更小一些的比例绘制。

在屋面排水图上应表达出屋顶的类型、屋面排水的方式、屋顶及檐沟的坡度、雨水管的位置、屋面上人孔及屋面水箱的轮廓、位置及尺寸。

在屋面排水图上应标出屋面相应构配件的尺寸、位置、定位轴线间的尺寸和总尺寸。标注屋面的标高。由于不易标注屋面的建筑标高，可在屋面上标注其结构标高，应进行说明。结构找坡的平屋面，屋面标高可标注在结构板面最低点，并注明找坡坡度。有屋架的屋面，应标注屋架下弦搁置点或柱顶点的标高。

在对于需要绘制详图的位置，应绘制详图索引符号表示详图的位置和编号。

【相关知识】

屋顶的构造

1. 屋顶的类型

屋顶分为三种类型,平屋顶、坡屋顶和其他形式的屋顶,见图 2-3-19。

平屋顶通常是指排水坡度小于 5% 的屋顶,常用坡度为 2%～3%;坡屋顶通常是指屋面坡度大于 10%;随着科学技术的发展,出现了许多新型的屋顶结构形式,如拱结构、薄壳结构、悬索结构、网架结构屋顶等其他形式的屋顶,这类屋顶多用于较大跨度的公共建筑。

(a) 挑檐平层顶　(b) 女儿墙平层顶　(c) 挑檐女儿墙平屋顶　(d) 盝(盒)顶平层顶

平屋顶

(a) 单坡顶　(b) 硬山两坡顶　(c) 悬山两坡顶　(d) 四坡顶

(e) 卷棚顶　(f) 庑殿顶　(g) 歇山顶　(h) 圆攒尖顶

坡屋顶的形式

(a) 双曲拱屋顶　(b) 砖石拱屋顶　(c) 球形网壳屋顶　(d) V形网壳层顶

(e) 筒壳层顶　(f) 扁壳屋顶　(g) 车轮形悬索顶　(h) 鞍形悬索层顶

曲面屋顶

图 2-3-19　屋顶的类型

2. 屋顶的坡度

（1）坡度的表达方式

屋面坡度的表达方式，可用百分数、角度或斜率的方法表达，如 2‰，30°，1∶2 等。坡屋顶多采用斜率法，平屋顶多采用百分比法，角度法应用较少。

（2）坡度的形成方式

屋顶的坡度形成有材料找坡和结构找坡两种。

a. 材料找坡

材料找坡是指屋顶坡度由垫坡材料形成，一般用于坡向长度较小的屋面。为了减轻屋面荷载，应选用轻质材料找坡，如水泥炉渣、石灰炉渣等。找坡层的厚度最薄处不小于 20 mm。平屋顶材料找坡的坡度宜为 2‰。

b. 结构找坡

结构找坡是屋顶结构层自身带有排水坡度，平屋顶结构找坡的坡度不小于 3‰。坡屋顶的坡度形成方式均为结构找坡。

材料找坡的屋面板可以水平放置，天棚面平整，但材料找坡增加屋面荷载，材料和人工消耗较多；结构找坡无须在屋面上另加找坡材料，构造简单，不增加荷载，但天棚顶倾斜，室内空间不够规整。这两种方法在工程实践中均有广泛的运用。见图 2-3-20。

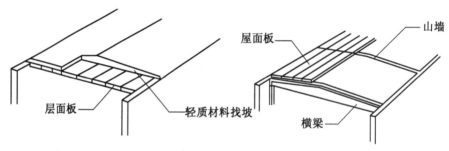

图 2-3-20 屋顶坡度的形成

（3）平屋顶的排水方式

屋面上的雨水如何排到地面上，这就需要合理布置屋面的排水方式。

① 无组织排水

无组织排水就是屋面雨水通过檐口直接排到室外地面的一种排水方式，因为不用天沟、雨水管等导流雨水，故又称自由落水。主要适用于一般中、小型的低层建筑物或檐高不大于 10 m 的屋面，其他情况下都应采取有组织排水。

② 有组织排水

有组织排水就是屋面雨水有组织地流经天沟、檐沟、水落口、水落管等，系统地将屋面上的雨水排出。在建筑工程中应用广泛。

在工程实践中，由于具体条件的千变万化，可能出现各式各样的有组织排水方案。现按外排水、内排水、内外排水三种情况归纳成 9 种不同的排水方案（有组织排水方案见图 2-3-21）。

外排水是指雨水管装设在室外的一种排水方案，其优点是雨水管不妨碍室内空间使用和美观，构造简单，因而被广泛采用。明装的雨水管有损建筑立面，故在一些重要的公共建筑中，雨水管常采取暗装的方式，把雨水管隐藏在假柱或空心墙中。假柱可以处理成建筑立

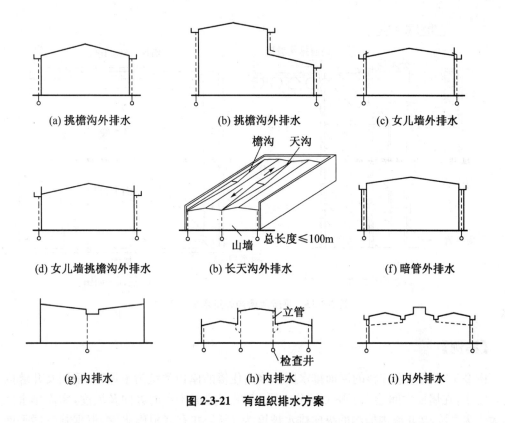

(a) 挑檐沟外排水　　　(b) 挑檐沟外排水　　　(c) 女儿墙外排水

(d) 女儿墙挑檐沟外排水　　　(b) 长天沟外排水　　　(f) 暗管外排水

(g) 内排水　　　(h) 内排水　　　(i) 内外排水

图 2-3-21　有组织排水方案

面上的竖线条。

　　外排水构造简单,雨水管不占用室内空间,故在南方应优先采用。但在有些情况下采用外排水并不恰当。例如在高层建筑中就是如此,因维修室外雨水管既不方便,更不安全。又如在严寒地区也不适宜用外排水,因室外的雨水管有可能使雨水结冻,而处于室内的雨水管则不会发生这种情况。

　　排水方式不同,则在屋面排水图中的表达也不同。见图 2-3-22、3-3-23。一般坡屋顶在平面图上用细实线来表示屋顶上面所挂的瓦。

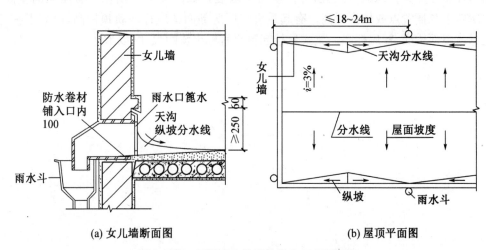

(a) 女儿墙断面图　　　(b) 屋顶平面图

图 2-3-22　平屋顶女儿墙外排水三角形天沟

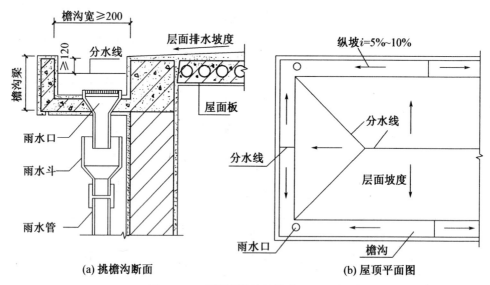

图 2-3-23　平屋顶檐沟外排水矩形天沟

【案例】

图 2-3-24 为某商住楼的屋面排水图。该商住楼的屋顶类型为平屋顶,采用女儿墙内檐沟外排水,在屋面中间绘出了屋面的分水线,标出了屋面排水的方向及坡度,屋面排水坡度的大小为 2‰,女儿墙内檐沟的纵向排水坡度为 1‰。共有 8 根雨水管,根据其三层平面图的图示内容,这 8 根雨水管将雨水排到三层平面图外侧的二层屋顶上,再由二层屋顶女儿墙外侧的雨水管排到地面上。屋面排水图,图示了屋面上人孔、排烟道和排气道的位置及尺寸,图中标注了屋面板的结构标高,对于较复杂的部位用详图索引符号进行索引说明。

在识读工程图样时应注意,建筑物平面、立面、剖面图,宜标注室内外地坪、楼地面、地下层地面、阳台、平台、檐口、屋脊、女儿墙、雨棚、门、窗、台阶等处的标高。平屋面等不易标明建筑标高的部位可标注结构标高,并予以说明。结构找坡的平屋面,屋面标高可标注在结构板面与外墙外皮延长线的交点处,并注明找坡坡度。如图 2-3-25 所示。有屋架的屋面,应标注屋架下弦搁置点或柱顶标高。有起重机的厂房剖面图应标注轨顶标高、屋架下弦杆件下边缘或屋面梁底、板底标高。梁式悬挂起重机宜标出轨距尺寸(以米计)。

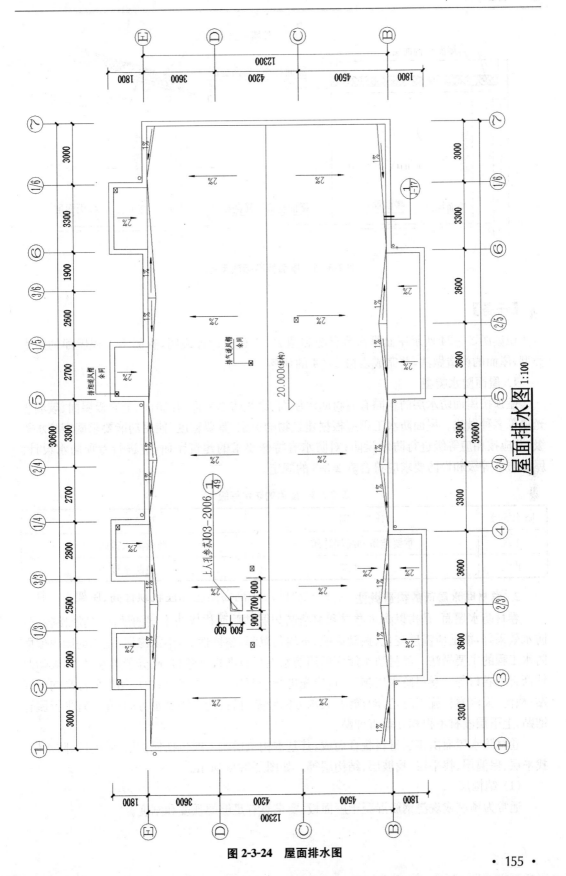

图 2-3-24　屋面排水图

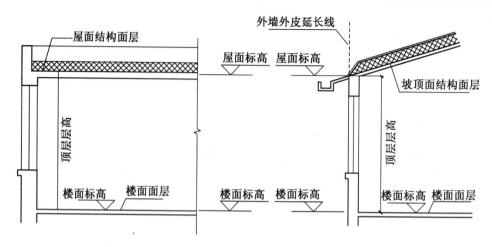

图 2-3-25 屋面标高标注示意

【任务】

识读图 2-3-24 所示屋面排水示意图和图 2-1-1 建筑设计说明,查阅本工程屋面的防水类型,屋面的构造做法,并完成表格 2-3-4 的任务。

1. 屋面防水类型

屋顶按屋面防水层的不同有卷材防水屋面、涂膜防水屋面、瓦屋面、金属板屋面、玻璃采光顶等多种做法。屋面防水工程应根据建筑物的类别、重要程度、使用功能要求确定防水等级,并应按相应等级进行防水设防;对防水有特殊要求的建筑屋面,应进行专项防水设计。屋面防水等级和设防要求应符合表 2-3-3 的规定。

表 2-3-3　屋面的防水等级

防水等级	建筑类别	设防要求
Ⅰ级	重要建筑和高层建筑	两道防水设防
Ⅱ级	一般建筑	一道防水设防

2. 卷材防水屋面的构造做法

卷材防水屋面,是指以防水卷材和黏结剂分层粘贴而构成防水层的屋面,延展性较强,防水效果好,能适应温度变化、振动影响、不均匀沉降,整体性好,不易渗漏,是当前国内屋面防水工程的主要做法。卷材防水屋面所用防水卷材有沥青类卷材、高分子类卷材、高聚物改性沥青类卷材等。卷材防水层施工时,应先进行细部构造处理,然后由屋面最低标高向上铺贴;檐沟、天沟卷材施工时,宜顺檐沟、天沟方向铺贴,搭接缝应顺流水方向;卷材宜平行屋脊铺贴,上下层卷材不得相互垂直铺贴。

卷材防水屋面由多层材料叠合而成,其基本构造层次一般包括保护层、隔离层、防水层、找平层、保温层、找平层、找坡层、结构层等。如图 2-3-26 所示。

（1）结构层

通常为预制或现浇钢筋混凝土屋面板,要求具有足够的强度和刚度。

（2）找坡层

混凝土结构层宜采用结构找坡，坡度不应小于 3%；当采用材料找坡时，宜采用质量轻、吸水率低和有一定强度的材料，坡度宜为 2%。找坡应按屋面排水方向和设计坡度要求进行，找坡层最薄处厚度不宜小于 20 mm。

（3）找平层

卷材防水层要求铺贴在坚固而平整的基层上，因此必须在结构层或找坡层上设置找平层。找平层可采用 1:2.5 水泥砂浆或 C20 细石混凝土。水泥砂浆找平层一般用在整体现浇混凝土板和整体材料保温层上，用在整体现浇混凝土板上的厚度为 15～20 mm，用在整体材料保温层上的厚度为 20～25 mm。细石混凝土找平层一般用在装配式混凝土板和板状材料保温层上，其厚度一般为 30～35 mm。用在装配式混凝土板上的细石混凝土找平层宜配置钢筋网片。保温层上的找平层应留设分格缝，缝宽宜为 5～20 mm，纵横缝的间距不宜大于 6 m。

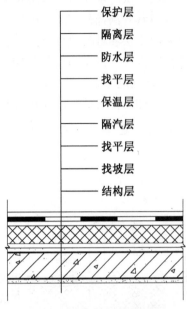

图 2-3-26 卷材防水屋面的构造层次

（4）隔汽层

当严寒及寒冷地区屋面结构冷凝界面内侧实际具有的蒸汽渗透阻小于所需值，或其他地区室内湿气有可能透过屋面结构层进入保温层时，会使保温能力下降，应在保温层下设置隔汽层，以防止室内水汽进入保温层。

隔汽层应设置在结构层之上，保温层之下，选用气密性、水密性好的卷材或涂料。隔汽层应沿周边墙面向上连续铺设，高出保温层上表面不得小于 150 mm。

（5）保温（隔热）层

常用的屋面保温层有板状材料保温层、纤维材料保温层和整体材料保温层。其中板状材料保温层所用的保温材料有聚苯乙烯泡沫塑料、硬质聚氨酯泡沫塑料、膨胀珍珠岩制品、泡沫玻璃制品、加气混凝土砌块、泡沫混凝土砌块等；纤维材料保温层所用的保温材料有玻璃棉制品、岩棉、矿渣棉制品等；整体材料保温层所用的保温材料有喷涂硬泡聚氨醋、现浇泡沫混凝土等。

保温层一般放置在结构层与防水层之间，下设隔汽层；有时保温层放置在屋面防水层之上，称为"倒铺屋面"，可以保护防水层，但保温层上应再设保护层；倒置式屋面的坡度宜为 3%；保温层应采用吸水率低，且长期浸水不变质的保温材料；板状保温材料的下部纵向边缘应设排水凹缝。在顶层屋面板下做吊顶的建筑物中，屋面保温层也可以直接放置在屋面板底或者板底与吊顶之间的夹层内。

保温层应按所在地区的节能标准或建筑热工要求确定其厚度。夏热冬冷的地区应同时按冬季保温和夏季隔热的要求，分别求出保温层和隔热层的厚度，两者取其厚者。

（6）蒸汽扩散层

对于封闭式保温层或保温层干燥有困难的卷材屋面，为了排除保温层内的水汽，防止湿气在太阳照射下膨胀使卷材发生鼓泡、破裂，并提高保温层的保温效果，应尽量使防水层下的基层干燥后施工，除此外还应在构造上采取措施，使防水层下形成一个能使蒸汽扩散的场所。如第一层防水卷材与基层间采用点状或条状粘贴的做法，或者底层的防水卷材一面带沙砾并点状开洞，洞径 30 mm，间距 150～200 mm，铺设时沙砾面朝下，干铺，当浇涂胶结材料粘合第二层卷材时，胶结材料通过孔洞，使底层卷材只有洞孔部分同基层黏结，砂砾层形成蒸汽扩散层。也可利用保温层上找平层设置的分格缝兼作排汽道，排汽道的宽度宜为 40 mm；排汽道应纵横贯通，间距宜为 6 m，屋面面积每 36 m² 宜设置一个排汽孔，排汽孔应作防水处理。排汽道及排汽孔与大气连通，使水汽有排走的出路，同时力求构造简单合理，便于施工，并防止雨水进入保温层。如图 2-3-27 和 3-3-28 所示。

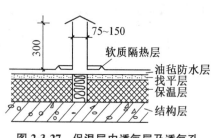

图 2-3-27 保温层内透气层及透气孔

图 2-3-28 屋顶上的透气孔

（7）结合层

结合层的作用是使卷材防水层与基层黏结牢固。结合层所用胶黏剂应根据防水层材料及施工方法的不同进行选择。如油毡卷材、聚氯乙烯卷材及自黏型彩色三元乙丙复合卷材，用冷底子油在水泥砂浆找平层上喷涂一至二道；冷底子油用沥青加入汽油或煤油等溶剂稀释而成，喷涂时不用加热，在常温下进行，故称冷底子油。三元乙丙橡胶卷材则采用聚氨酯底胶；氯化聚乙烯橡胶卷材需用氯丁胶乳等。在铺贴防水层前，应在基层上喷涂或涂刷基层处理剂，待干燥后进行卷材施工。

（8）防水层

防水层是由胶结材料与卷材黏合而成，卷材连续搭接，形成屋面防水的主要部分。屋面防水的做法应与屋面防水等级密切相关。防水卷材可按合成高分子防水卷材和高聚物改性沥青防水卷材选用，其外观质量和品种符合国家现行有关材料标准的规定。

当屋面防水层等级不同时，屋面防水层的做法是不同的。当屋面防水等级为Ⅰ级时，设防要求为两道防水设防，可采用卷材防水层和卷材防水层、卷材防水层和涂膜防水层、复合防水层的防水做法；当防水等级为Ⅱ级时，设防要求为一道防水设防，可采用卷材防水层、涂膜防水层、复合防水层的防水做法。

由于各种卷材的耐热度和柔性指标相差甚大，耐热度低的卷材在气温高的南方和坡度大的屋面上使用，就会发生流淌，而柔性差的卷材在北方低温地区使用就会变硬变脆。同时也要考虑使用条件，如防水层设置在保温层下面时，卷材对耐热度和柔性的要求就不那么高，而在高温车间则要选择耐热度高的卷材。若地基变形较大、大跨度和装配结构或温差大的地区和振动影响的车间，都会对屋面产生较大的变形和拉裂，因此，必须选择延伸率大的卷材。长期受阳光紫外线和热作用时，卷材会加速老化；长期处于水泡或干湿交替及潮湿背阴时,卷材会加快霉烂,卷材选择时一定要注意这方面的性能。

（9）保护层

为了延长卷材或涂膜防水层的使用期限,在防水层上应设置保护层。保护层的做法应根据上人屋面和不上人屋面进行选择。上人屋面保护层可采用块体材料（地砖或 30 mm 厚 C20 细石混凝土预制块）、细石混凝土（40 mm 厚 C20 细石混凝土或 50 mm 厚 C20 细石混凝土内配Φ4@100 双向钢筋网片。）等材料;不上人屋面可采用浅色涂料（丙烯酸系反射涂料）、铝箔（0.05 mm 厚铝箔反射膜）、矿物粒料（不透明的矿物粒料）、水泥砂浆（20 mm 厚 1∶2.5 或 M15 水泥砂浆）等。

采用块体材料做保护层时,宜设分格缝,其纵横间距不宜大于 10 m,分格缝宽度宜为 20 mm,并应用密封材料嵌填。采用水泥砂浆做保护层时,表面应抹平压光,并应设分格缝,分隔面积宜为 1 m²。采用细石混凝土做保护层时,表面应抹平压光,并应设分格缝,其纵横间距不应大于 6 m,分格缝宽度宜为 10~20 mm,并应用密封材料嵌填。当采用淡色涂料做保护层时,应与防水层黏结牢固,厚薄均匀,不得漏涂。块体材料、水泥砂浆、细石混凝土保护层与女儿墙或山墙之间,应预留宽度为 30 mm 的缝隙,缝内宜填塞聚苯乙烯泡沫塑料,并用密封材料嵌填。分隔缝的设置如图 2-3-29 和 3-3-30 所示。

图 2-3-29　分格缝位置

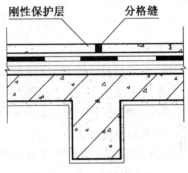

图 2-3-30　分格缝构造

（10）隔离层

隔离层的作用是找平、隔离。在卷材防水层上设置块体材料、水泥砂浆、细石混凝土等刚性保护层,由于保护层与防水层之间的黏结力和机械咬合力,当刚性保护层膨胀变形时,会对防水层造成破坏,故在保护层与防水层之间应铺设隔离层。同时,可防止保护层施工时对防水层的破坏。

对于不同的屋面保护层材料,所用的隔离层材料有所不同。对于块体材料、水泥砂浆保护层,可采用塑料膜、土工布或卷材做隔离层。对于细石混凝土保护层,可采用低强度等级砂浆做隔离层,如 10 mm 厚黏土砂浆、10 mm 厚石灰砂浆或 5 mm 厚掺有纤维的石灰砂浆。

3. 卷材防水屋面的细部构造

（1）女儿墙和泛水

泛水是指屋面防水层与垂直墙面相交处的构造处理。屋面泛水的高度不小于 250 mm。墙泛水处的防水层下应增设附加层,附加层在平面和立面的宽度均不应小于 250 mm。

女儿墙压顶可采用混凝土或金属制品。压顶向内排水坡度不应小于 5%,压顶内侧下端应做滴水处理。

高女儿墙和底女儿墙的防水构造处理如图 2-3-31 所示。

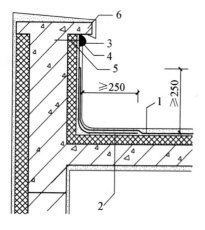
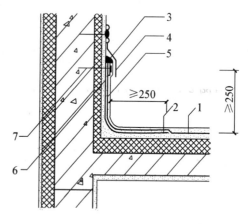

(a) 低女儿墙泛水

1—防水层;2—附加层;3—密封材料;4—金属压条;5—水泥钉;6—压顶

(b) 高女儿墙泛水

1—防水层;2—附加层;3—密封材料;4—金属盖板;5—保护层;6—金属压条;7—水泥钉

图 2-3-31　屋面泛水的构造

（2）檐口

檐沟、天沟的过水断面,应根据屋面汇水面积的雨水流量经计算确定。钢筋混凝土檐沟、天沟净宽不应小于 300 mm,分水线处最小深度不应小于 100 mm;沟内纵向坡度不应小于 1%,沟底水落差不得超过 200 mm;檐沟、天沟排水不得流经变形缝和防火墙。金属檐沟、天沟的纵向坡度宜为 0.5%。

卷材或涂膜防水屋面檐沟和天沟的防水层下应增设附加层,附加层伸入屋面的宽度不应小于 250 mm;檐沟防水层和附加层应由沟底翻上至外侧顶部,卷材收头应用金属压条钉压,并应用密封材料封严,涂膜收头应用防水涂料多遍涂刷;檐沟外侧下端应做鹰嘴或滴水槽;檐沟外侧高于屋面结构板时,应设置溢水口。如图 2-3-32 所示。

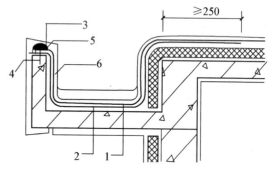

1—防水层;2—附加层;3—密封材料;4—水泥钉;5—金属压条;6—保护层

图 2-3-32　防水屋面檐沟

4. 涂膜防水屋面

涂膜防水屋面又称涂料防水屋面,是指用可塑性和黏结力较强的高分子防水涂料,直接涂刷在屋面基层上形成一层不透水的薄膜层以达到防水目的的一种屋面做法。防水涂膜可按合成高分子防水涂料、聚合物水泥防水涂料和高聚物改性沥青防水涂料选用,其外观质量和品种、型号应符合国家现行有关材料标准的规定。

我国地域广阔、历年最高气温、最低气温、年温差、日温差等气候变化幅度大,各类建筑的使用条件、结构形式和变性差异很大，涂膜防水层用于暴露还是埋置的形式也不同。高温地区应选择耐热性高的防水涂料，以防流淌；严寒地区应选择低温柔性好的防水涂料，以免冷脆；对结构变形较大的建筑屋面，应选择延伸性较大的防水涂料，以适应变形；对暴露式的涂膜防水层，应选择耐紫外线的防水涂料，以提高使用年限。防水涂膜屋面的构造同卷材防水屋面。

识读 2-3-24 所示屋面排水示意图，可知排水方式为女儿墙内檐沟外排水，以及屋面的其他概况。查阅 2-1-1 建筑设计说明（c. 工程做法表），可知本工程屋面的具体构造，本工程屋面采用的是卷材防水，查阅 2-1-1 建筑设计说明（d. 建筑节能设计专篇），所采用的保温材料为 40 mm 厚阻燃性挤塑聚苯板(XPS)，其燃烧性能为 B1 级，是难燃材料。为满足防火要求，按照现行防火规范的要求，屋面和外墙保温系统均采用 B1、B2 级保温材料时，屋面与外墙之间应采用宽度不小于 500 mm 不燃材料设置防火隔离带进行分隔。本工程采用的是燃烧性能 A 级的复合发泡水泥板防火隔离带，500 mm 宽，设置在屋面女儿墙四周。

根据对图纸的识读，完成任务表 2-3-4 的任务。识读屋面的基本概况，绘出屋面的构造层次，并计算屋面分水线处找坡层的厚度。

表 2-3-4　屋面任务单

屋面类型	平屋顶	屋面的构造做法	计算屋面分水线处屋面找坡层的厚度
屋面坡度	2%	1. 50厚C30细石混凝土，内配ϕ4@100双向钢筋 2. 20厚1:3水泥砂浆找平 3. 阻燃性挤塑聚苯板(XPS)（厚度详节能专篇） 4. 4厚SBS卷材防水层 5. 20厚1:3水泥砂浆找平 6. 40水泥炉渣2%找坡 7. 现浇钢筋混凝土板	设找坡层在分水线处的厚度为 h
檐沟坡度	1%		1. 屋面采用材料找坡，最薄处为 40 mm；
建筑屋面总长	30400		2. 屋面宽度为 30600 − 100 * 2（女儿墙的厚度）=30400
建筑屋面总宽	12100		3. 半坡屋面 30400/2=15200 mm
屋面泛水高度	250		4. $(h-40)/15200=2\%$ $h=344$ mm
屋面结构标高	20.000		

2.3.4　绘制建筑平面图的步骤

不论是手工绘图还是计算机绘图，都必须按照一定的步骤进行绘制，才能起到事半功倍的效果。下面以某商住楼五层建筑平面图为例，分别阐述手工绘图和计算机绘图的基本步骤。

绘图录像

1. 绘制图样应注意的事项

首先根据房屋的复杂程度和大小，确定采用的比例。然后图形的大小，估计注写尺寸、符号和有关说明所需的位置，确定绘图所选用的图幅。

应按照国家制图标准进行绘制，在绘制不同比例的图样时其要求是不同的。

在《建筑制图标准》中规定如下：

(1) 比例大于 1∶50 的平面图、剖面图,应画出抹灰层与楼地面、屋面的面层线,并宜画出材料图例;

(2) 比例等于 1∶50 的平面图、剖面图,宜画出楼地面、屋面的面层线,抹灰层的面层线应根据需要而定;

(3) 比例小于 1∶50 的平面图、剖面图,可不画出抹灰层,但宜画出楼地面、屋面的面层线;

(4) 比例为 1∶100~1∶200 的平面图、剖面图,可画简化的材料图例(如砌体墙涂红、钢筋混凝土涂黑等),但宜画出楼地面、屋面的面层线;

(5) 比例小于 1∶200 的平面图、剖面图,可不画材料图例,剖面图的楼地面、屋面的面层线可不画出。

2. 绘制建筑平面图

(1) 建立绘图环境

① 设置图形界限

本张图纸总长为 30800 mm,总宽为 14100 mm,可采用 A2 图纸绘制。

按照前面设置图形界限的步骤设置:

命令:'_limits

重新设置模型空间界限:

指定左下角点或[开(ON)/关(OFF)]<0,0>:(回车,接受默认值)

指定右上角点<36000,27000>:59400,42000(输入右上角坐标 59400,42000)

【提示】 在命令行输入坐标时,用来分隔 X 和 Y 坐标的逗号一定是在英文状态下的逗号,而不是中文状态下的逗号。

② 设定图形单位

将长度单位和角度单位均精确到 0。

③ 设定图层、颜色、线型、线宽如图 2-3-33 所示。

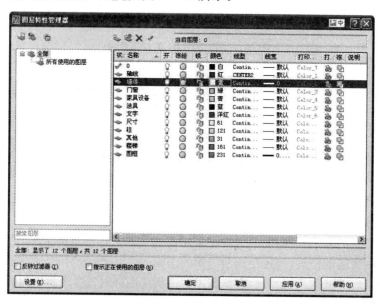

图 2-3-33 平面图图层设定

④ 设定文字样式

选择仿宋字体,字体的"宽度因子"设置为 0.7。

⑤ 设定尺寸样式

尺寸标注中各项的设定值为表 2-3-2 中所示。为设定的按照默认值取值。

表 2-3-2　平面图尺寸标注各项值的设定

选项卡	对应的项		设定的值	
线	尺寸线		默认值	
	尺寸界限	超出尺寸线	2~3	
		起点偏移量	3	
符号和箭头	箭头		建筑标记	
	箭头大小		2~3	
文字	字体高度		3.5(可根据需要设置)	
	文字位置	垂直	上方	
		水平	居中	
		从尺寸线偏移	1	
	文字对齐		与尺寸线对齐或 ISO 标准	
调整	标注特征比例		100	
主单位	线性标注	单位格式	小数	
		精度	0	
	测量单位比例		1	

【提示】　在设定文字时,文字格式中的字体高度取为 0,在标注样式中设置字体的高度。否则按照文字格式中所设置的文字高度取值,在标注样式中设置的字体高度无效。

⑥ 设置辅助工具

启用正交;设置对象捕捉方式为"端点"、"交点"和"中点",并启用对象捕捉和对象追踪。

(2)绘轴线

把设置好的"轴线"层设为当前层,颜色、线型、线宽都设为随层(ByLayer)。利用直线、复制或偏移命令按照相应的尺寸绘制轴线。

(3)绘柱子

把设置好的"柱子"层设为当前层。利用矩形、复制命令绘制相应位置的框架柱。

(4)绘墙体

把设置好的"墙体"层设为当前层。利用多线命令绘制墙体,利用多线编辑命令编辑墙体。

(5)绘门窗的洞口

仍把"墙体"设为当前层。利用直线、偏移(或复制)命令绘制各门窗洞口线,利用修剪命令修剪出门窗洞口。

（6）绘门窗

把设置好的"门窗"层设为当前层。利用直线、圆弧命令绘制门窗，也可将门窗做成块，插入即可。

（7）绘楼梯

把设置好的"楼梯"层设为当前层。利用直线、阵列命令绘制楼梯踏步线，用多段线绘制楼梯箭头。

（8）绘洗手间

把设置好的"洁具"层设为当前层。灵活运用命令绘制洁具的轮廓。

（9）绘家具设备

把设置好的"家具设备"层设为当前层。灵活运用命令绘制家具设备的轮廓。

（10）完善图形

把设置好的"其他"层设为当前层。灵活运用命令绘制门口线、排烟道、通风道、轴线圆圈等。

（11）注写文字

把设置好的"文字"层设为当前层。利用多行文本"MTEXT"标注文字、字母、轴线标号。

（12）尺寸标注

把设置好的"尺寸"层设为当前层。打开尺寸标注工具栏进行尺寸标注。

（13）加图框和标题栏

把设置好的"图框"层设为当前层。利用矩形、偏移、拉伸、直线、文字输入等命令绘制图幅线、图框线和文字。

绘完某一层平面图后可另存为其他图形，然后在其基础上进行绘制其他图形，这样可大大提高绘图速度。

【课后讨论】

1. 建筑平面图的作用和图示内容是什么？
2. 在建筑施工图中应绘制几个平面图？
3. 建筑平面图是如何形成的？
4. 建筑平面图中如何进行定位轴线的编号？
5. 什么是开间和进深？
6. 建筑平面图中应标注内部尺寸和外部尺寸，内部尺寸主要标注什么部位的尺寸？外部尺寸、应标注几道尺寸线，分别标注的是什么部位的尺寸？
7. 建筑总尺寸指的是什么位置的尺寸？
8. 首层建筑平面图中主要地坪的标高是多少？
9. 按照坡度进行划分屋顶有几种类型？
10. 按照屋面防水材料进行划分，屋面有几种类型？
11. 屋面排水有几种类型？
12. 理解详图索引符号及详图符号的表达。

2.4　建筑立面图

【学习目标】

1. 能够理解建筑立面图的形成原理;
2. 掌握建筑立面图的图示内容与图示方法;
3. 能结合建筑平面图读懂建筑立面图;
4. 能读懂建筑立面中外墙装修构造;
5. 能绘制建筑立面图;
6. 培养学生正确的读图方法及严谨端正的学习态度。

【关键概念】

建筑立面图、建筑总高、层高

2.4.1　建筑立面图的形成及作用

建筑立面图是在与房屋立面相平行的投影面上所作的正投影。它主要用来表示房屋的体型和外貌、外墙装修、门窗的位置与形式,以及遮阳板、窗台、窗套、屋顶水箱、檐口、阳台、雨篷、雨水管、水斗、引条线、勒脚、平台、台阶、花坛等构造和配件各部位的标高和必要的尺寸。建筑立面图在施工过程中,主要用于室外装修。

如图 2-4-1 所示,有定位轴线的建筑物,宜根据两端定位轴线编号编注建筑立面图的名称;无定位轴线的建筑物,则可按立面图各面的朝向来确定名称。较简单的对称的房屋,在不影响构造处理和施工的情况下,立面图可绘制一半,并在对称轴线处画对称符号。平面形状曲折的建筑物,可绘制展开立面图,圆形或多边形平面的建筑物,可分段展开绘制立面图,但均应在图名后加注"展开"二字。

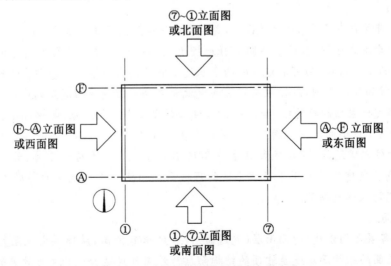

图 2-4-1　建筑立面图的投射方向与名称

2.4.2　建筑立面图的图示内容与图示方法

1. 图名和比例

立面图的命名如前面所述,标注在图样的下方。建筑立面图的比例,宜采用 1∶50、1∶100、1∶150、1∶200 或 1∶300,视房屋的大小和复杂程度选定,通常采用与建筑平面图相同的比例。

2. 房屋在室外地面线以上的全貌

立面图要表达出按投影方向可见的建筑外轮廓线和墙面线脚、构配件、墙面做法等内容。在建筑立面图上,相同的的门窗、阳台、外檐装修、构造做法可在局部重点表示,并应绘出其完整图形,其余部分可只画轮廓线。

在建筑立面图上,外墙表面分格线应表示清楚。应采用文字说明各部位所用面材及色彩。

3. 尺寸和标高

立面图应标注楼地面、阳台、平台、檐口、屋脊、女儿墙、台阶等处完成面标高及高度方向的尺寸。

建筑立面图上应标注三道尺寸线,第一道尺寸标注台阶、窗台高、窗高和檐口高度等;第二道尺寸标注室内外高差、建筑的层高等;第三道尺寸标注建筑的高度。根据需要还需标注某些部位的细部尺寸,如窗套。

4. 索引符号

对于较为复杂的立面图又表示不详尽的部位,应标注详图索引(索引方法同前)或必要的文字说明。

【相关知识】

(1)建筑高度的计算方法如下:

① 建筑屋面为坡屋面时,建筑高度应为建筑室外设计地面至其檐口与屋脊的平均高度;

② 建筑屋面为平屋面(包括有女儿墙的平屋面)时,建筑高度为室外设计地面志气屋面面层的高度;

③ 同一座建筑有多种形式的屋面时,建筑高度应按照上述方法分别计算,取其中最大值;

④ 对于台阶式地坪,当位于不同高程地坪上的同一建筑之间有防火墙分隔,各自有符合规范规定的安全出口,且可沿建筑的两个长边设置贯通式或尽头式消防车道时,可分别计算各自的建筑高度。否则,应按砌筑建筑高度最大者确定该建筑的建筑高度;

⑤ 局部突出屋顶的瞭望塔、冷却塔、水箱间、微波天线间或设施、电梯机房、排风和排烟机房以及楼梯出口小间等辅助用房占屋面面积不大于 1/4 时,可不计入建筑高度;

⑥ 对于住宅建筑,设置在底部且室内高度不大于 2.2m 的自行车库、储藏室、敞开空间,室内外高差或建筑的地下或半地下室的顶板面高出室外设计地面的高度不大于 1.5 m 的部分,可不计入建筑高度。

(2)层高

建筑物各层之间以楼、地面面层(完成面)计算的垂直距离,屋顶层由该层楼面面层(完成面)至平屋面的结构面层或至坡顶的结构面层与外墙外皮延长线的交点计算的垂直距离。

【案例】

现以读图 2-4-2 所示的某商住楼的①～⑦立面图为例,阐述建筑立面图的读图的方法和步骤。

1. 读图名和比例

可以了解是建筑哪一立面的投影,绘图比例是多少,以便与平面图对照读图。对照这幢商住楼的一层平面图～六层平面图(图 2-3-10～图 2-3-15、图 2-3-24)的轴线①～⑦的位置,就可看出 1～7 立面图所表达的,是朝南的立面,也可称为南立面图,就是将这幢商住楼由南向北投射所得的正投影。比例采用 1∶100。

2. 读房屋在室外地面线以上的建筑构配件的轮廓

对照商住楼的一层平面图～六层平面图(图 2-3-10～图 2-3-15)来读立面图。从图中可以看出:外轮廓线所包围的范围显示出这幢商住楼的总长和总高。在二层采用了悬挑的方式,凸出其他层的外墙。屋顶采用平屋顶的形式看到了平屋顶的女儿墙。共六层,按实际情况画出了每层门窗洞的可见轮廓和门窗形式。

一层外墙上窗户为推拉窗;一层的右侧有一对外出入口,绘出了门的轮廓及开启方式(外开门);门洞口下绘出了二级台阶;门上绘出了雨篷的轮廓。在立面图一层右边,外墙外侧,绘出了东面对外出入口处台阶的侧面轮廓。

二层楼板在东西面均悬挑,所以二层的东西外墙均凸出其他层外墙。绘出了二层外墙上所设置的窗户的轮廓及开启方式。在二层东面墙体外侧看到了在东面外墙上所设置窗户的窗套侧面轮廓。在二层上部看到了二层的女儿墙的轮廓,及在二层屋面所设置的雨水管的轮廓。

三层到六层为住宅的外轮廓。绘出了每一层每个房间窗户的轮廓、开启方式及窗洞上下的窗套。绘出了阳台的轮廓及封窗的样式。绘出了东西墙体外侧客厅飘窗的侧面轮廓。绘出了顶层屋面的轮廓,从屋顶上所设置的雨水管的轮廓。

除此以外,外墙上还绘出了墙面引条线的位置。

3. 读外墙面装修的构造做法和分格形式

外墙面的装修做法,通常在建筑立面图中用引线引出标注文字说明。如图 2-4-15 中用文字说明了窗间墙、窗下墙、阳台凸出线条的墙面装修的做法。

4. 读尺寸和标高

在图 2-4-2 立面图中标注了室外地坪、室内地坪、楼面、屋面、女儿墙顶的标高,以及室内外地坪的高差、每一层外墙窗户的窗台高、窗高、女儿墙等的高度。由图可以看出,室内外地面高差是 300 mm,窗台的高度是 900 mm,一层、二层窗高是 2600 mm,三层至六层窗高是 1400 mm。一层和二层层高是 4200 mm,三层至六层层高是 2900 mm。女儿墙高是 900 mm。建筑总高是 21.200 m(建筑总高是指室外地面至女儿墙顶的高度)。

为了标注得清晰、整齐和便于看图,将各层相同构造的标高注写在一起,排列在同一铅垂线上。

5. 详图索引符号

在图 2-4-2 所示的立面图中,标注了两个详图索引符号,索引出窗户的窗套和阳台封窗下部的图样,标明了详图所在的位置。

图 2-4-3、图 2-4-4、图 2-4-5 分别是这幢商住楼的⑦～①立面图、Ⓕ～Ⓐ、Ⓐ～Ⓕ立面图,也就是北立面图、西立面图和东立面图。按照上面相同的步骤识读其他立面图。

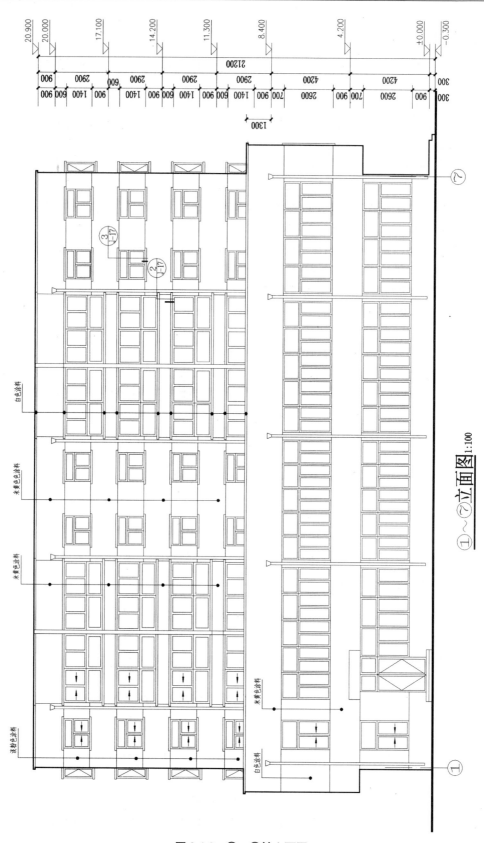

图 2-4-2 ①～⑦轴立面图

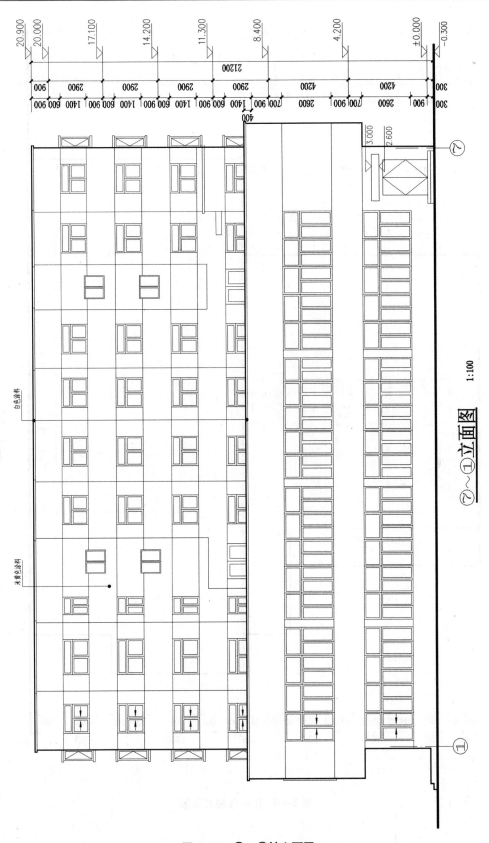

图 2-4-3　⑦～①轴立面图

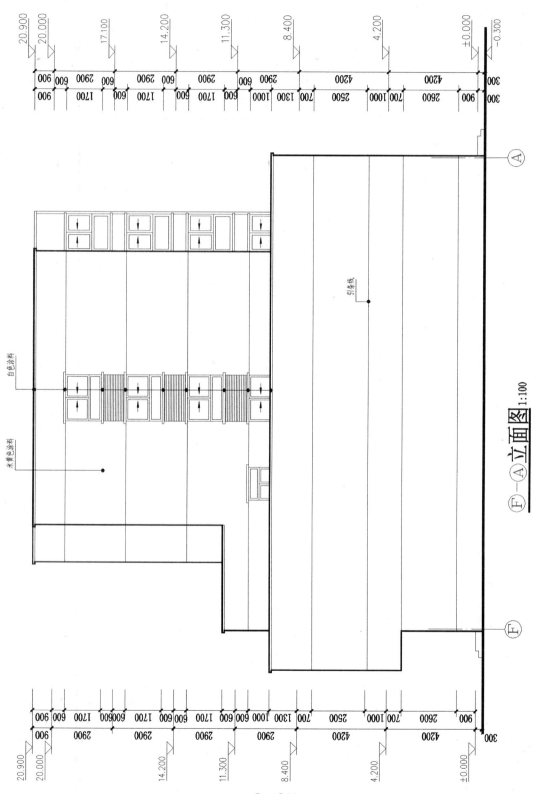

图 2-4-4 Ⓕ～Ⓐ轴立面图

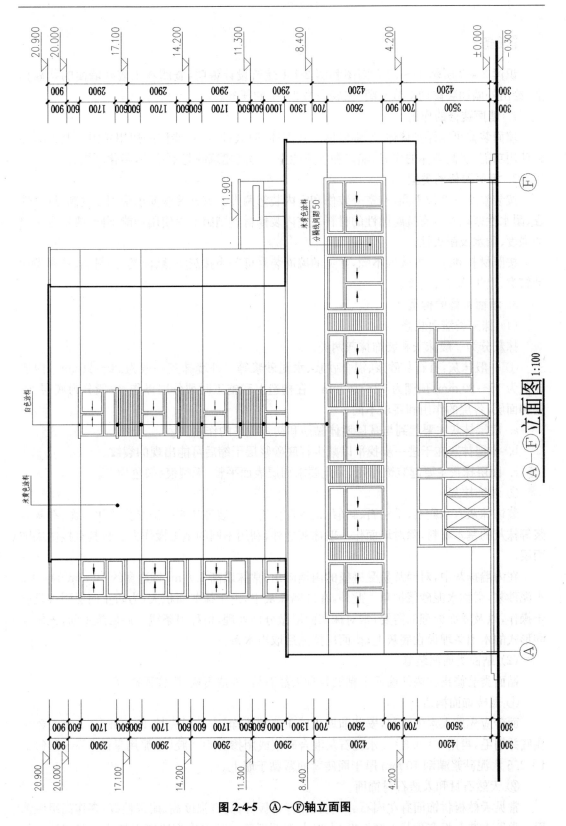

图 2-4-5 Ⓐ～Ⓕ轴立面图

【任务】

识读 2-4-2 所示①～⑦立面图和图 2-1-1 建筑设计说明,查阅本工程外墙面的装修构造,绘出外墙面装修构造节点图,完成表格 2-4-1 的任务。

1. 墙面装修的作用

墙面装修可以保护墙体,增强墙体的坚固性、耐久性,延长墙体的使用年限。改善墙体的使用功能,提高墙体的保温、隔热和隔声能力。提高建筑的艺术效果,美化环境。

2. 墙面装修的类型

按装修所处部位不同,有室外装修和室内装修两类。室外装修要求采用强度高、抗冻性强、耐水性好以及具有抗腐蚀性的材料。室内装修材料则因室内使用功能不同,要求有一定的强度、耐水及耐火性。

按照材料和施工方式的不同,常见的墙面装修可分为抹灰类、贴面类、涂料类、裱糊类和铺钉类、建筑幕墙等类型。

3. 墙面装修的构造

(1) 抹灰类墙面装修

抹灰分为一般抹灰和装饰抹灰两类。

① 一般抹灰:有石灰砂浆、混合砂浆、水泥砂浆等。外墙抹灰一般为 20～25 mm,内墙抹灰为 15～20 mm,顶棚为 12～15 mm。在构造上和施工时须分层操作,一般分为底层、中层和面层,各层的作用和要求不同。

a. 底层抹灰主要起到与基层墙体黏结和初步找平的作用。

b. 中层抹灰在于进一步找平以减少打底砂浆层干缩后可能出现的裂纹。

c. 面层抹灰主要起装饰作用,因此要求面层表面平整、无裂痕、颜色均匀。

② 装饰抹灰

装饰抹灰有水刷石、干粘石、斩假石、水泥拉毛等。装饰抹灰一般是指采用水泥、石灰砂浆等抹灰的基本材料,除对墙面作一般抹灰之外,利用不同的施工操作方法将其直接做成饰面层。

在内墙抹灰中,对经常易受碰撞的内墙阳角,常抹以高 1.8 m,每边宽约 50 mm 的 1：2 水泥砂浆,俗称水泥砂浆护角。此外,在外墙抹灰中,由于抹灰面积大,为防止面层裂纹且便于操作,以及立面处理的需要,常对抹灰面层做分格处理,俗称引条线。面层施工前,先做不同形式的木引条埋设在底灰上,待面层抹完后取出木条。

(2) 贴面类墙面装修

贴面类装修指在内外墙面上粘贴各种天然石板、人造石板、陶瓷面砖等。

① 面砖饰面构造

面砖应先放入水中浸泡,安装前取出晾干或擦干净,安装时先抹 15 mm 1：3 水泥砂浆找底并划毛,再用 1：0.3：3 水泥石灰混合砂浆或用掺有 107 胶(水泥用量的 5%～7%)的 1：2.5 水泥砂浆满刮 10 mm 厚于面砖背面紧黏于墙上。

② 天然石材和人造石材饰面

常见天然板材饰面有花岗石、大理石和青石板等,具有强度高、耐久性好,多作高级装饰用。常见人造石板有预制水磨石板、人造大理石板等。其连接方法有干挂法和湿挂法。如

图 2-4-6 和图 2-4-7 所示。

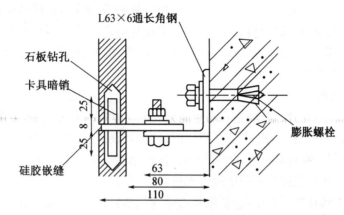

图 2-4-6 石材干挂示意图

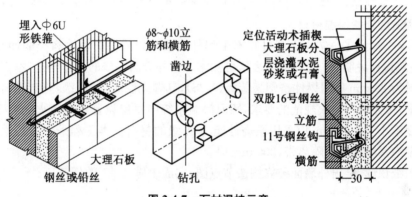

图 2-4-7 石材湿挂示意

（3）涂料类墙面装修

涂料类墙面装修系指喷涂、刷于基层表面后,能与基层形成完整而牢固的保护膜的涂层饰面装修。

涂料按其主要成膜物的不同,可以分为有机涂料和无机涂料两大类。

① 无机涂料

常用的无机涂料有石灰浆、大白浆、可赛银浆、无机高分子涂料等。

② 有机涂料

有机合成涂料依其主要成膜物质和稀释剂的不同,可分为溶剂型涂料、水溶性涂料和乳液型涂料三种。

（4）裱糊类墙面装修

裱糊类墙面装修是将各种装饰性的墙纸、墙布、织锦等材料裱糊在内墙面上的一种装修饰面。墙纸品种很多,目前国内使用最多的是塑料墙纸和玻璃纤维墙布等。

（5）铺钉类墙面装修

铺钉类装修系指采用天然木板或各种人造薄板借助于镶钉胶等固定方式对墙面进行装饰处理。板材类墙面由骨架和面板组成,骨架有木骨架和金属骨架,面板有硬木板、胶合板、纤维板、石膏板、玻璃板和金属面板等各种装饰面板。

（6）建筑幕墙

建筑幕墙是由金属构架与板材组成的不承担主体结构荷载与作用的建筑外围护结构。幕墙所采用的型材、板材、密封材料、金属附件、零配件等均应符合现行的有关标准的规定；其物理性能应满足风压变形、雨水渗漏、空气渗透、保温、隔声、耐撞击、平面内变形、防火、防雷、抗震及光学性能等的规定。

4. 建筑外墙保温

为满足节能要求，在建筑外墙上应布置保温材料。根据保温层在建筑外墙上面与基层墙体的相对位置，可分为内保温（保温层设在外墙的内侧）、外保温（保温层设在外墙的外侧）、中保温（保温层设在外墙的夹层空间中）。在民用建筑中一般采用外墙保温构造较多。建筑的节能构造应在建筑设计说明中统一表述。

保温材料有板状材料保温层，包括聚苯乙烯泡沫塑料，硬质聚氨酯泡沫塑料，膨胀珍珠岩制品，泡沫玻璃制品，加气混凝土砌块，泡沫混凝土砌块；纤维材料保温层，包括玻璃棉制品，岩棉、矿渣棉制品；整体材料保温，包括喷涂硬泡聚氨醋，现浇泡沫混凝等。应根据节能要求选择合适的外墙保温材料。

识读 2-4-2 所示①～⑦立面图可知本工程外墙面装修采用的是涂料类墙面装修；查阅图 2-1-1 建筑设计说明（c. 工程做法表），可知本工程外墙面装修的具体构造，本工程所采用的保温材料为 20 mm 厚阻燃性挤塑聚苯板（XPS），其燃烧性能为 B1 级，是难燃材料。为满足防火要求，按照现行防火规范的要求，墙面保温系统中每层设置水平防火隔离带，防火隔离带的高度不小于 300 mm，应采用燃烧性能为 A 级的材料。本工程采用的是燃烧性能 A 级的复合发泡水泥板防火隔离带，300 mm 高。

根据图纸识读，绘出外墙面装修构造节点图，完成表格 2-4-1 的任务。

表 2-4-1　外墙面装修构造任务单

外墙面装修的类型	外墙面的构造节点图
涂料类墙面装修	1. 面层见立面标注 2. 20厚水泥砂浆 3. 2厚聚合物砂浆（耐碱玻纤网格布） 4. 20厚阻燃性挤塑聚苯板（XPS） 5. 20厚混合砂浆 6. 200厚煤矸石空心砖（做界面剂处理）

2.4.3　绘制建筑立面图

1. 建立绘图环境。可以利用绘制平面图的绘图环境,进行简单的修改即可。

绘图录像

（1）设置图形单位和绘图边界

本例图采用 A2 图幅,因此图形界限设置为(0,0)→(59400,42000)。设置长度单位为小数、精度为 0;设置角度单位为整数,精度为 0。

（2）设置图层颜色和线型

绘制立面图时,室外地面线宜画成线宽为 $1.4b$ 的加粗实线;建筑立面图的外轮廓线,应画成线宽为 b 的粗实线。在外轮廓线之内的凹进或凸出墙面的轮廓线,应画成线宽为 $0.5b$ 的中实线。门窗洞、雨篷、阳台、台阶与平台、花台、遮阳板、窗套等建筑设施或构配件的轮廓线,都可画成线宽为 $0.25b$ 的细实线;一些较小的构配件和细部的轮廓线,表示立面上凹进或凸出的一些次要构造或装修线,如雨水管及其弯头和水斗,墙面上的引条线、勒脚等,都可绘制成 $0.25b$ 的图形线。

按照《建筑制图标准》要求,以及每个部位线型的要求,设置立面图的图层如图 2-4-8 所示。

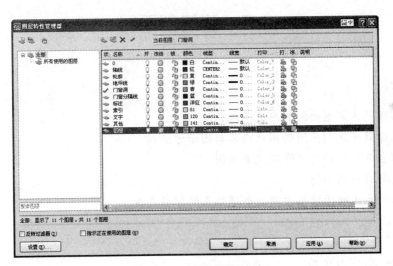

图 2-4-8　立面图图层设定

（3）其他设置

辅助绘图工具、文字样式以及尺寸标注样式的设置方法与前面平面图的设置完全一样。

2. 绘制图形

绘制立面图时,可在平面图的基础上绘制,利用构造线(XL)将平面图上的门窗、柱等构配件对齐到立面图上进行绘制。

（1）绘轴线、地坪线和一层立面图。用直线命令绘制地坪线、轴线和一层层高线,其余轴线和层高线用偏移命令或复制列命令得到。

（2）绘制门窗。用直线、矩形、多段线等绘图命令和偏移、修剪等编辑命令绘制门窗,其余的窗户可以采用复制或阵列命令得到,也可制作门窗块进行插入得到。

(3) 绘制二层以上立面图。在绘制立面图时,可首先绘制一层立面图,如果上层立面与一层立面图相同,利用复制或阵列命令绘制上层立面图。

(4) 绘制女儿墙轮廓。利用直线命令绘制女儿墙轮廓。

(5) 绘立面外轮廓线。用直线或多线命令绘制。

(6) 标注尺寸和标高。

(7) 文字标注。

(8) 打印图形。

【课后讨论】

1. 建筑立面图的作用和图示内容是什么?

2. 建筑立面图是如何形成的?

3. 按照保温层放置的位置,建筑外墙面的保温措施有几种?

4. 建筑总高指的是什么部位的高度?

5. 建筑立面如何表示外墙面的装修做法?

6. 抹灰类墙面装修引条线的作用是什么?

2.5 建筑剖面图

【学习目标】

1. 能够理解建筑剖面图的形成原理;

2. 掌握建筑建筑剖面图的图示内容与图示方法;

3. 能结合建筑平面图读懂建筑剖面图;

4. 能绘制建筑剖面图;

6. 培养学生正确的读图方法及严谨端正的学习态度。

【关键概念】

建筑剖面图、室内净高

2.5.1 建筑剖面图的形成及作用

建筑剖面图是房屋的垂直剖面图,也就是用一个假想的平行于正立投影面或侧立投影面的竖直剖切面剖开房屋,移去剖切平面与观察者之间的房屋,将留下的部分按剖视方向向投影面作正投影所得到的图样。建筑剖面图主要用来表达房屋内部的楼层分层、结构形式、构造和材料、垂直方向的高度等内容。画建筑剖面图时,常用一个剖切平面剖切,需要时也可进行转折,用两个或两个以上平行的剖切平面剖切,剖切符号按前所述的规定,绘注在底层平面图中,剖切部位应选在能反映房屋全貌、构造特征,以及有代表性的地方,例如在层高不同、层数不同、内外空间分隔或构造比较复杂处,并经常通过门窗洞和楼梯剖切。

一幢房屋要画哪几个剖面图,应按房屋的复杂程度和施工中的实际需要而定。在施工过程中,建筑剖面图是进行分层、砌筑内墙、铺设楼板、屋面板和楼梯、内部装修等工作的依据。建筑剖面图与建筑平面图、建筑立面图互相配合,表示房屋的全局,它们是房屋施工图中最基本的图样。

2.5.2 建筑剖面图的图示内容和图示方法

建筑剖面图应包括被剖切到的建筑构配件的断面(用构配件的图例表达)和按投射方向可见的构配件的轮廓,以及必要的尺寸、标高等。它主要用来表示房屋内部的分层、结构形式、构造方式、材料、做法、各部位间的联系及其高度等情况。

1. 图名、比例和定位轴线

建筑剖面图图名应与建筑底层平面图中标注的剖切符号编号一致。

建筑剖面图的比例宜采用 1∶50、1∶100、1∶150、1∶200 或 1∶300,视房屋的大小和复杂程度选定,一般选用与建筑平面图相同的或较大一些的比例。

在建筑剖面图中,通常宜绘出被剖切到的墙或柱的定位轴线及其间距尺寸。在绘图和读图时应注意:建筑剖面图中定位轴线的左右相对位置,应与按平面图中剖视方向投射后所得的投影相一致。绘制定位轴线后,就便于与建筑平面图对照识读图纸。

2. 被剖切到的建筑构配件的断面

在建筑剖面图中,应画出房屋室内外地面以上各部位被剖切到的建筑构配件,如室内外地面、楼面、屋顶、内外墙及其门窗、梁、楼梯与楼梯平台、雨篷、阳台等。

3. 按剖视方向画出未剖切到的可见构配件的轮廓

在剖面图中,除了绘出被剖切到的建筑构配件外,对于没有被剖切到但投影时能看到的构配件,应绘出其轮廓。

4. 竖直方向的尺寸和标高

剖面图宜标注楼地面、地下层地面、阳台、平台、檐口、屋脊、女儿墙、台阶等处的高度尺寸及标高。

在建筑剖面图中,尺寸标注包括外部尺寸和内部尺寸。外部尺寸通常标注三道尺寸,第一道尺寸标注台阶的高度、窗台高度、门窗洞口高度和檐口高度尺寸等;第二道尺寸标注室内外地面高差、层高尺寸等;第三道尺寸标注建筑的高度。内部尺寸标注内墙上的门、窗洞等部位的尺寸。标注建筑剖面图中各部位的定位尺寸时,宜标注其所在层次内的尺寸。

在建筑剖面图中,对楼地面、地下层地面、阳台、平台、檐口、屋脊、女儿墙、台阶等处的高度尺寸及标高,应注写完成面的标高及高度方向的尺寸(即建筑标高和包括粉刷层的高度尺寸),其余部位注写毛面的标高和高度尺寸(即结构标高和不包括粉刷层的高度尺寸,如梁底、雨篷底标高等)。有时还应标注高出屋面的水箱、楼梯间顶部等处的建筑标高;其他部位的尺寸和标高则视需要注写。

在建筑剖面图中,主要应注写高度方向的尺寸和标高,同时,也可适当标注需要的横向尺寸。剖面图中所注的尺寸与标高,应与建筑平面图和立面图中所注的相吻合,不能产生矛盾。

5. 索引符号

在剖面图中表达不清楚的部位需绘制详图索引符号,说明详图所在的位置。地面、楼面、屋顶的构造做法,可在建筑剖面图中用多层构造引出线引出,按其多层构造的层次顺序,逐层用文字说明,也可在建筑施工设计说明中用文字说明其构造做法,或在墙身节点详图中表示。

【相关知识】

室内净高

从楼、地面面层(完成面)至吊顶或楼盖、屋盖底面之间的有效使用空间的垂直距离。建筑物用房的室内净高应符合专用建筑设计规范的规定;地下室、局部夹层、走道等有人员正常活动的最低处的净高不应小于 2 m。

【案例】

现以图 2-5-1 某商住楼的剖面图为案例来阐述建筑剖面图的图示内容、图示方法及读图方法。对照商住楼的一层平面图～六层平面图(图 2-3-10～图 2-3-15)和立面图(图 2-4-2～图 2-4-5)来识读建筑剖面图。

(1)读图名、轴线编号和绘图比例。

与一层平面图对照,可以确定剖切平面的位置及图样方向,从中了解所画的剖面图是房屋的哪部分投影。

由一层平面图可知,1-1 剖面图剖在了③轴线的右侧,剖切到了Ⓐ轴线的对外出入口和Ⓕ轴线上的 C5,移去房屋左边的部分,将右边的部分向右所作的投影图,即向东投影。

(2)读剖切到的建筑构配件。

通过读剖切到的建筑构配件可以看出各层梁、板、柱、屋面、楼梯的结构形式、位置及与其他墙柱的位置关系;同时能看到门窗、窗台、檐口的形式及相互关系。

1-1 剖面图剖切③轴线右侧的六层房屋,平屋顶,屋顶上设置了女儿墙,女儿墙上部设置了压顶,屋面坡度为 2%,材料找坡。框架结构。屋面剖切到的屋面板、楼板及框架梁的断面均采用涂黑的简化材料图例方法表达。二层楼板及三层屋面板在Ⓕ外侧向外悬挑1800 mm。

在竖向上,一层剖切到Ⓕ轴线的窗台、及 C5,剖切到 A 轴线对外出入口 MLC1,上部的雨篷,及室外地面的台阶。二层剖起到Ⓕ轴线外侧墙体上的窗台、C5 及Ⓐ轴线墙体上的窗台、C5。三层剖切到屋面上的女儿墙,女儿墙高 1300 mm;同时剖切到三层～六层厨房的窗C1514、推拉门 TM1524、主卧室的门 M0921、推拉门 TM1824 及主卧室阳台的封窗 FC1。

(3)读未剖切到但投影到的建筑构配件。

在一层没有被剖切到但投影到的建筑构配件有Ⓐ～Ⓕ轴线处的框架柱、楼梯甲、东面墙上的门窗及楼板下的框架梁,楼板层上部的踢脚线,用细实线绘出了各构配件的轮廓。在二层没有被剖切到但投影到的建筑构配件主要是Ⓐ～Ⓕ轴线处的框架柱、楼板下的框架梁、楼板上的踢脚线和东面墙上的窗户。在三层到六层没有被剖切到但投影到的建筑构配件有入户门 M1021、卫生间的门 M0821,及六层屋面和三层屋面在东面墙上所设置的女儿墙的轮廓。

(4)读尺寸和标高

由图可以看出室外地坪的标高是－0.300 m,首层室内地面标高为±0.000 m,二层～六层的室内楼面标高是 4.200 m、8.400 m、11.300 m、14.200 m、17.100 m,屋面板的标高为20.000 m,屋面女儿墙的标高是 20.900 m。由尺寸可以看出,Ⓐ轴线处对外出入口的门联

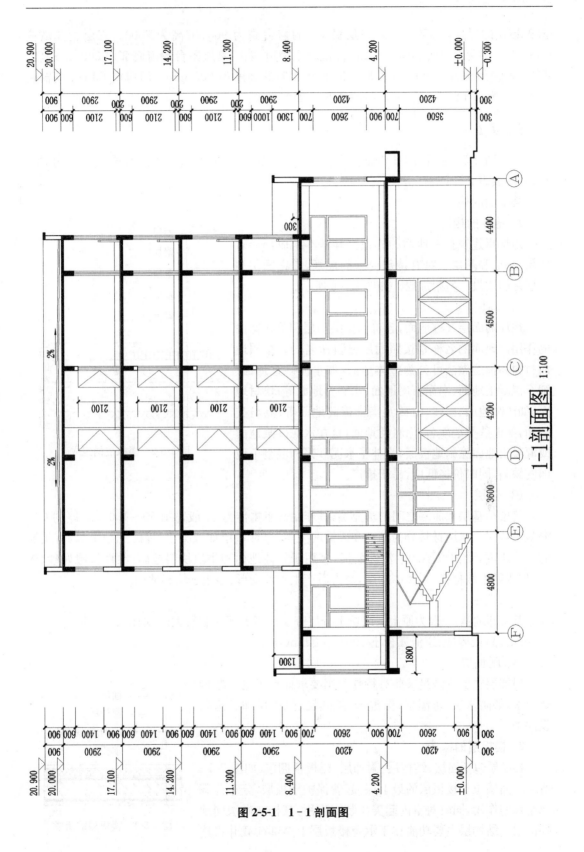

图 2-5-1 1-1 剖面图

窗 MLC1 的门高为 3500 mm,二层窗 C5 的窗台高为 900,窗高为 2600。三层女儿墙高 1300 mm,阳台封窗底部作 300 mm 高混凝土翻边,四～六层阳台封窗底部作 200 mm 高混凝土翻边,封窗高 2100 mm。顶层屋面女儿墙的高度为 900 mm。厨房窗 C1514 的窗台 900 mm,窗高 1400 mm。入户门的高度为 2100 mm。

【任务】

识读图 2-5-1 所示 1-1 剖面图和图 2-1-1 建筑设计说明,查阅本工程楼地面的构造做法,并完成表 2-5-1 的任务。

楼地面的构造

1. 地坪的构造

地坪指建筑首层地面的构造。其基本组成部分有面层、垫层和基层。对有特殊要求的地坪,常在面层和垫层之间增设一些附加层。如图 2-5-2 所示。

（1）面层

地坪的面层又称地面,起着保护结构层和美化室内的作用。地面的名称是按照面层材料命名的。按照地面材料和构造做法可分为整体地面,如水泥砂浆地面、细石混凝土地面、水泥石屑地面、水磨石地面等;块材地面,如砖铺地面、面砖、缸砖及陶瓷锦砖地面等;卷材类地面,如地毯类地面名;涂料类地面,是在水泥砂浆地面或混凝土地面涂刷地板漆,弥补了水泥砂浆和混凝土地面的缺陷,同时价格低廉,易于推广。

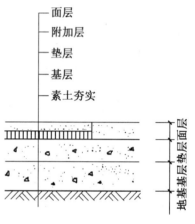

图 2-5-2 楼板层的组成

（2）垫层

垫层是基层和面层之间的填充层,其作用是承重传力,一般采用 60～100 mm 厚的 C15 混凝土垫层。垫层材料分为刚性和柔性两大类:刚性垫层如混凝土、碎砖三合土等,有足够的整体刚度,受力后不产生塑性变形,多用于整体地面和小块块料地面;柔性垫层如砂、碎石、炉渣等松散材料,无整体刚度,受力后产生塑性变形,多用于块料地面。

（3）基层

基层即地基,一般为原土层或填土分层夯实。当上部荷载较大时,增设 2∶8 灰土 100～150 mm 厚,或碎砖、道渣三合土 100～150 mm 厚。

（4）附加层

附加层主要应满足某些有特殊使用要求而设置的一些构造层次,如防水层、防潮层、保温层、隔热层、隔声层和管道敷设层等。

2. 楼板层的构造

楼板层包括面层、结构层、附加层、楼板顶棚层,如图 2-5-3 所示。面层位于楼板层的最上层,起着保护楼板层、分布荷载和绝缘的作用,同时对室内起美化装饰作用,其构造做法同地坪面层。结构层主要功能在于承受楼板层上全部荷载并将这

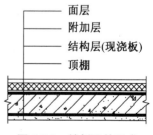

图 2-5-3 楼板层的组成

些荷载传给墙或柱;同时还对墙身起水平支撑作用,以加强建筑物的整体刚度。附加层又称功能层,根据楼板层的具体要求而设置,主要作用是隔声、隔热、保温、防水、防潮、防腐蚀、防静电等。根据需要,有时和面层合二为一,有时又和吊

顶合为一体。楼板顶棚层位于楼板层最下层,主要作用是保护楼板、安装灯具、遮挡各种水平管线,改善使用功能、装饰美化室内空间。

3. 踢脚

在楼地面面层与墙体相交处,为了保护墙体及卫生的要求,应在墙体底部做150左右的踢脚板,踢脚板的材料通常同楼地面做法。踢脚板可以与墙面齐平,也可以凸出墙面。在卫生间内墙面装修时通常采用墙裙,就不需要设置踢脚板。

识读2-5-1所示1-1剖面图和图2-1-1建筑设计说明(c工程做法表),可知本工程一层卫生间地面采用的是带防水层的防滑地砖地面,除卫生间外采用的是不带防水层的防滑地砖地面;二层卫生间楼面采用的是带防水层的防滑地砖楼面,除卫生间外采用的是不带防水层的防滑地砖楼面;住宅楼的楼面采用毛面,面层有用户自理。为了防水,卫生间的楼地面标高比临近的楼地面低不小于20 mm,做1‰～2‰的坡度坡向地漏,并在卫生间与邻近房间墙下部做200高C20素混凝土墙体(《民用建筑设计通则》(GB 50352—2005)规定,翻边不小于120 mm),厚度同墙体,与楼板框架梁同时施工,不留施工缝。卫生间防水层与竖管、墙转角处均上翻300 mm高。

本工程采用的是150 mm高与墙齐平的地砖踢脚。

通过识图本工程图纸,查阅本工程楼地面的构造做法,完成表2-5-1的任务。

表2-5-1　楼地面构造任务单

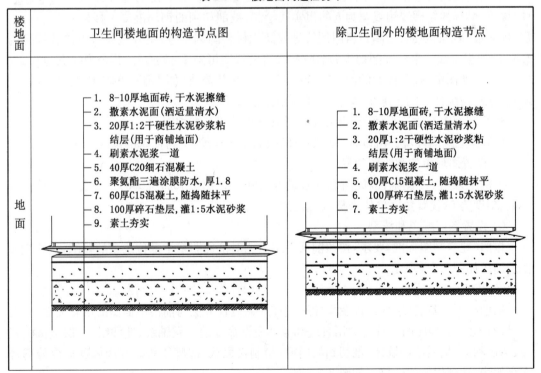

楼地面	卫生间楼地面的构造节点图	除卫生间外的楼地面构造节点
地面	1. 8-10厚地面砖,干水泥擦缝 2. 撒素水泥面(洒适量清水) 3. 20厚1:2干硬性水泥砂浆粘结层(用于商铺地面) 4. 刷素水泥浆一道 5. 40厚C20细石混凝土 6. 聚氨酯三遍涂膜防水,厚1.8 7. 60厚C15混凝土,随捣随抹平 8. 100厚碎石垫层,灌1:5水泥砂浆 9. 素土夯实	1. 8-10厚地面砖,干水泥擦缝 2. 撒素水泥面(洒适量清水) 3. 20厚1:2干硬性水泥砂浆粘结层 4. 刷素水泥浆一道 5. 60厚C15混凝土,随捣随抹平 6. 100厚碎石垫层,灌1:5水泥砂浆 7. 素土夯实

(续表)

楼地面	卫生间楼地面的构造节点图	除卫生间外的楼地面构造节点
楼面	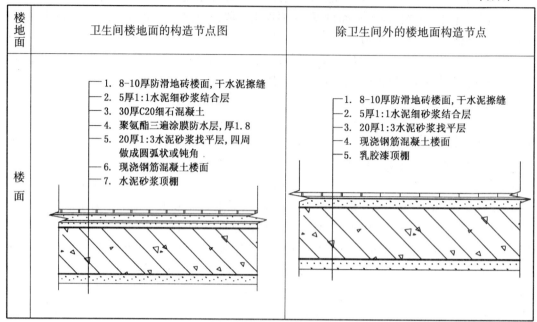 1. 8-10厚防滑地砖楼面,干水泥擦缝 2. 5厚1:1水泥细砂浆结合层 3. 30厚C20细石混凝土 4. 聚氨酯三遍涂膜防水层,厚1.8 5. 20厚1:3水泥砂浆找平层,四周做成圆弧状或钝角 6. 现浇钢筋混凝土楼面 7. 水泥砂浆顶棚	1. 8-10厚防滑地砖楼面,干水泥擦缝 2. 5厚1:1水泥细砂浆结合层 3. 20厚1:3水泥砂浆找平层 4. 现浇钢筋混凝土楼面 5. 乳胶漆顶棚

2.5.3 建筑剖面图绘图步骤

以绘制图 2-5-1 所示的 1—1 剖面图为例,说明剖面图的绘图步骤。

绘制剖面图时应按《建筑制图标准》中的规定绘制,被剖切到的构件如墙体、楼板、梁等的轮廓线用线宽为 b 的粗实线绘制;被剖切到的钢筋混凝土楼板层、屋面板和梁的断面,绘制材料图例符号或简化材料图例符号;室外地面线可画成线宽为 $1.4b$ 的加粗实线。室外被剖切到的台阶和平台的线宽可画 $1.4b$ 或 b。其余为线宽为 $0.25b$ 的细实线,如图中屋面、楼面的面层线,墙面上的一些装修线(如内墙上的踢脚线)以及一些固定设施、构配件上的轮廓线(如栏杆、门窗的内部分隔线)。

建筑剖面图与建筑平面图、建筑立面图的绘制步骤基本相同。

(1) 建立绘图环境。可以利用绘制平面图的绘图环境,进行简单的修改即可。

① 设置图形单位和绘图边界

本例图采用 A2 图幅,因此图形界限设置为(0,0)→(59400,42000)。设置长度单位为小数、精度为 0;设置角度单位为整数,精度为 0。

② 设置图层颜色和线型

按照《建筑制图标准》要求,按照前面手工绘图对剖面图每个部位线型的要求,设置剖面图的图层如图 2-5-4 所示。

③ 其他设置

辅助绘图工具、文字样式以及尺寸标注样式的设置方法与前面平面图的设置完全一样。

(2) 绘一层剖面图。首先利用直线和偏移复制命令绘一层轴线、地坪线,一层上部的楼板、雨篷和梁,然后绘制墙体、剖切到的门窗,绘制楼面线、踢脚线等。并用修剪命令修剪掉多余的线,达到想要的效果。如图 2-5-6 所示。

绘图录像

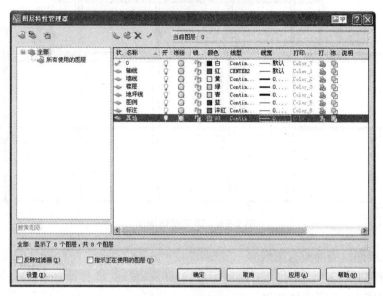

图 2-5-4 剖面图图层

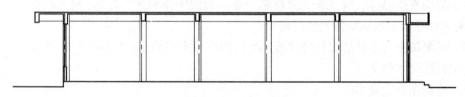

图 2-5-6 绘一层剖面图

（3）绘二层剖面图。将一层剖面图中的楼板层（包括下面的梁）、墙体、窗户、一层框架柱的轮廓线向上复制 4200 mm，作为三层，再利用移动、直线、删除、修剪等命令修改成二层的效果。如图 2-5-7 所示。

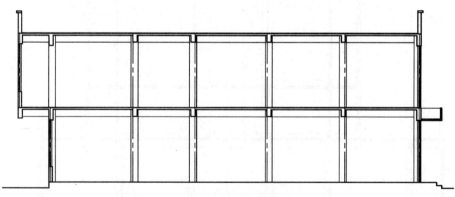

图 2-5-7 绘二层剖面图

（4）将二层剖面图上部的楼板层向上复制 2900 mm，再利用删除、直线、复制、修剪等命令，绘制三层剖面图。如图 2-5-8 所示。

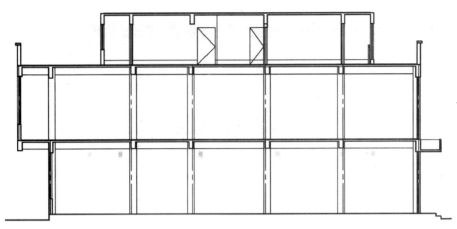

图 2-5-8　绘三层剖面图

（5）将三层剖面图的所有图线向上复制 2900 mm、5800 mm、8700 mm，或用阵列命令向上复制，分别得到四、五六层剖面图，再利用直线、删除、复制、修剪等命令，绘制屋面线、女儿墙等。达到如图 2-5-9 所示的效果。

（6）利用直线、复制、偏移或阵列绘制一层剖面图中楼梯甲的轮廓；利用矩形、偏移、直线、修剪等命令绘制东面墙体上的门窗。

（7）图案填充命令对剖切到的楼板、梁、压顶进行实体填充。如图 2-5-10 所示。

（8）标注尺寸和文字。

（9）绘制图框完成图样。

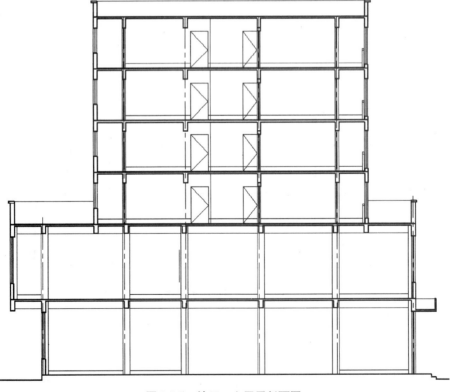

图 2-5-9　绘三～六层层剖面图

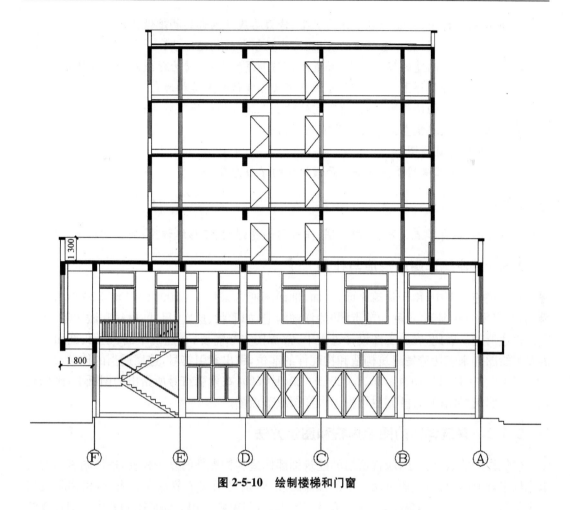

图 2-5-10　绘制楼梯和门窗

【课后讨论】

1. 建筑剖面图的作用和图示内容是什么？
2. 建筑剖面图是如何形成的？
3. 建筑层高指的是什么部位的高度？
4. 楼面的构造做法有哪些？
5. 如何查阅楼地面的构造做法？

2.6　建筑详图

【学习目标】

1. 能够理解建筑详图的形成原理；
2. 正确理解建筑详图的图示内容与图示方法；
3. 读懂墙身节点详图并能知道墙身节点的具体构造做法；

4. 读懂楼梯详图,并能知道楼梯的类型、传力路线及细部的构造做法;

5. 读懂门窗详图,能知道门窗的类型、尺寸及细部的构造做法;

6. 读懂阳台与雨篷的节点详图,知道阳台与雨篷的类型、传力路线及细部构造处理;

7. 读懂变形缝的详图,知道变形缝的作用及各部位的盖缝构造;

8. 读懂地下室构造详图,知道地下室的防水或防潮构造处理方法;

9. 能查阅建筑图集查找相关建筑节点的构造;

10. 能绘制建筑详图;

11. 培养学生正确的读图方法及严谨端正的学习态度。

【关键概念】

门窗详图、墙身节点详图、楼梯详图、阳台与雨篷详图、变形缝详图、地下室构造详图

2.6.1 建筑详图的形成与作用

在建筑施工图中,由于建筑平面、立面、剖面图通常采用1∶100、1∶200等较小的比例绘制,对房屋一些细部(也称为节点图)的详细构造,如形状、层次、尺寸、材料和做法等,无法完全表达清楚。因此,在施工图设计过程中,常常按实际需要,在建筑平面、立面、剖面图中需要另绘图样来表达清楚建筑构造和构配件的部位,引出索引符号,选用适当的比例(1∶1、1∶2、1∶5、1∶10、1∶15、1∶20、1∶25、1∶30、1∶50),在索引符号所指出的图纸上,画出建筑详图。建筑详图简称详图,也可称为大样图或节点图。

2.6.2 建筑详图的图示内容和图示方法

建筑详图的表示方法,应视所绘的建筑细部构造和构配件的复杂程度,按清晰表达的要求来确定,例如墙身节点图可用一个剖视详图表达,也可用多个节点详图表示,楼梯间宜用几个平面详图和一个剖视详图、几个节点详图表达,门窗则常用立面详图和若干个剖视或断面详图表达。建筑详图如有若干个图样组成时,还可以按照需要,采用不同的比例。若需要表达构配件外形或局部构造的立体图时,宜按《房屋建筑制图统一标准》(GB/T50001—2010)中所规定的轴测图绘制。为了能详细、完整地表达建筑细部,详图的主要特点是:用能清晰表达所绘节点或构配件的较大比例绘制,尺寸标注齐全,文字说明详尽。

建筑详图一般应表达出构配件的详细构造,所用的各种材料及其规格,各部分的连接方法和相对位置关系,各细部的详细尺寸,包括需要标注的标高,有关施工要求和做法的说明等。同时,建筑详图必须画出详图符号,应与被索引图样上的索引符号相对应,在详图符号的右下侧注写比例。在详图中如再需另画详图时,则在其相应部位画上索引符号;如需表明定位轴线或补充剖面图、断面图,则也应画上它们的有关符号和编号,在剖面图或断面图的下方注写图名和比例。对于套用标准图或通用详图的建筑构配件和建筑节点,只要注明所套用图集的名称、编号或页次,就不必再画详图。

详图的平面图、剖面图,一般都应画出抹灰层与楼面层的面层线,并画出材料图例。在详图中,对楼地面、地下层地面、楼梯、阳台、平台、台阶等处注写的尺寸及标高的规定,也都与建筑平面、立面、剖面图的规定相同:平面图注写完成面的标高,立面图、剖面图注写完成面的标高及高度方向尺寸,其余部位注写毛面尺寸及标高。在详图中,如需画出定位轴线,

应按照前面已讲述的规定标注。

绘制建筑详图应选择合适的图线宽度,如图 2-6-1 所示。

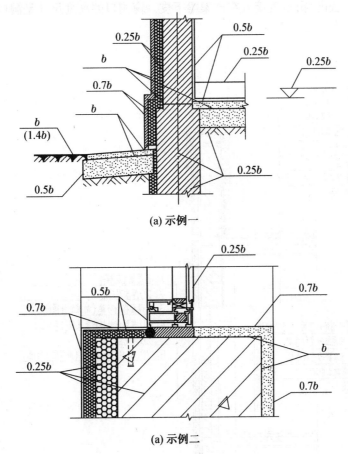

(a) 示例一

(a) 示例二

图 2-6-1　建筑详图图线宽选用示例

2.6.3　外墙剖面详图

墙身剖面详图,实际上是墙身的局部放大图,详尽地表明墙身从防潮层到屋顶的各主要节点的构造和做法。画图时,可将各节点剖面图连在一起,中间用折断线断开,各个节点详图都分别注明详图符号和比例。也可只绘制墙身中某个节点的构造详图,比如檐口、窗台等。

【案例】

图 2-6-2 画出了商住楼Ⓐ轴线墙身的檐口、窗台、窗顶、墙脚四个节点剖视详图,墙身为空心砖填充墙,厚度为 200 mm。

1. 檐口节点剖面详图

檐口节点剖面详图主要表达屋顶女儿墙、女儿墙压顶、屋顶的构造做法。

在檐口节点详图中,在折断线以上,画出了在塑钢窗 C3 窗顶以上各部分构造。屋面结构层是为现浇钢筋混凝土屋面板,用多层构造线表示出屋面的构造做法,其构造做法同前面章节。女儿墙高为 1300 mm，为了提高抗震效果，在女儿墙顶部设钢筋混凝土压顶。压顶外挑 100，下面用砂浆抹灰粉刷出一个 20 mm 宽的滴水槽，以免雨水沿墙面垂直下流，污染墙面。因为窗户较高，窗顶直接放在框架梁下皮。窗洞口的高度尺寸是洞口的尺寸，不包括粉刷层。

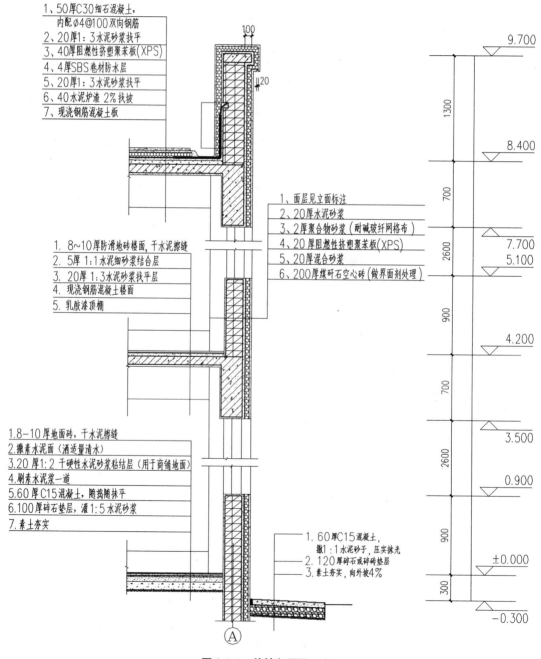

图 2-6-2　外墙剖面图示例

2. 窗台节点剖面详图

窗台节点剖面详图主要表达窗台的构造,以及外墙面的做法。

图 2-6-2 所示的窗台节点剖视详图,是轴线为Ⓐ的外墙一层和二层窗台处的窗台节点剖视详图,画在两条折断线之间。窗台是非悬挑窗台,窗台的面层做法是外窗台向外用 1∶3 水泥砂浆粉刷成排水坡度 3%,以便排除雨水。

窗台有内窗台和外窗台之分,外窗台有悬挑窗台和不悬挑窗台两种。悬挑窗台可采用下面图 2-6-3 的做法。外窗台要有坡向室外的坡度,可用抹灰抹出坡度,或砖斜砌形成坡度。

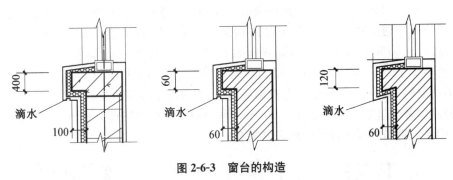

图 2-6-3　窗台的构造

3. 窗顶节点剖面详图

窗顶节点剖面详图主要表达在窗顶过梁处的构造、内外墙面的做法,以及楼面层的构造情况。

窗顶节点剖面详图,是轴线为Ⓐ的外墙一楼窗顶的剖视详图。图中画出了窗顶部的构造做法,窗顶为框架梁,注明了楼面、顶棚和外墙装修构造(可参照图 2-1-1 建筑施工设计说明中 c. 的工程做法表),而且也画出和注明了二层楼板(现浇钢筋混凝土楼板)的布置及其面层和板底粉刷情况。可以看出:楼板的设置与屋面板相同,都采用现浇钢筋混凝土楼板,并且楼板与框架梁整浇成一个整体;图中还画出和注明了为保护室内墙脚的踢脚板,踢脚板高 150 mm,采用地砖踢脚,具体构造做法可查阅图 2-1-1 建筑施工设计说明(c. 工程做法表)。

如果门窗洞口高度较小,不能直接放在框架梁底部时,应在窗洞口上部设置过梁。

(1) 过梁

窗洞口上部的过梁的形式有砖拱过梁、钢筋砖过梁和钢筋混凝土过梁三种。

① 砖拱过梁

砖拱过梁分为平拱和弧拱。由竖砌的砖作拱圈,一般将砂浆灰缝做成上宽下窄,上宽不大于 20 mm,下宽不小于 5 mm。砖不低于 MU7.5,砂浆不能低于 M2.5,砖砌平拱过梁净跨宜小于 1.2 m,不应超过 1.8 m,中部起拱高约为 1/50L。

② 钢筋砖过梁

钢筋砖过梁用砖不低于 MU7.5,砌筑砂浆不低于 M2.5。一般在洞口上方先支木模,砖平砌,下设 3～4 根 φ6 钢筋,要求伸入两端墙内不少于 240 mm,梁高砌 5～7 皮砖或≥L/4,钢筋砖过梁净跨宜为 1.5～2 m。如图 2-6-4 所示。

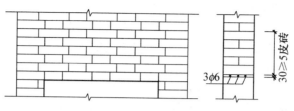

图 2-6-4　钢筋砖过梁构造示意

③钢筋混凝土过梁

常用过梁为钢筋混凝土过梁,钢筋混凝土过梁有现浇和预制两种,梁高及配筋由计算确定。为了施工方便,梁高应与砖的皮数相适应,以方便墙体连续砌筑,故常见梁高为 60 mm、120 mm、180 mm、240 mm,即 60 mm 的整倍数。梁宽一般同墙厚,梁两端支承在墙上的长度不少于 240 mm,以保证足够的承压面积。过梁断面形式有矩形和 L 形。为简化构造,节约材料,可将过梁与圈梁、悬挑雨篷、窗楣板或遮阳板等结合起来设计。如在南方炎热多雨地区,常从过梁上挑出 300～500 mm 宽的窗楣板,既保护窗户不淋雨,又可遮挡部分直射太阳光。钢筋混凝土过梁的形式见图 2-6-5。

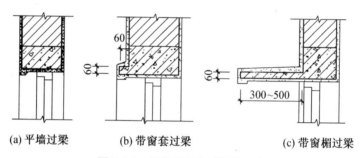

(a) 平墙过梁　　　　(b) 带窗套过梁　　　　(c) 带窗楣过梁

图 2-6-5　钢筋混凝土过梁的形式

(2) 圈梁

在砖混结构工程中,窗洞口上部节点位置的过梁可由圈梁兼作。圈梁是沿外墙四周及部分内墙设置在楼板处的连续闭合的梁,可提高建筑物的空间刚度及整体性,增加墙体的稳定性,减少由于地基不均匀沉降而引起的墙身开裂。对于抗震设防地区,利用圈梁加固墙身更加必要。如图 2-6-6 所示。当建筑层高较小时,楼板层处圈梁的位置与过梁的位置接近,因此,常采用圈梁兼过梁的做法。图 2-6-6 所示工程局部采用的就是圈梁兼过梁的做法。一般圈梁与现浇钢筋混凝土楼板做成一个整体,在水平方向将楼板箍住。多层砖砌体房屋圈梁宽度不应小于 190 mm,配筋不应少于 4Φ12,箍筋间距不应大于 200 mm。

在框架结构建筑中,由于填充墙的高度过大,通常在填充墙中部设置相当于圈梁的钢筋混凝土水平系梁,一般设置在门窗洞口的上部,可兼起过梁的作用。

(3) 构造柱

在多层砌块房屋抗震构造措施中除了设置圈梁,还必须设置钢筋混凝土构造柱。构造柱是防止房屋倒塌的一种有效措施。构造柱必须与圈梁及墙体紧密相连,从而加强建筑物的整体刚度,提高墙体抗变形的能力。在结构施工平面图中,会标出构造柱的位置。

小砌块房屋中构造柱最小截面为 180 mm×240 mm,纵向钢筋宜用 4Φ12,箍筋间距不

图 2-6-6　砖混结构圈梁和构造柱的设置

大于 250 mm,且在柱上下端宜适当加密;7 度时超过六层、8 度时超过五层和九度时,纵向钢筋宜用 4Φ14,箍筋间距不大于 200 mm;房屋角的构造柱可适当加大截面及配筋。构造柱与墙连结处宜砌成马牙槎,并应沿墙高每 500 mm 设 2Φ6 拉结筋,每边伸入墙内不少于 1 m(如构造柱马牙槎构造图)。构造柱可不单独设基础,但应伸入室外地坪下 500 mm,或锚入浅于 500 mm 的基础梁内。

　　为了提高建筑的抗震效果,在作为填充墙的砌体中,也应该设置构造柱。如图 2-6-9 所示。

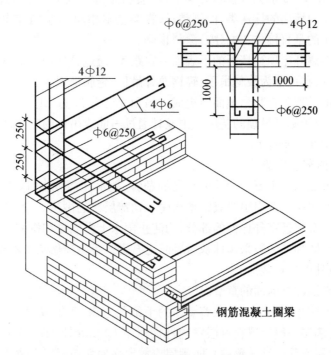

图 2-6-7　砖混结构构造柱的构造

图 2-6-8　砖混结构构造柱图片

图 2-6-9　填充墙构造柱图片

（4）顶棚

顶棚分直接式顶棚和吊顶棚。

楼板层底部顶棚采用的是乳胶漆顶棚，属于直接式顶棚。

直接式顶棚有直接在钢筋混凝土屋面板或楼板下表面直接喷浆、抹灰或粘贴装修材料的一种构造方法。当板底平整时，可直接喷、刷大白浆或 106 涂料；当楼板结构层为钢筋混凝土预制板时，可用 1∶3 水泥砂浆填缝刮平，再喷刷涂料。这类顶棚构造简单，施工方便，具体做法和构造与内墙面的抹灰类、涂刷类、裱糊类基本相同，常用于装饰要求不高的一般建筑。本工程采用的是直接抹灰刷（喷）涂料顶棚。

吊顶棚是指在离开屋顶或楼板的下表面一定距离，通过悬挂物与主体结构联结在一起。根据材料的不同，吊顶可分为板材吊顶、轻钢龙骨吊顶、金属吊顶等。

吊顶棚的是由吊顶龙骨和吊顶面层组成。吊顶龙骨分为主龙骨与次龙骨，主龙骨为吊顶的承重结构，次龙骨则是吊顶的基层。主龙骨通过吊筋或吊件固定在楼板结构上，次龙骨用同样的方法固定在主龙骨上。

4. 墙脚部位的节点构造

墙脚部位的节点构造主要表达外墙脚处的勒脚、散水、防潮层的做法，以及室内底层地面的构造情况。用多层构造引出线表达地面每一构造层次的做法。

勒脚是外墙墙身接近室外地面的部分，为防止雨水上溅墙身和机械力等的影响，所以要求墙脚坚固耐久和防潮。一般采用抹灰、贴面、毛石砌筑等构造做法。本工程采用水泥砂浆勒脚，外面用灰色外墙涂料装饰。

散水的构造参照教材前面的章节。

防潮层是为了防止地面的潮气顺着墙体的毛细孔上渗，污染墙面。当垫层为刚性垫层（混凝土垫层），防潮层一般设置在首层室内地面以下 60 mm 处，如图 2-6-10 所示。当垫层为柔性垫层（砂垫层或碎石碎砖垫层），防潮层应放置在地面面层以上位置。

墙身水平防潮层的构造做法常用的有以下三种：第一，防水砂浆防潮层，采用 1∶2 水泥砂浆掺加水泥用量 3％～5％的防水剂，厚度为 20～25 mm 或用防水砂浆砌三皮砖作防潮层。此种做法构造简单,但砂浆开裂或不饱满时影响防潮效果。第二,细石混凝土防潮层,采用 60 mm 厚的细石混凝土带,内配 3φ6 钢筋,其防潮性能好。第三,油毡防潮层,先抹 20 mm 厚水泥砂浆找平层,上铺一毡二油,此种做法防水效果好,但有油毡隔离,削弱了砖墙的整体性,不应在刚度要求高或地震区采用。如果墙脚材料采用不透水的材料(如条石或混凝土等),或设有钢筋混凝土地圈梁时,可以不设防潮层,或称之为地圈梁兼做防潮层。

图 2-6-10 墙身水平防潮层设在地下室地坪以下 60 mm 处,并在地下室外墙的两侧涂抹 20 mm 厚 1∶2 水泥砂浆,内掺 5% 防水剂。

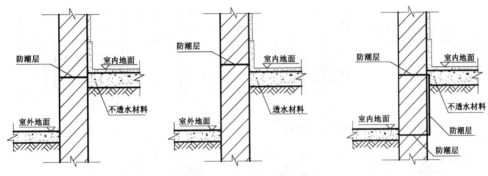

图 2-6-10 墙身防潮层的位置

2.6.4 楼梯详图

1. 楼梯的组成

楼梯一般由楼梯段、平台及栏杆(或栏板)扶手三部分组成。楼梯段又称楼梯跑,是楼梯的主要使用和承重部分,它由若干个踏步组成。为减少人们上下楼梯时的疲劳和适应人行的习惯,一个楼梯段的踏步数要求最多不超过 18 级,最少不少于 3 级。平台是指两楼梯段之间的水平板,有楼层平台、中间平台之分。其主要作用在于缓解疲劳,让人们在连续上楼时可在平台上稍加休息,故又称休息平台。同时,平台还是梯段之间转换方向的连接处。楼层平台联系各层的房间。栏杆是楼梯段的安全设施,一般设置在梯段的边缘和平台临空的一边,要求它必须坚固可靠,并保证有足够的安全高度。

2. 楼梯的分类

按照不同的标准分类,楼梯可分为不同的类型。按位置不同分,楼梯有室内与室外两种。按使用性质分,室内有主要楼

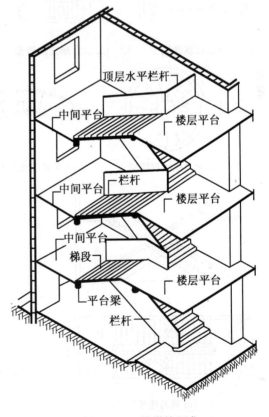

图 2-6-11 楼梯的组成

梯、辅助楼梯;室外有安全楼梯、防火楼梯。按材料分有木质、钢筋混凝土、钢质、混合式及金属楼梯。按楼梯的平面形式不同,可分为多种形式,如图 2-6-12 所示。最常采用的是双跑平行楼梯。

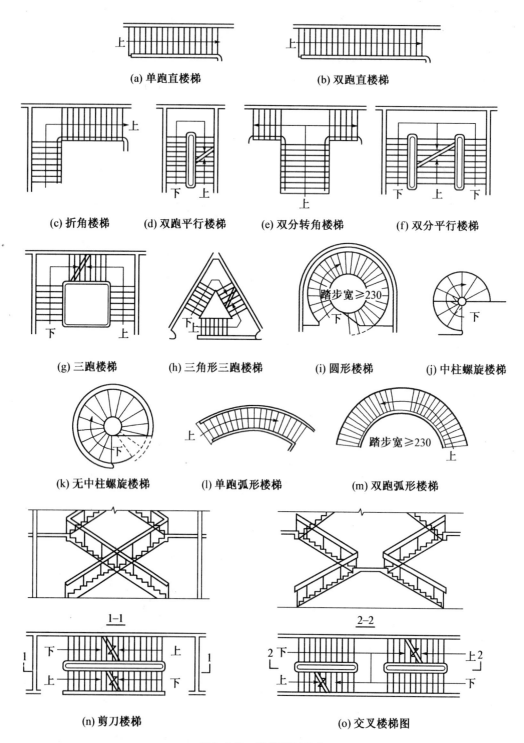

(a) 单跑直楼梯   (b) 双跑直楼梯

(c) 折角楼梯   (d) 双跑平行楼梯   (e) 双分转角楼梯   (f) 双分平行楼梯

(g) 三跑楼梯   (h) 三角形三跑楼梯   (i) 圆形楼梯   (j) 中柱螺旋楼梯

(k) 无中柱螺旋楼梯   (l) 单跑弧形楼梯   (m) 双跑弧形楼梯

(n) 剪刀楼梯   (o) 交叉楼梯图

图 2-6-12 楼梯平面形式

　　按受力分,楼梯分为板式楼梯和梁式楼梯两种结构形式,如图 2-6-13 和 2-6-14 所示。板式楼梯的传力路线是由梯段板将荷载传递给平台梁,由平台梁传递给两端的墙体或柱子。板式楼梯适用于层高较小的建筑。梁式楼梯是在梯段板两侧或一侧放置斜梁,梯段板将荷载传递给斜梁,斜梁将荷载传递给平台梁,平台梁将荷载传递给两端的墙体或柱子。斜梁可设在踏步的下面、上面或侧面。斜梁在板下部的称正梁式梯段(明步),将斜梁反向上面称反梁式梯段(暗步),见图 2-6-14。

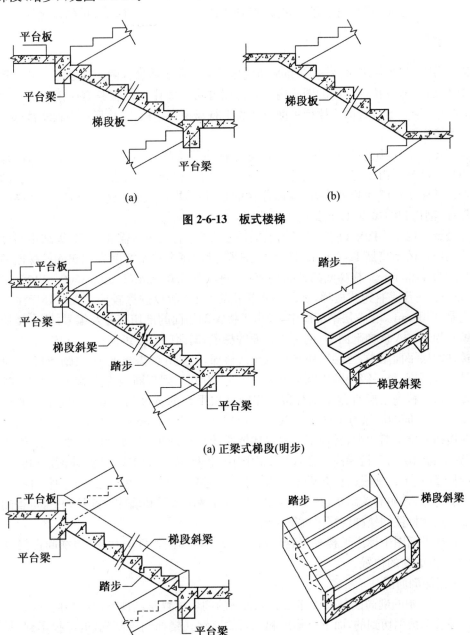

(a)　　　　　　　　　　　　　　(b)

图 2-6-13　板式楼梯

(a) 正梁式梯段(明步)

(b) 反梁式梯段(暗步)

图 2-6-14　梁式梯段

3. 楼梯详图

楼梯的构造比较复杂,需要画出它的详图。楼梯详图主要表达楼梯的类型、结构形式、各部位的尺寸和装修做法等。楼梯详图包括楼梯平面图,楼梯剖面图,以及踏步、栏杆、扶手等节点详图。

通过读楼梯详图,可以知道楼梯的类型、传力路线、楼梯踏步的高度和宽度、每一梯段的踏步数量和水平投影的长度、楼梯平台的宽度和竖向上的位置、楼梯节点的构造措施(楼梯踏步面层、防滑措施、栏杆与梯段的连接、栏杆与扶手的连接、扶手与墙体的连接等)。

【案例】

图 2-6-15、图 2-6-16、图 2-6-17 为某商住楼部分楼梯的楼梯详图。现以图 2-6-17 楼梯丁的详图为案例,阐述楼梯详图的图示内容和读图方法。楼梯丁是服务商住楼三层~六层的楼梯,是从三层开始设置的。楼梯平面形式为平行双跑式楼梯,结构形式为板式楼梯。

(1) 楼梯平面图

识读图 2-6-17 中的楼梯平面图,轴线标号标明了楼梯在建筑平面图中的位置,是商住楼西单元的楼梯。由于三层~六层楼梯丁的表达均不相同,所以绘出了三层~六层的楼梯平面图。从图 2-6-17 可以看出,这幢商住楼的楼梯三层是直跑式楼梯,四层~六层是平行双跑楼梯,剖切到的梯段,以倾斜的折断线断开。

在楼梯三层平面图中,只看到了向上的梯段方向,上到四层需要上 17 级踏步高度。踏步起步到门口的距离是 1240 mm,有 16 个踏步宽度,每个踏步宽度为 260 mm,梯段的水平投影长度为 4160 mm。楼梯间的开间是 2500,进深是 6800 mm(1700+3600+1400+100=6800 mm)。三层是直跑式楼梯,梯段的水平挑影较长,所以进深较大。入口处标注了三层的标高是 8.400 m。在三层平面图中,画出了楼梯剖切面的剖切符号及编号,这个楼梯剖面图的编号为 A—A 楼梯剖面图,剖在了东面的梯段,向西(右)投影。

楼梯四层平面图中,三层采用平行双跑式楼梯,上到五层需要上 18 级踏步高度,每一个梯段是 9 级高度,每一级的踏步宽度为 270 mm。看到了到折断线为止的第一上行梯段,看到从楼梯口下行到三层直跑楼梯梯段。楼梯楼层平台的宽度为 1400,中间平台的宽度为 1340 mm。楼梯间的进深为 5100 mm(100+1400+3600=5100 mm),开间仍为 2500 mm。

在楼梯五层平面图中,看到了上六层楼梯段的部分踏步,上到六层需要上 18 级踏步高度;看到了到四层的下行梯段。在六层平面图中,楼梯无上行梯段,只能看到楼梯到五层去的下行梯段,在上行梯段的位置设置一水平栏杆,起围护作用。在顶层平面图栏杆扶手处画出了索引符号,表明有关踏步、扶手的位置、构造和做法扶手和墙体的连接构造,可查阅相应的图集。尺寸标注同楼梯四层平面图一致。

在各层平面图中标出了楼梯平台的标高,以及各梯段栏杆与扶手、楼梯间进门处的门洞、平台上方的窗的位置。

(2) 楼梯剖面图

图 2-6-17 中的剖面图是按楼梯三层平面图的剖切位置及剖视方向画出的,四层~五层的上行梯段是被剖切到的,而下行梯段和三层的直跑式楼梯则未剖到,但能投影到,是可见的。图中画出了定位轴线①和Ⓔ,楼梯间各层楼地面的构造,剖切到的楼梯梁、梯段、平台板,可见的梯段、栏杆与扶手,楼梯间外墙的构造(包括剖切到的墙身和各种梁,门洞,以及窗洞和窗的图例),进门处室外地面和上部的雨篷,被剖切到的平台和它们的可见栏板。

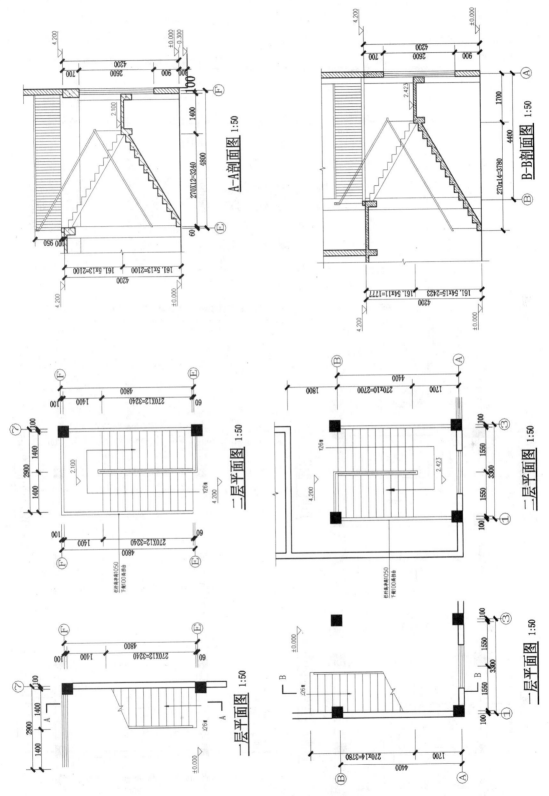

图 2-6-15　楼梯甲、乙详图

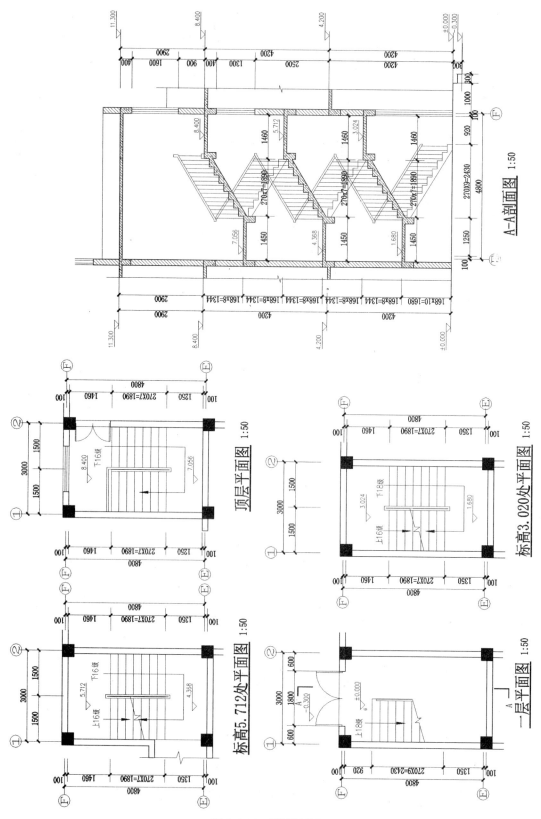

图 2-6-16　楼梯丙详图

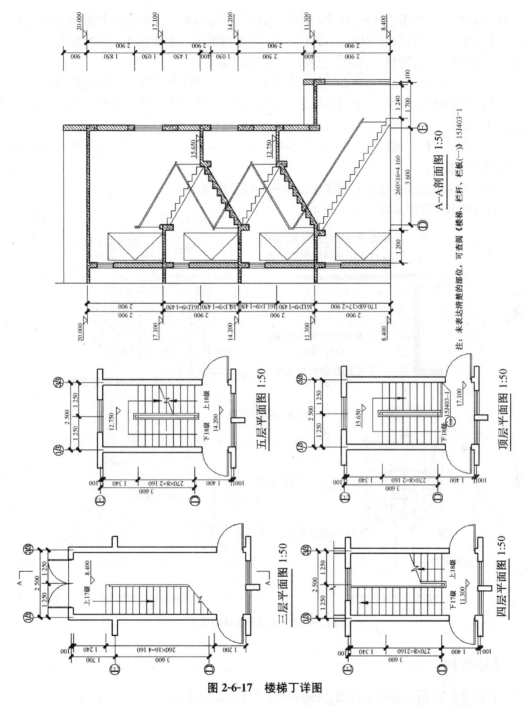

图 2-6-17　楼梯丁详图

图 2-6-17 剖面图中注出了各层楼（地）面、楼梯平台面的标高,踏步高度和级数,以及各梯段的高度等尺寸。由此可知三层楼梯踏步高度为 170.6 mm,四层~六层的楼梯踏步高度为 161.1 mm。三层至四层需上 17 级踏步,四层至五层需上 18 级踏步,五层五六层同四层至五层。梯段由两端的梯梁支撑。

（3）楼梯节点详图

在楼梯详图中,还应该绘出楼梯节点的构造措施,如楼梯踏步面层、防滑措施、栏杆与梯段的连接、栏杆与扶手的连接、扶手与墙体的连接等构造做法,大多数工程的节点详图均选自建筑图集,或可参照相应的建筑设计说明。应在图纸中注明所选用的图集编号。本工程楼梯节点详图选自《楼梯 栏杆 栏板(一)》(15J403-1)。

踏步面层同楼地面的做法相同。为防止行人在上下楼梯时滑跌,常在踏步近踏口处,用不同于面层的材料做出略高于或略低于踏面的防滑条,或用带有槽口的陶土块或金属板包住踏口。如果面层系采用水泥砂浆抹面,由于表面粗糙,可不做防滑条。

扶手应根据栏杆的材料选取,通长铸铁栏杆设置木扶手。木扶手与金属栏杆采用通长的扁钢进行连接。

栏杆和梯段的连接通长采用螺栓连接和焊接等连接方法。

楼梯的节点详图如图 2-6-18 所示。

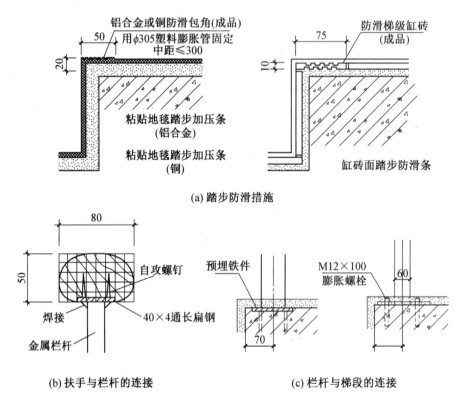

图 2-6-18　楼梯节点详图示例

【任务】

识读 2-6-16 所示楼梯丁详图,查阅楼梯的尺度,并完成表 2-6-2 的任务。

1. 楼梯间的形式

楼梯间应能天然采光和自然通风,并宜靠外墙设置。楼梯间是建筑物中的主要垂直交通空间,根据防火要求可分为敞开楼梯间、封闭楼梯间、防烟楼梯间三种形式。

(1)敞开式楼梯间

敞开式楼梯间是指建筑物内由墙体等围护构件构成的无封闭防烟功能,且与其他使用空间相同的楼梯间。在底层建筑中广泛采用。由于楼梯间与走道之间无任何防火分隔措施,因此在高层建筑和地下建筑中不应采用常开楼梯间。

（2）封闭楼梯间

封闭楼梯间是指在楼梯间入口处设置门,以防止火灾的烟和热气进入的楼梯间。高层民用建筑和高层工业建筑中封闭楼梯间的门应为向疏散方向开启的乙级防火门。

（3）防烟楼梯间

防烟楼梯间是指在楼梯间入口处设防烟的前室、开敞式阳台或凹廊(统称前室)等设施,且通向前室和楼梯间的门均为防火门,以防止火灾的烟和热气进入的楼梯间。其形式一般有带封闭前室或合用前室的防烟楼梯间。

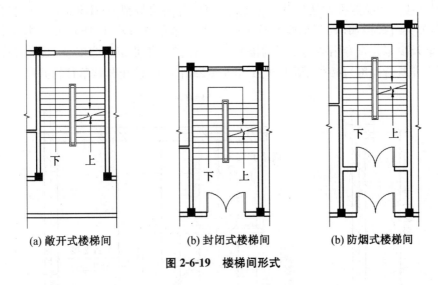

(a) 敞开式楼梯间　　　(b) 封闭式楼梯间　　　(b) 防烟式楼梯间

图 2-6-19　楼梯间形式

2. 楼梯踏步的尺寸

楼梯踏步高宽比是根据楼梯坡度要求和不同类型人体自然跨步(步距)要求确定的,符合安全和方便舒适的要求。坡度一般控制在 30°左右,对仅供少数人使用服务楼梯则放宽要求,但不宜超过 45°。步距是按 $2r+g$:水平跨步距离公式,式中 r 为踏步高度,g 为踏步宽度,成人和儿童、男性和女性、青壮年和老年人均有所不同,一般在 560～630 mm 范围内,少年儿童在 560 mm 左右,成人平均在 600 mm 左右。按本条规定的踏步高宽比能反映楼梯坡度和步距,见表 2-6-1 的规定。

表 2-6-1　楼梯坡度及步距(m)

楼梯类别	最小宽度	最大高度	坡度	步距
住宅共用楼梯	0.26	0.175	33.94°	0.61
幼儿园、小学等	0.26	0.15	29.98°	0.56
电影院、商场等	0.28	0.16	29.74	0.60
其他建筑等	0.26	0.17	33.18°	0.60
专用疏散楼梯等	0.25	0.18	35.75°	0.61
服务楼梯、住宅套内楼梯	0.22	0.20	42.27°	0.62

注:无中柱螺旋楼梯和弧形楼梯离内侧扶手中心 0.25 m 处的踏步宽度不应小于 0.22 m。

3. 楼梯梯段的宽度、平台的宽度和楼梯井的宽度。

墙面至扶手中心线或扶手中心线之间的水平距离即楼梯梯段宽度,即楼梯梯段的净宽。供日常主要交通用的楼梯的梯段宽度应根据建筑物使用特征,按每股人流为 0.55+(0～0.15)m 的人流股数确定,并不应少于两股人流。0～0.15 m 为人流在行进中人体的摆幅,公共建筑人流众多的场所应取上限值。疏散楼梯的净宽度不下于 1.10 m。建筑高度不大于 18 m 的住宅中一边设置栏杆的疏散楼梯,其净宽度不应小于 1.0 m。

梯段改变方向时,扶手转向端处的平台最小宽度不应小于梯段宽度,并不得小于 1.20 m,当有搬运大型物件需要时应适量加宽。如图 2-6-20 所示。

楼梯梯段间的缝隙称为楼梯井。根据《建筑设计防火规范》(GB50016—2014)的规定,建筑内的公共疏散楼梯,其两梯段及扶手间的水平净距不宜小于 150 mm。托儿所、幼儿园、中小学及少年儿童专用活动场所的楼梯,为了保护少年儿童生命安全,其梯井净宽大于 0.20 m(少儿胸背厚度),必须采取防止少年儿童攀滑措施,防止其跌落楼梯井底。

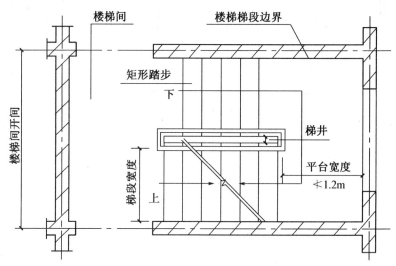

图 2-6-20　楼梯间的宽度

4. 梯段的高度

由于建筑竖向处理和楼梯做法变化,楼梯平台上部及下部净高不一定与各层净高一致,此时其净高不应小于 2m,使人行进时不碰头。梯段净高一般应满足人在楼梯上伸直手臂向上旋升时手指刚触及上方突出物下缘一点为限,为保证人在行进时不碰头和产生压抑感,故按常用楼梯坡度,梯段净高宜为 2.20 m,见图 2-6-21。

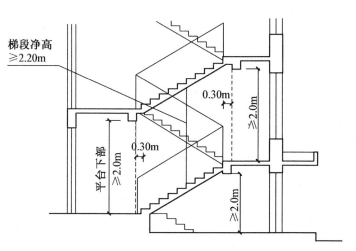

图 2-6-21　楼梯梯段的净高

5. 楼梯栏杆扶手

楼梯应至少于一侧设扶手,梯段净宽达三股人流时应两侧设扶手,达四股人流时宜加设中间扶手。室内楼梯扶手高度自踏步前缘线量起不宜小于 0.90 m。靠楼梯井一侧或楼梯顶层平台处水平扶手长度超过 0.50 m 时,其高度不应小于 1.05 m。楼梯栏杆应采取不易攀登的构造,一般做垂直杆件,其净距不应大于 0.11 m(少儿头宽度),防止穿越坠落。如图2-6-22 所示。

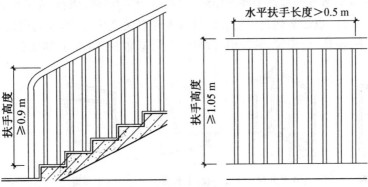

图 2-6-22　扶手高度

通过识读 2-6-17 所示楼梯丙详图,查阅楼梯的尺度,并完成表 2-6-2 的任务。

楼梯丙的开间尺寸为 3000 mm,净开间为 2800 mm,进深尺寸为 5000 mm(4800＋100＋100,到墙中心线),净进身为 4800 mm,踏步踢面高度为 168 mm,踏面宽度为 270 mm;由于本楼梯为住宅楼楼梯,楼梯井宽度为 0,扶手宽度为 60 mm,扶手中心线至梯段边缘的距离为 30 mm,所以楼梯梯段的净宽度为 1370 mm(1500－100－30＝1370),梯段的净宽度为1430 mm(1460－30＝1430);扶手的高度为 900 mm。

表 2-6-2　楼梯详图任务单

	平面形式	平行双跑楼梯	结构形式	板式楼梯	绘制楼梯平面图,并标注其各部位尺寸
楼梯的尺度	开间	3000	梯段净宽度	1370	
	进深	5000	平台净宽度	1430	
	净开间	2800	栏杆高度	900	
	净进深	4800	楼梯井宽度	0	
	踢面高度	168	踏面宽度	270	

2.6.5 门窗详图

门窗是由门(窗)框、门(窗)扇、五金零件及附件组成。门窗的种类繁多,按材料分,有木门窗、钢门窗、铝合金门窗、塑钢窗等。按开启方式分,如图 2-6-23、图 2-6-24 所示。门窗详图一般用立面图表示门、窗的外形尺寸、开启方向,并标注出节点剖视详图或断面图的索引符号,用较大比例的节点剖视详图或断面图,表示门、窗的截面、用料、安装位置、门窗扇与门窗框的连接关系等。也常常列出门窗五金材料表和有关文字说明,表明门窗上所用的小五金(如铰链、拉手、窗钩、门锁等)的规格、数量和对门窗加工提出的具体要求。

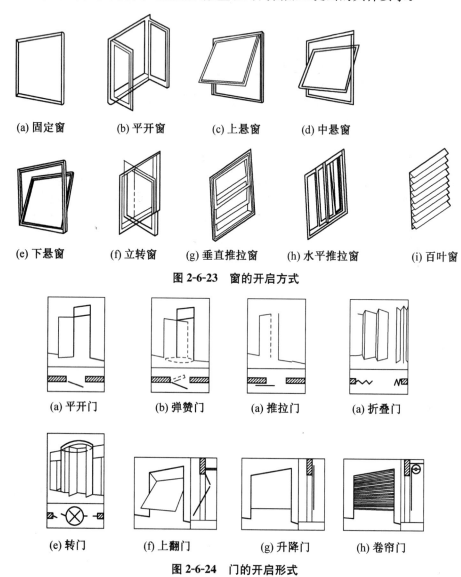

| (a) 固定窗 | (b) 平开窗 | (c) 上悬窗 | (d) 中悬窗 |

| (e) 下悬窗 | (f) 立转窗 | (g) 垂直推拉窗 | (h) 水平推拉窗 | (i) 百叶窗 |

图 2-6-23 窗的开启方式

| (a) 平开门 | (b) 弹簧门 | (a) 推拉门 | (a) 折叠门 |

| (e) 转门 | (f) 上翻门 | (g) 升降门 | (h) 卷帘门 |

图 2-6-24 门的开启形式

【案例】

图 2-6-25 所示是某商住楼的窗户详图。门窗详图可包括门窗立面图,在门窗立面详图

中应绘出门窗的开启方式。图 2-6-25 是一个转折窗,窗户立面详图是将窗户展开后绘制的。比较复杂的窗户还应绘出其水平剖面和垂直剖面详图。图 2-6-25 所绘窗户是一个凸窗,因此绘制出水平剖面和垂直剖面详图,其垂直剖面图是在水平剖面图上进行的详图索引。由图可以看出凸窗向外悬挑 600 mm,窗台高度为 600 mm,由于窗台较低(住宅窗台低于 900 mm,公共建筑窗台低于 800 mm,需在窗台处加护栏),在内窗台处设置了护窗栏杆。凸窗窗台下作为防止空调机的空间,并在空调机外部设置了可拆卸金属格栅。

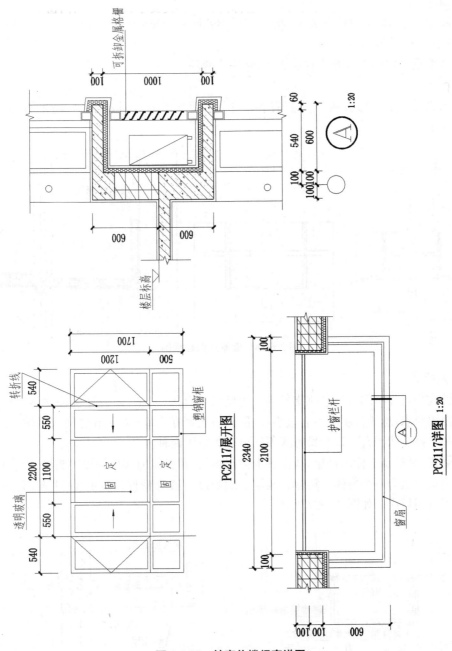

图 2-6-25 某商住楼门窗详图

2.6.6 阳台与雨篷详图

阳台是有楼层的建筑物中,人们可以直接到达的向室外开敞的平台。雨篷是建筑物入口处遮雨、保护外门免受雨林的水平构件。阳台和雨篷是建筑立面效果处理的重点部位,为了方便施工,通常绘出阳台和雨篷的详图。为了更好地读懂阳台和雨篷的建筑详图,首先应了解阳台和雨篷的构造。

1. 阳台

按阳台与外墙的相对位置关系,可分为挑阳台、凹阳台和半条半挑半凹阳台等几种形式。

(1)阳台的结构布置

阳台承重结构的支承方式有墙承式、悬挑式两种。

① 墙承式

墙承式阳台是将阳台板直接搁置在墙上,这种支承方式结构简单、施工方便。如图2-6-26 所示。

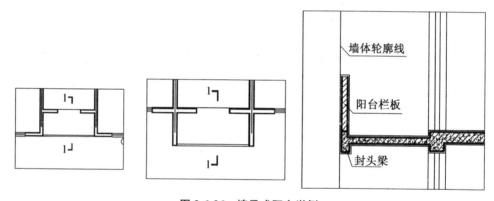

图 2-6-26　墙承式阳台举例

② 悬挑式

悬挑式阳台是将阳台板悬挑出外墙。为使结构合理、安全,阳台悬挑长度不宜过大,同时为了使用要求,悬挑长度有不宜过小,一般悬挑长度在 1.0～1.5 m 之间。悬挑式适用于挑阳台和半挑半凹阳台。按悬挑方式不同可分为以下两种。

挑梁式:是横墙上伸出挑梁,或由柱上伸出挑梁,在挑梁的端部加设封头梁,阳台板与挑梁和封头梁现浇为一个整体。挑梁在横墙上的长度一般为悬挑长度的 1～1.5 倍。挑梁式阳台使用范围较广。如图 2-6-27 所示。

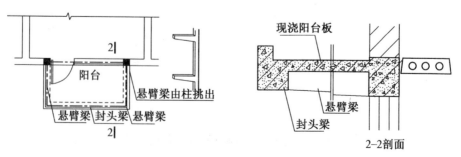

图 2-6-27　悬臂梁由柱挑出

挑板式:对于钢筋混凝土构件,如果出挑长度不大,大约在1.2 m以下时,可以考虑做挑板处理。图2-6-28是挑板阳台处理方式示例。

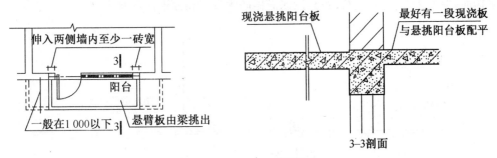

图 2-6-28 悬挑板由梁挑出

(2) 阳台的细部处理

阳台的排水:由于阳台为室外构件,每逢雨雪天气易积水,为避免雨水流入室内,阳台地面应低于室内地面30～60 mm,并沿排水方向作排水坡。排水方式有外排水和内排水两种。外排水适用于低层和多层建筑,即在阳台外侧设置泄水管将水排出。泄水管可采用Φ60镀锌管或塑料管,端口外伸不小于80 mm,以防雨溅到下层阳台。内排水适用于高层建筑或高标准建筑,在阳台内侧设置排水立管和地漏,将雨水直接排入地下管网,或将雨水排入雨水管。

阳台栏杆和扶手:阳台栏杆的作用是承担人们倚扶的侧向推力,以保障人身安全,同时对建筑物起装饰作用。因此,栏杆扶手的高度应≥1.05 m。现在阳台栏杆的材料多为金属栏杆,金属栏杆一般采用圆钢、方钢、扁钢等。它与阳台板的连接有两种方法:一是在阳台板预留孔洞,将栏杆插入并灌注水泥砂浆;二是在阳台板上预埋钢板或钢筋,将栏杆与钢板或钢筋焊在一起,如图2-6-29所示。栏板有砖砌栏板和钢筋混凝土栏板。现浇钢筋混凝土栏板通常与阳台板整浇在一起。砖砌栏板可顺砌或侧砌,为确保安全、加强其整体性,应在栏板中配置通长钢筋并现浇混凝土扶手。

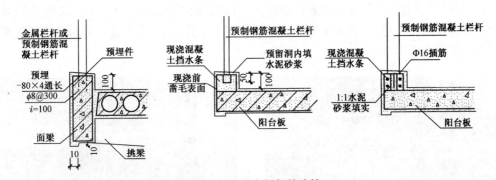

图 2-6-29 阳台栏杆的连接

2. 雨篷

雨篷多采用钢筋混凝土悬挑雨篷,悬挑长度一般为1～1.5 m。按结构形式不同,雨篷有板式和梁板式两种,为防止其产生倾覆,常将雨篷与入口处门上过梁现浇在一起。如图2-6-30和图2-6-31所示。

　　由于雨篷承受荷载较小,因此雨篷板的厚度较薄,通常做成变截面的形式。采用无组织排水方式,在板底周边设滴水。雨篷悬挑长度较大时,多做梁板式雨篷。雨篷上部采用防水砂浆抹面,厚度为 20 mm 左右,在其四侧需做防水砂浆粉面形成泛水。

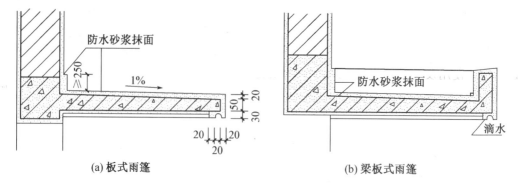

(a) 板式雨篷　　　　　　　　　　　　　　　　(b) 梁板式雨篷

图 2-6-30　雨篷构造

图 2-6-31　悬挑雨篷梁上翻实例

　　现在较多的建筑中雨篷采用装配式构件,尤其是钢构件。因为钢材受拉性能好,构造形式多样,而且可以通过工厂加工做成轻型构件,有利于减少出挑构件的自重,又容易同其他不同材料制作的构件组合,达到美观的效果。从受力来分,钢构件雨篷可分为悬挑雨篷和悬挂雨篷。如图 2-6-32 所示。

（a）钢构件悬挑雨篷　　　　　　　　　　　　（b）钢构件悬挂雨篷

图 2-6-32　钢构件雨篷实例

2.6.7　变形缝详图

建筑物中如果设置变形缝,应在图纸中绘出建筑各部位变形缝的构造,或标注索引符号参照建筑图集中变形缝的构造进行施工。

变形缝是在建筑中预留的缝。建筑物受到外界各种因素的影响,如温度变化、地基不均匀沉降和地震因素等的影响,会使结构内部产生附加应力和变形,从而使建筑物发生裂缝和破坏,影响使用及安全。为此,可以加强建筑物的整体性,使之具有足够的强度和刚度来克服这些破坏应力,不产生破裂。常用的办法是在设计时预先在这些变形敏感部位将结构断开,将房屋分成几个独立变形的部分,使各部分能独立变形、互不影响,从而达到保证结构稳定的目的。这种为了防止房屋破坏将建筑物垂直分开的预留缝称为变形缝。变形缝有三种,即伸缩缝、沉降缝和防震缝。

1. 伸缩缝

(1) 伸缩缝的作用

伸缩缝也叫温度缝。建筑物受温度的变化影响而产生热胀冷缩使结构内部产生温度应力,这种变形与房屋的长度有关,长度越长变形越大。当建筑物长度超过一定限度、建筑平面变化较多或结构类型变化较大时,建筑物会因热胀冷缩变形较大而产生开裂。为防止这种破坏,在房屋长度方向每隔一定距离或结构变化较大处可设置预留缝,将建筑物分开,这些预设的缝隙,称为伸缩缝或温度缝。

(2) 伸缩缝的设置原则

伸缩缝的宽度为 20～40 mm。

伸缩缝的垂直位置是要求把建筑物的墙体、楼板层、屋顶等基础顶面以上的构件全部断开,基础部分因温度变化影响较小,则不需要断开。

伸缩缝的间距与结构类型和材料有关,钢筋混凝土结构伸缩缝的最大间距见表 2-6-3。

表 2-6-3　钢筋混凝土结构伸缩缝的最大间距

项次	结构类型		室内或土中	露天
1	排架结构	装配式	100	70
2	框架结构	装配式	75	50
		现浇式	55	35
3	剪力墙结构	装配式	65	40
		现浇式	45	30
4	挡土墙及地下室墙壁等类结构	装配式	40	30
		现浇式	30	20

注:1. 装配整体式结构的伸缩缝间距,可根据结构的具体情况取表中装配式结构与现浇式结构之间的数值;

2. 框架—剪力墙结构或框架—核心筒结构房屋的伸缩缝间距,可根据结构的具体情况取表中框架结构与剪力墙结构之间的数值;

3. 当屋面无保温或隔热措施时,框架结构、剪力墙结构的伸缩缝间距宜按表中露天栏的数值取值;

4. 现浇挑檐、雨罩等外露结构的局部伸缩缝间距不宜大于 12 m。

从表中可以看出,伸缩缝的间距与建筑物的刚度有关,建筑物刚度越大则自由变形的余地越小;当温度变化时,在结构内部产生的温度应力越大,因而伸缩缝间距比其他刚度小的结构形式要小一些。

（3）伸缩缝的盖缝构造

① 墙体伸缩缝的构造

墙体伸缩缝按墙厚不同,可以有平缝、错口缝、企口缝等形式。如图 2-6-33 所示。为防止外界自然条件对室内环境的影响,外墙伸缩缝内应填充沥青麻丝或玻璃棉毡、泡沫塑料条、橡胶条等有弹性的防水保温材料。当缝较宽时,缝口可用镀锌铁皮、彩色薄钢板、铝皮等金属调节片做盖缝处理。内墙可用具有一定装饰效果的金属片、塑料片或木盖缝条覆盖。所有填缝及盖缝材料和构造,应保证结构在水平方向自由伸缩而不产生破裂,如图 2-6-34 所示。

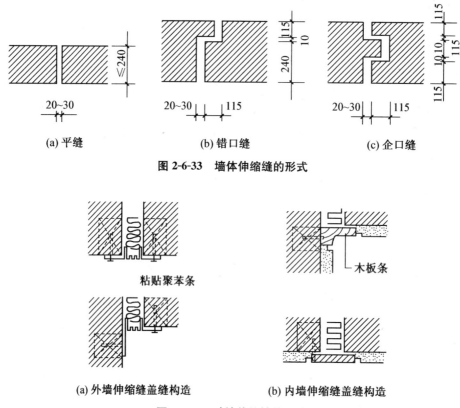

(a) 平缝　　　　　　　(b) 错口缝　　　　　　　(c) 企口缝

图 2-6-33　墙体伸缩缝的形式

粘贴聚苯条

木板条

(a) 外墙伸缩缝盖缝构造　　　　　(b) 内墙伸缩缝盖缝构造

图 2-6-34　砖墙伸缩缝的构造

② 楼板层伸缩缝的构造

楼板伸缩缝的位置和尺寸,应与墙体、屋面变形缝一致。在构造上应保证地面面层和顶棚美观,又应使缝两侧的构造能自由伸缩。楼板层地面和首层地面的整体面层、刚性垫层均应在伸缩缝处断开。缝内常用可压缩变形的材料如油膏、沥青麻丝、橡胶等作封缝处理,面层用金属板、塑料板等盖缝,楼板层的顶棚用木质或塑料盖缝条。如图 2-6-35 所示。

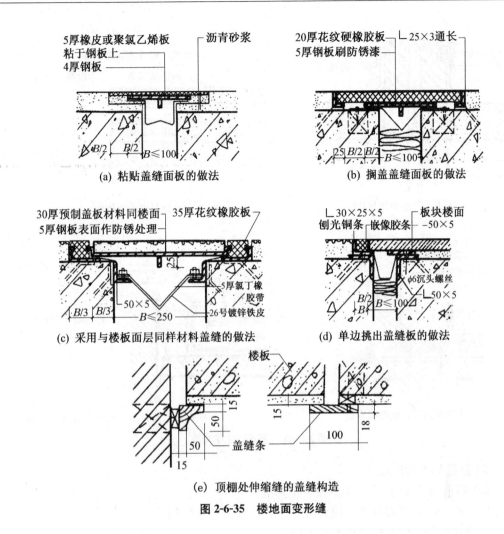

(a) 粘贴盖缝面板的做法

(b) 搁盖盖缝面板的做法

(c) 采用与楼板面层同样材料盖缝的做法

(d) 单边挑出盖缝板的做法

(e) 顶棚处伸缩缝的盖缝构造

图 2-6-35 楼地面变形缝

③ 屋顶伸缩缝的构造

屋顶伸缩缝的位置一般有两种,一种是伸缩缝两侧屋面的标高相同,另一种是缝两侧屋面标高不同。缝两侧屋面的标高相同时,上人屋面和不上人屋面伸缩缝的构造做法也不相同。不上人屋面一般可在伸缩缝处加砌矮墙,并做好屋面防水和泛水处理,其基本要求同屋面泛水构造,不同之处在于盖缝处应能允许自由伸缩而不造成渗漏。上人屋面则用嵌缝油膏嵌缝,并做好泛水处理。

变形缝的构造如图 2-6-36 所示。

2. 沉降缝

(1) 沉降缝的作用

建筑物因不均匀沉降将造成某些薄弱部位产生错动而开裂。为防止建筑物各部分由于地基不均匀沉降而引起建筑物破坏所设置的垂直缝,称为沉降缝。沉降缝将建筑物从基础到屋顶构件全部断开,把建筑物划分为若干个刚度较一致的单元,使相邻单元可以自由沉降而不影响建筑物的整体结构。

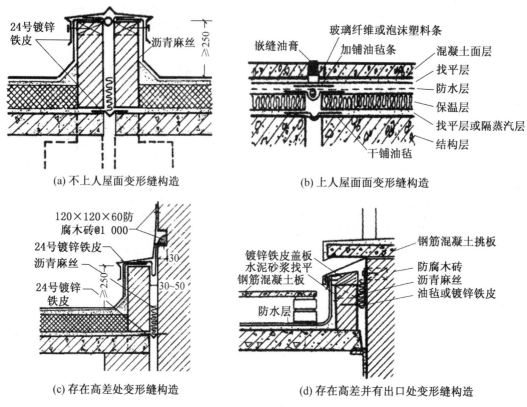

图 2-6-36　屋面伸缩缝构造

（2）降缝的设置原则

凡遇到下列情况时，均应考虑设置沉降缝：

① 建筑物的相邻部分高差较大（例如相差两层及两层以上）；

② 建筑物的相邻部分结构类型不同；

③ 建筑物相邻的部分荷载差异较大；

④ 建筑物平面复杂、高度变化较大、连接部位又比较薄弱；

⑤ 建筑物相邻部分的基础形式不同、宽度及埋深相差较大；

⑥ 建筑物相邻部分建造在不同的地基上；

⑦ 新建筑物与原有建筑相连时。

沉降缝与伸缩缝的区别：一是伸缩缝只需保证建筑物在水平方向的自由伸缩变形，而沉降缝应满足建筑物各部分不均匀沉降在垂直方向的自由变形，故基础部分只设沉降缝；其次是缝的宽度也不同，建筑物的水平伸缩量不大，故伸缩缝的宽度较小，一般为 20～40 mm，而沉降缝的宽度与地基情况及建筑高度有关，地基越弱的建筑物沉陷的可能性越大，沉陷后产生的倾斜距离越大，其宽度如表 2-6-4 所示。沉降缝可以兼作伸缩缝，但伸缩缝不能兼作沉降缝。

表 2-6-4　沉降缝的宽度

地基性质	房屋高度 H 或层数	宽度 B/mm
一般地基	<5 m 5～10 m 10～15 m	30 mm 50 mm 70 mm
软弱地基	2～3 层 4～5 层 5 层以上	50～80 mm 80～120 mm >120 mm
湿陷性黄土地基		≥30～70 mm

注:沉降缝两侧单元层数不同时,由于高层影响,低层倾斜往往很大,因此宽度应按高层确定。

(3) 沉降缝的盖缝构造

沉降缝一般兼起伸缩缝的作用,其构造一般与伸缩缝基本相同,但基础必须设置沉降缝,以保证缝两侧能自由沉降。常见的沉降缝处基础的处理方案有双墙式、交叉式和悬挑式三种。见图 2-6-37。

由于沉降缝要保证缝两侧的墙体能自由沉降,所以盖缝的金属调节片必须保证在水平方向和垂直方向均能自由变形。墙体沉降缝的构造见图 2-6-38。

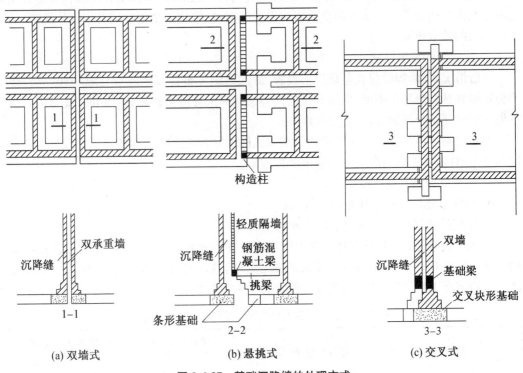

图 2-6-37　基础沉降缝的处理方式

除了设沉降缝以外,不属于扩建的工程还可以用加强建筑物的整体性等方法来避免不均匀沉降;或者在施工时采用后浇带法,即先将建筑物分段施工,中间留出≥800 m 的后浇带位置及连接钢筋,待各分段结构封顶并达到基本沉降量后再浇筑中间的后浇带部分,以此

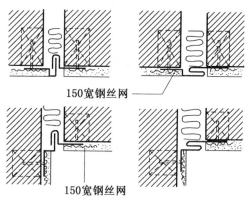

图 2-6-38 沉降缝盖缝构造

来避免不均匀沉降可能造成的影响。但是,这样做必须对沉降量把握准确,或者在建筑的某些部位会因特殊处理而需要较高的投资,因此大量的建筑有必要时,目前还是选择设置沉降缝的方法来将建筑断开。

3. 防震缝的设置

(1) 防震缝的作用

建造在地震区的建筑物,必须考虑地震对建筑物造成的影响,以防止建筑物各部分在地震时相互撞击引起破坏。为了避免震害应设置防震缝,将建筑物划分成若干形体简单、结构刚度均匀的独立单元。

① 防震缝的设置原则

一般情况下,防震缝仅在基础以上设置,缝的两侧应布置双墙或双柱或一柱一墙,使各部分封闭并具有较好的刚度,但防震缝应同伸缩缝和沉降缝协调布置,做到一缝多用。当防震缝与沉降缝结合设置时,基础也应断开。

对多层砌体建筑应优先采用横墙承重或纵横墙混合承重的结构体系。在设防烈度为 8度和 9 度地区,有下列情况之一时应设防震缝:

a. 建筑立面高差在 6 m 以上;

b. 建筑有错层且错层楼板高差较大;

c. 建筑物相邻部分结构刚度和质量截然不同。

防震缝的宽度应根据建筑物的高度和抗震设计烈度来确定。在多层砖混结构,防震缝的宽度一般取 50~70 mm,地震区建筑的伸缩缝和防震缝应符合防震缝的要求。在多层和高层钢筋混凝土结构中,其最小宽度应符合表 2-6-5 的要求。

表 2-6-5　多(高)层钢筋混凝土结构防震缝最小宽度

结构体系	建筑高度 $H \leqslant 15$ m	建筑高度 $H > 15$ m,每增高 5 m 加宽		
		7 度	8 度	9 度
框架结构、框——剪结构	70	20	33	50
剪力墙结构	50	14	23	35

② 防震缝的盖缝构造

防震缝应同伸缩缝、沉降缝协调布置,相邻上部结构完全断开,并留有足够的缝隙。一般情况下,防震缝基础可不断开,但在平面复杂的建筑中或建筑相邻部分刚度差别较大时,也需将基础断开。按沉降缝设置的防震缝也应将基础断开。防震缝宽度较大,在盖缝时,应注意美观,对于外墙处,应注意节能。见图 2-6-39。

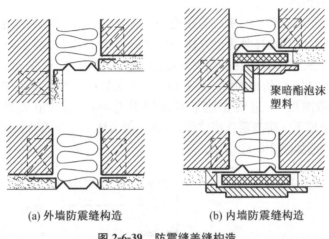

聚暗酯泡沫塑料

(a) 外墙防震缝构造   (b) 内墙防震缝构造

图 2-6-39 防震缝盖缝构造

变形缝

图 2-6-40 变形缝举例

2.6.8 地下室的构造详图

建筑物下部的地下使用空间称为地下室。地下室一般由墙身、底板、顶板、门窗、楼梯等部分组成。地下室按照地下室底板埋入的深度不同,可分为地下室和半地下室。地下室是指地下室地面低于室外地坪的高度超过该地下室房间净高 1/2 的地下室;半地下室是指地下室地面低于室外地坪的高度超过地下室净空高度 1/3,但不超过 1/2 的地下室。按照使用功能,可分为普通地下室和人防地下室。普通地下室指一般用作高层建筑的地下停车库、设备用房;人防地下室是指结合人防要求设置的地下空间,用以应付战时情况下人员的隐蔽和疏散,并有具备保障人身安全的各项技术措施。

地下室埋在室外地面以下,会受到地下水或地下潮气的影响,所以应进行地下室的防水或防潮处理。在建筑施工图上应绘出地下室防水或防潮的构造详图,或索引建筑详图图集。

1. 地下室防潮构造

当地下水的常年水位和最高水位均在地下室地坪标高以下时,须在地下室外墙外面设垂直防潮层。其做法是在墙体外表面先抹一层 20 mm 厚的 1∶2.5 水泥砂浆找平,再涂一道冷底子油和两道热沥青;然后在外侧回填低渗透性土壤,如黏土、灰土等,并逐层夯实,土层宽度为 500 mm 左右,以防地面雨水或其他地表水的影响。另外,地下室的所有外侧墙体都应设两道水平防潮层,一道设在地下室地坪附近,另一道设在室外地坪以上 150～200 mm 处,使整个地下室防潮层连成整体,以防地潮沿地下墙身或勒脚处渗入室内。

地下室防潮构造如图 2-6-41 所示。

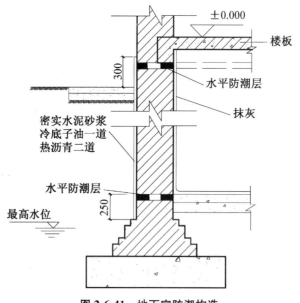

图 2-6-41　地下室防潮构造

2. 地下室防水

当设计最高水位高于地下室地坪时,地下室的外墙和底板都浸泡在水中,应考虑进行防水处理。地下室的防水构造做法主要采用防水材料来隔离地下水。按照建筑物的状况以及所选防水材料的不同,可以分为卷材防水、砂浆防水、构件自防水和涂料防水等几种。另外,采用人工降、排水的办法,使地下水位降低至地下室底板以下,变有压水为无压水,消除地下水对地下室的影响,也是非常有效的。

地下工程防水等级标准见下表 2-6-6。

表 2-6-6　地下工程防水等级标准

防水等级	标　　准
1级	不允许渗水,结构表面无湿渍
2级	不允许漏水,结构表面可有少量湿渍 工业与民用建筑:总湿渍总面积不大于总防水面积的 1%,单个湿渍面积不大于 0.1 m²,任意 100 m² 防水面积不超过一处 其他地下工程:湿渍总面积不大于防水面积的 6%,单个湿渍面积不大于 0.2 m²,任意 100 m² 防水面积不超过 4 处
3级	有少量漏水点,不得有线流和漏泥砂 单个湿渍面积不大于 0.3 m²,单个漏水点的漏水量不大于 2.5 L/d,任意 100 m² 防水面积不超过 7 处
4级	有漏水点,不得有线流和漏泥砂 整个工程平均漏水量不大于 2 L/m²·d,任意 100 m² 防水面积的平均漏水量不大于 4 L/m²·d

（1）卷材防水

卷材防水构造适用于受侵蚀性介质或受振动作用的地下工程。卷材应采用高聚物改性沥青防水卷材和合成高分子防水卷材。

① 外防水

防水卷材铺设在地下室混凝土结构主体的迎水面上。铺设位置是自底板垫层至墙体顶端的基面上,同时应在外围形成封闭的防水层。如果是附建的全地下室或半地下室的防水设防高度,应高出室外地坪 500 mm 以上。钢筋混凝土结构,应采用防水混凝土。防水卷材铺贴前应在基层表面上涂刷基层处理剂,基层处理剂应与卷材及胶粘剂的材料相容,可采用喷涂或涂刷法施工,喷涂应均匀一致、不露底,待表面干燥后方可铺贴卷材。两幅卷材短边和长边的搭接宽度均不应小于 100 mm。当采用多层卷材时,上下两层和相邻两幅卷材的接缝应错开 1/3 幅宽,且两层卷材不得相互垂直铺贴。在阴阳角处,卷材应做成圆弧,而且应当加铺一道相同的卷材,宽度≥500 mm。

② 内防水

内防水是将防水层贴在地下室外墙的内表面,这样施工方便,容易维修,但对防水不利,故常用于修缮工程。

地坪的防水构造是先浇混凝土垫层,厚约 100 mm;再以选定的卷材层数在地坪垫层上做防水层,并在防水层上抹 20～30 mm 厚的水泥砂浆保护层,以便于上面浇筑钢筋混凝土。为了保证水平防水层包向垂直墙面,地坪防水层必须留出足够的长度以便与垂直防水层搭接,同时要做好转折处卷材的保护工作,以免因转折交接处的卷材断裂而影响地下室的防水。

（2）构件自防水

地下工程迎水面主体结构应采用防水混凝土,称为构件自防水。常采用的防水混凝土有普通混凝土和外加剂混凝土。普通混凝土主要是采用不同粒径的骨料进行级配,并提高混凝土中水泥砂浆的含量,使砂浆充满于骨料之间,从而堵塞因骨料间不密实而出现的渗水通路,以达到防水目的。外加剂混凝土是在混凝土中掺入加气剂或密实剂,以提高混凝土的抗渗性能。防水混凝土的结构厚度≥250 mm,裂缝宽度≤0.2 mm 并不得贯通,迎水面钢筋保护层厚度≥50 mm。

（3）砂浆防水构造

砂浆防水构造适用于混凝土或砌体结构的基层上。不适用于环境有侵蚀性、持续振动或温度高于80℃的地下工程。所用砂浆应为水泥砂浆或高聚物水泥砂浆、掺外加剂或掺合料的防水砂浆，施工应采取多层抹压法。

用作防水的砂浆可以做在结构主体的迎水面或者背水面。其中水泥砂浆的配比应在1∶1.5～1∶2，单层厚度同普通粉刷。高聚合物水泥砂浆单层厚度为6～8 mm；双层厚度为10～12 mm。掺外加剂的防水砂浆防水层厚度为18～20 mm。

（4）涂料防水构造

涂料防水构造适用于受侵蚀性介质或震动作用的地下室工程主体迎水面或背水面的涂刷。

地下室防水涂料有有机防水涂料和无机防水涂料。有机防水涂料主要包括合成橡胶类、合成树脂类和橡胶沥青类，适宜做在主体结构的迎水面。其中如氯丁橡胶防水涂料、SBS改性沥青防水涂料等聚合物乳液防水涂料，属挥发固化型；聚氨酯防水涂料等属反应固化型。另有聚合物水泥涂料，国外称之为弹性水泥防水涂料。无机防水涂料主要包括聚合物改性水泥基防水涂料和水泥基渗透结晶型防水涂料，应认为是刚性防水材料，所以不适用于变形较大或受振动部位，适宜做在主体结构的背水面。

地下室防水构造如图 2-6-42 和图 2-6-43 所示。

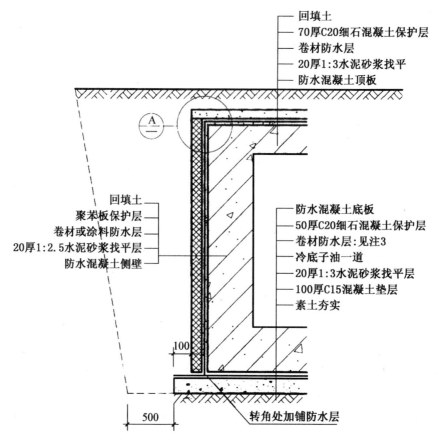

回填土
70厚C20细石混凝土保护层
卷材防水层
20厚1:3水泥砂浆找平
防水混凝土顶板

回填土
聚苯板保护层
卷材或涂料防水层
20厚1:2.5水泥砂浆找平层
防水混凝土侧壁

防水混凝土底板
50厚C20细石混凝土保护层
卷材防水层：见注3
冷底子油一道
20厚1:3水泥砂浆找平层
100厚C15混凝土垫层
素土夯实

100

500

转角处加铺防水层

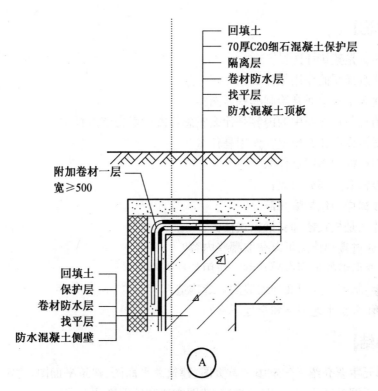

回填土
70厚C20细石混凝土保护层
隔离层
卷材防水层
找平层
防水混凝土顶板

附加卷材一层
宽≥500

回填土
保护层
卷材防水层
找平层
防水混凝土侧壁

A

图 2-6-42　地下室卷材防水构造示例(一)

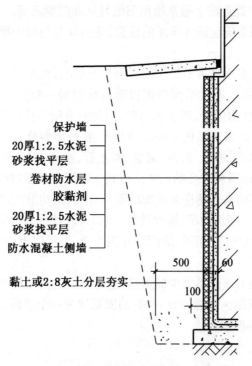

保护墙
20厚1:2.5水泥
砂浆找平层
卷材防水层
胶黏剂
20厚1:2.5水泥
砂浆找平层
防水混凝土侧墙

黏土或2:8灰土分层夯实

500
60
100

图 2-6-43　地下室卷材防水构造示例(二)

【课后讨论】

1. 什么是建筑详图？
2. 建筑详图的作用是什么？
3. 建筑工程中通常绘制哪些详图？
4. 墙身节点详图中的内容是什么？怎样阅读墙身节点详图？
5. 圈梁设在什么位置？作用是什么？
6. 构造柱的作用是什么？
7. 楼梯有几部分组成？
8. 楼梯详图包括哪几部分？
9. 什么是板式楼梯和梁板式楼梯？
10. 通过楼梯详图可以获取哪些内容？
11. 变形缝的类型有哪几种？作用是什么？
12. 绘制不上人屋面伸缩缝的盖缝构造。
13. 什么是半地下室和全地下室？

【单元小结】

本单元主要介绍了建筑施工首页图、建筑总平面图、建筑平面图、建筑立面图、建筑剖面图和建筑详图的图示内容、图示方法、读图方法和绘图方法。

1. 建筑施工首页图主要用来阐述工程的名称、作用、等级、类型、建筑主要部位的构造做法及所选用的图集；在首页图上通常绘出图纸目录和门窗表等。

2. 总平面图主要用来确定新建房屋的位置、朝向以及与周围原有建筑、地形、地物之间的关系等。

3. 建筑的平面图主要用来表示房屋的平面布置情况，在施工过程中，是进行放线、砌墙和安装门窗等工作的依据。通过平面图可以看出房屋每一层的平面形状、大小、房间的布置、楼梯走廊的位置、墙柱的位置、厚度和材料、门窗的类型和位置等情况。

4. 建筑立面图主要用来表示房屋的体型和外貌、外墙装修、门窗的位置与形式，以及遮阳板、窗台、窗套、屋顶水箱、檐口、阳台、雨篷、雨水管、水斗、引条线、勒脚、平台、台阶、花坛等构造和配件各部位的标高和必要的尺寸。建筑立面图在施工过程中，主要用于室外装修。

5. 建筑剖面图主要用来表达房屋内部的楼层分层、结构形式、构造和材料、垂直方向的高度等内容，是进行分层、砌筑内墙、铺设楼板、屋面板和楼梯、内部装修等工作的依据。

6. 读图时，建筑平面图、立面图、剖面图互相配合，表示房屋的全局，它们是房屋施工图中最基本的图样。

7. 建筑详图是建筑工程必不可少的图样，它详细表达出建筑节点的形状、材料、构造做法，是指导施工的重要依据。在读图时，所有的图纸均为一个整体，不要把它们分割开来，要相互联系，反复多遍进行识读。

【单元课业】

课业名称：绘制图 2-3-13 建筑平面图、图 2-4-2 建筑立面图、图 2-5-1 建筑剖面图。

时间安排:本单元学习结束后。

1. 课业说明:通过本单元学习,在正确理解国家制图标准的基本规定,熟悉绘图工具的使用的基础下,通过抄绘图样,达到提高绘图质量,加快绘图速度的教学目标。

2. 背景知识

教材:单元1　建筑形体的投影

　　　单元2　建筑施工图

参考资料:(1) 国家制图标准和规范

　　　　　(2) CAD绘图资料

3. 任务内容

每个同学需完成的任务:

(1) 根据所绘的图形,确定采用的比例。

(2) 根据比例确定图样的大小,从而确定图纸幅面的大小。

(3) 合理布置图形在幅面内的位置。

(4) 正确使用绘图工具,绘制图样。

4. 课业要求及评价

评价内容与标准

技能	评价内容	评价标准
确定比例	是否能根据所绘的图形选择合适的比例	1. 能确定合适的比例和图纸幅面的大小; 2. 能正确熟练应用绘图工具和绘图软件; 3. 图面布置均匀、合理、美观; 4. 线型的使用正确,线型粗、中、细线宽均匀、清晰分明; 5. 字体大小合适,尺寸标注位置疏密均匀,排列整齐; 6. 能在绘图过程中,熟练识读建筑施工图。
确定图幅	是否能确定合适的图纸幅面	
绘图工具的使用	是否能熟练应用CAD绘图软件的命令	
合理布置图形	图形在图纸内的布置位置是否合理、均匀、美观	
线型的应用	图形不同部位的线型是否正确,所绘图线是否符合要求	
文字的尺寸标注	不同位置的文字字号的选择是否合适的大小	
图纸的整体观感	布图是否均匀、合理、美观	

5. 课业评定等级

评定等级与标准

A	能正确熟练应用绘图工具,正确绘制图样,图样位置放置合适,所绘图样线型准确,字体形式和大小合适,尺寸标注设置合理,符合建筑制图的标准,并能指导他人完成绘图工作。
B	在不需要他人指导下,正确绘制图样,图样位置放置合适,所绘图样线型完整准确,字体大小合适,尺寸标注设置合理,符合建筑制图的标准。
C	在他人指导下,正确绘制图样,图样位置放置合适,所绘图样线型准确,字体大小合适,尺寸标注设置合理,符合建筑制图的标准。
D	在他人指导下,能应用绘图工具绘制图样,图样位置放置合适,所绘图样基本符合建筑制图的标准。

单元3 结构施工图

扫码可见本单元课件

引　言

结构施工图是用于表达建筑结构构件的位置、形状、规格、材料、配筋及其相互连接和施工方法的图样,是建筑工程图样的重要组成部分。本单元按照结构施工图的组成部分,讲述结构设计说明、基础施工图、结构平面布置图、结构构件详图等内容。

学习目标

1. 能够初步识读结构设计说明;
2. 掌握结构施工图的图示内容和图示方法;
3. 能够掌握基础结构类型和基础构造,正确绘制和识读一般基础施工图;
4. 能够掌握楼板结构类型及相关构造,正确绘制和识读结构平面图;
5. 能够掌握梁、板钢筋布置及平法相关知识,正确绘制和识读梁、板构件详图;
6. 能够掌握柱、剪力墙钢筋布置及平法相关知识,正确绘制和识读柱、剪力墙构件详图;
7. 能够掌握楼梯结构布置、钢筋布置及平法相关知识,正确绘制和识读楼梯结构详图;
8. 根据结构施工图的图示内容,查阅相应的规范图集正确指导施工。

本学习单元旨在培养学生绘制和识读结构施工图的基本能力,通过课程讲解和实训使学生掌握结构施工图绘图规则、绘图方法、识读方法等知识;通过参观、录像等强化学生对结构的认识,提高识读结构施工图的能力,为后续专业课程的学习打下坚实的基础。

建筑物是由结构构件(如墙、梁、板、柱、基础等)和建筑配件(如门、窗、阳台等)所组成。结构构件在建筑物中主要起承重作用,它们互相支承联成整体,构成建筑物的承重结构体系,称为"建筑结构"。

在房屋设计中,除了进行建筑设计,画出建筑施工图外,还要进行结构设计,即根据建筑的要求,经过结构造型和构件布置以及力学计算,确定建筑各承重构件的形状、材料、大小和内部构造等,并把这些构件的位置、形状、大小和连接方式绘制成图样,指导施工。表达房屋承重构件的布置、形状、大小、材料以及连接情况的图样,叫结构施工图,简称结施,用字母GS表示。图 3-0-1 为某栋建筑物结构轴测示意图,图中表示了梁、板、柱及基础在房屋中的位置及相互关系。需要说明的是,同一种建筑物中采用不同基础和结构形式的并不多,本图是为了让读者理解结构构件的联系而有意画在一起的。

结构施工图主要用来作为施工放线、开挖基槽、支模板、绑扎钢筋、设置预埋件、浇捣混凝土和安装梁、板、柱及编制预算与施工组织等的依据。结构的类型不同,结构施工图的具体内容及编排方式也各有不同,但一般都包括结构设计说明、结构平面布置图和结构构件详图三部分。

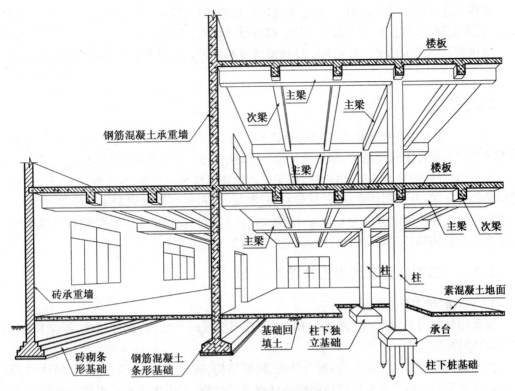

图 3-0-1 房屋结构示意图

3.1 结构设计说明

【学习目标】

1. 识读结构设计说明,了解建筑结构类型、建筑结构安全等级、地基基础设计等级、砌体施工质量控制等级等有关划分;

2. 能掌握结构施工图的组成及作用,理解常用结构构件代号的含义和常见结构材料的表达方法,能查阅结构设计说明中不同结构构件选用的材料及其他要求;

3. 能正确查找有关结构施工规范和图集。

【关键概念】

结构设计说明、强度等级、保护层

3.1.1 结构设计说明的内容

结构设计说明是对建筑的结构类型、安全等级、耐久年限、抗震设防等级、地基状况、材料强度等级、选用的标准图集、新结构与新工艺及特殊部位的施工图、施工顺序、方法及质量验收标准进行综合说明。

结构设计说明以文字说明为主,必要时附注辅助图样,其内容是全局性的。如果工程较小,结构不太复杂,可在基础平面图中加上结构设计说明,不再另写。

结构施工图图纸目录一般也放在结构设计说明中,当工程较小时,也可与建筑施工图目录放在一起。

【案例】

图 3-1-1 为某商住楼结构施工图设计说明。通过识读结构设计说明可知,本工程的结构形式为钢筋混凝土框架结构,层数为 6 层,主体结构设计使用年限为 50 年,结构安全等级为二级,抗震设防烈度为 7 度,框架柱、框架梁的抗震等级为三级等;本工程结构设计所依据的标准和规范等;结构构件中基础、框架柱、框架梁、楼板所选用的混凝土强度等级为 C30,基础垫层的混凝土强度等级为 C15,各结构构件中钢筋的设置要求。在结构设计说明中说明了本工程结构构件基础、柱、梁、板、填充墙的施工工艺和要求。

3.1.2 结构类型及其相关等级的划分

1. 建筑的结构类型划分

按所用材料的不同组成房屋的结构可分为:钢筋混凝土结构、砌体结构、钢结构、木结构、混合结构等。

按照结构受力特点不同分为:混合结构、框架结构、剪力墙结构、排架结构、筒体结构及其他。混合结构是指承重构件墙体用砖块材砌筑,梁、板、屋面等承重构件用钢筋混凝土及其他材料建造的结构;框架结构是指主要承重构件梁、板、柱用钢筋混凝土建造的结构,墙体在结构中不承重仅起填充作用;剪力墙结构是指部分或全部墙体为钢筋混凝土建造,起承重作用,梁、板、屋面等承重构件也用钢筋混凝土建造的结构。

2. 建筑结构安全等级划分

建筑结构安全等级是确定结构设计的依据,也是工程造价的基础。根据建筑结构破坏后果的严重程度,建筑结构划分为三个安全等级。一级:破坏后果很严重的重要的建筑物;二级:破坏后果严重的一般建筑;三级:破坏后果不严重的次要建筑。一般建筑结构安全等级为二级。

3. 地基基础设计等级

地基基础设计等级是根据地基复杂程度、建筑物规模和功能特征以及由于地基问题可能造成建筑物破坏或影响正常使用的程度,将地基基础设计分为甲、乙、丙三个设计等级。

甲级:重要的工业与民用建筑;30 层以上的高层建筑;体型复杂层数相差超过 10 层的高地层联成一体的建筑物;大面积的多层地下建筑物(如地下停车场、商场、运动场);对地基变形有特殊要求的建筑物;复杂地质条件下的坡上建筑物(包括高边坡)对原有工程影响较大的新建建筑物;场地和地基条件复杂的一般建筑物;对于复杂地基条件及软土地区的二层及二层以上地下室的基坑工程。

乙级:除甲级和丙级以外的工业与民用建筑物。

丙级:场地和地基条件简单;荷载分布均匀的七层与七层以下民用建筑和一般工业建筑物;次要的轻型建筑物。

结构设计说明

一、工程概况

1. 工程名称：某商住楼　建设地点：××××
2. 本工程设计标高±0.000 相当于黄海高程为：33.000 米。

结构型式	结构类型	地上层数	房屋高度	备注
钢筋混凝土框架结构	框架结构	6 层	21.200	

二、设计依据及主要参数取值

1. 基本数据：

主体结构设计使用年限	建筑结构安全等级	抗震设防类别	地面粗糙度	基本风压	基本雪压
50 年	二级	丙类	B 类	0.35 kN/m²	0.35 kN/m²

基础设计等级	混凝土构件裂缝控制等级	场地类别	砌体施工质量控制等级
丙级	（地上）三级　（地下）二级	Ⅱ类	B 级

抗震设防烈度	设计地震分组	设计基本地震加速度	框架梁、柱抗震等级（除注明外）
7 度	第二组	0.10 g	二级

本工程耐火等级二级，耐火极限：墙、柱为 2.5 h，深为 1.5 h，板为 1.0 h。

2. 混凝土构件的环境类别：地坪以下，地下室顶板构件，雨篷等室外构件混凝土浸交替环境为二 b 类；室内正常干湿环境的为一类。工程地质勘察报告：××地区工程勘察院提供的《岩土工程勘察报告》

三、本工程设计遵循的标准、规范、规程：

《建筑结构可靠度设计统一标准》（GB50068—2001）
《房屋建筑制图标准》（GB/T50001—2010）
《建筑结构制图标准》（GB/T50105—2010）
《建筑抗震设防分类标准》（GB50223—2008）
《建筑结构荷载规范》（GB50009—2001）2006 年版
《建筑地基基础设计规范》（GB50007—2011）
《混凝土结构设计规范》（GB50010—2010）
《建筑抗震设计规范》（GB50011—2010）
《砌体结构设计规范》（GB50003—2011）
《混凝土结构耐久性设计规范》（GB/T50476—2008）
《建筑地基处理技术规范》（JGJ 79—2002）
《补偿收缩混凝土应用技术规程》（JGJ/T178—2009）
《混凝土结构施工图平面整体表示方法制图规则和构造详图》（16G101—1、2、3）
《砌体填充墙结构构造》12SG614-1
《建筑物抗震构造详图》（11G329）
本工程施工除满足以上所列规范和规程外，尚应按国家、部委及地方制定的设计和施工现行标准、规范和规程执行。

四、设计采用的计算软件

1. 本工程设计采用：中国建筑科学研究院开发的 PKPM 系列计算软件 2010 年版。
结构周期、位移比、剪重比、刚重比等均满足规范要求；整体稳定验算满足规范要求，且根据规范可不考虑重力二阶效应。

五、设计采用的均布活荷载标准值

1. 屋面板、钢筋混凝土挑檐和雨篷的施工或检修集中荷载为 1.0 kN。
2. 栏杆顶水平荷载取为 1.0 kN/m。
3. 屋面水箱总水重 10 吨。
4. 电梯载重量 800 公斤（无机房电梯）。未经技术鉴定或设计许可，不得改变结构的用途和使用环境。

六、主要结构材料

1. 混凝土

基础垫层	基础	现浇墙、柱、梁、板等结构构件
C15	C30	C30

注：（1）楼梯混凝土强度等级同各楼层主体结构梁、板、圈梁、过梁、构造柱为 C25。

2. 结构混凝土耐久性的基本要求：

材料要求\环境类别	最大水胶比	最大氯离子含量（%）	最大碱含量（kg/m³）
一	0.60	0.30	不限制
二 b	0.50	0.15	3.0

3. 构件中普通钢筋的混凝土最小保护厚度（最外层钢筋的外边缘至混凝土表面的距离）

环境类别	板墙	梁柱
一	15 mm	20 mm
二 b	25 mm	35 mm

注：a) 混凝土强度等级不大于 C25 时，表中保护层厚度数值应增加

5 mm。
b) 受力钢筋外边缘至混凝土表面的距离，除符合表中规定外，不应小于钢筋的公称直径。
c) 机械连接套筒的保护层厚度宜满足有关钢筋最小保护厚度的规定。机械连接套筒的横向净间距不宜小于 25 mm。
d) 保护层内配置防裂、防脱落钢筋网片时，网片钢筋的保护层厚度不应小于 25 mm。

（1）对沿屋顶四周室外地坪上下各 500 mm 的混凝土表面有可能接触冰冻处，首先应涂水泥基渗透结晶型防水涂料 1.0 mm 厚也可涂水泥基防水涂料 3.0 mm 厚，涂料外防护做法详建筑设计。隔离开冰冻环境，避免冻融。防水涂料在房屋使用年限内，如有损坏，应及时修复。

（2）基础中纵向钢筋和地下防水迎水面受力钢筋保护层厚度不应小于 40 mm，无垫层时的保护层不应小于 70 mm。基础细部防护：聚合物水泥浆两遍。

（3）除设计已考虑和注明外，当梁、柱、板、墙由一类环境进入不利环境，保护层比一类环境需加大时，构件断面相应加大或加厚，详图五。

（4）施工单位和混凝土供应商应按混凝土构件所处环境作用类别与等级，按 GB/T50476—2008 附录 B1，B2，B3 选用混凝土原材料（包括胶凝材料最少用量，最大用量；三氧化硫和碱含量、骨料粒径等）

4. 钢筋：Φ—HPB300 钢筋设计强度 fy = 270 N/mm²；Φ—HRB335 设计强度 fy = 300 N/mm²；Φ—HRB400 设计强度 fy = 360 N/mm²。

注：（1）钢筋的技术指标应符合《混凝土结构设计规范》GB50010 的要求。

（2）钢筋的强度标准值应具有不小于 95% 的保证率。

（3）纵向受力钢筋及箍筋宜优先选用符合抗震性能指标的 HRB335、HRB400 热轧钢筋。
抗震等级为一、二、三级的框架和斜撑构件（含楼梯），其纵向受力钢筋采用普通钢筋时应符合下列三项指标：
a. 钢筋的抗拉强度实测值与屈服强度实测值的比值不小于 1.25；
b. 钢筋的屈服强度实测值与强度标准值的比值不大于 1.3；
c. 钢筋在最大拉力下的总伸长率实测值不小于 9%。

（4）当需要以强度等级较大的钢筋替代原设计中的纵向受力钢筋时，应按照钢筋承载力设计值相等的原则换算，并应满足最小配筋率，抗裂验算等，且需经设计人员认可。

5. 焊条：E43×× 系列焊条用于 HPB300 钢筋；E50×× 系列焊条用于 HRB335、HRB400 钢筋。不同材质，焊条应与低强度等级材质匹配。

七、钢筋搭接与锚固

除施工图中注明外，钢筋接头做法及部位符合下列要求：
1. 钢筋的搭接长度、钢筋的锚固长度详见《16G101—1》第 57~62 页。
2. 钢筋的工地接头：当受拉钢筋直径＞25 mm 及受压钢筋直径＞28 mm 时，不宜采用绑扎接头。
3. 上部结构的梁上部钢筋在跨中三分之一范围内连接，下部钢筋在支座处连接。
4. 除特别注明处，地下室底板和相应的地基梁按翻置板，倒置梁要求，上部纵筋一般在支座内连接，下部纵筋一般在跨中连接。
5. 混凝土结构中受拉钢筋的连接接头宜设在受力较小处。在同一根受力钢筋上宜少设接头。在结构的重要构件和关键传力部位，纵向受力钢筋不宜设置连接接头。接头应相互错开，当采用非焊接接头时，从任一接头中心至 1.3 搭接长度的区段范围内，或当采用焊接接头时在任一焊接接头中心至长度为钢筋直径的 35 倍且不小于 500 mm 的区段范围内，有接头的受力钢筋截面面积占受力钢筋总截面面积的百分率应符合下表规定：

接头型式	受拉区	受压区
绑扎搭接头	25%	50%
焊接及机械连接接头	50%	不限

注 1：钢筋焊接接头试验方法应符合现行国家标准《钢筋焊接接头试验方法》的有关规定。

6. 在梁、柱类构件的纵向受力钢筋搭接长度范围内应配置箍筋，其直径不应小于搭接钢筋较大直径的 0.25 倍。箍筋间距不应大于搭接钢筋较小直径的 5 倍，且不应大于 100 mm。当受压钢筋直径 d>25 mm 时，尚应在搭接接头两个端面外 100 mm 范围内各设置两个箍筋。

7. 钢筋混凝土墙、柱纵向钢筋伸入基础或承台内时，应满足锚固长度 LaE 的要求，且伸入基础或承台内的竖向长度与水平弯钩长度的锚固构造要求 16G101-3 第 64~66 页。

8. 当锚固钢筋的保护层厚度不大于 5 d 时，锚固长度范围内应配置横向构造钢筋，其直径不应小于 d/4（d 为锚固钢筋的最大直径），对梁、柱、墙、斜撑构件间距不应大于 5 d，对板、墙平面构件间距不应大于 10 d，且均不应大于 100 mm，此处 d 为锚固钢筋的直径。（其中对于构造钢筋的直径根据最大锚固钢筋的直径确定；对于锚固钢筋的间距，按最小锚固钢筋的直径取值。）

八、地基与基础

本工程采用柱下独立基础，建筑场地地基稳定性佳，地基处理采用注浆强夯和碎石换填处理。场地内土和地下水对混凝土结构及钢筋混凝土有微（弱）腐蚀性。基础施工前应进行钎探、验槽，如发现土质与地质报告不符合时，须会同勘察、设计、施工、建设、监理等单位共同协商研究处理。在基坑施工过程中应做好基坑排水工作，开挖过程中应注意边坡稳定，施工过程中应采取有效降水。土方开挖后应立即对基坑进行封闭，防止水浸和暴露，并应及时进行地下结构施工，基坑周边不得堆载，基础施工完毕后，应及时进行基坑排水，回填时应先清除基坑中的杂物，回填土应在相对的两侧或四周对称分层夯实，每层厚度不大于 250，回填土的压实系数为 0.94。

九、钢筋混凝土构件构造

1. 本工程混凝土结构施工图采用平法表示，除特殊注明外，相关构造均应按 16G101-1、2、3 施工。

图 3-1-1　某小区商住楼结构设计说明（一）

结构设计说明

2. 框架
(1) 次梁边支座按铰接构造锚固。
(2) 主、次梁高度相同时，次梁底部钢筋应置于主梁底部钢筋之上（挑梁除外）。
(3) 对于跨度为 4 米和 4 米以上的梁应注意按施工规范起拱。跨度大于 8 m 的梁起拱高度为跨度的 3/1000，梁、板、柱必需严格按施工规范时间拆模、养护。悬挑构件待混凝土强度达到 100% 后方可拆模，其他构件拆模时间应满足相应要求。
(4) 梁上孔洞埋管一律预埋钢套管，预埋管位置详各专业图纸。
(5) 框架柱与圈梁、钢筋混凝土墙带、现浇过梁相连时，由框架柱留出相应的钢筋。
(6) 框架柱、框架梁的纵向钢筋不应与箍筋、拉筋及预埋件等焊接，以免焊伤纵向钢筋。
(7) 框架梁一端与墙、混凝土柱连接，另一端与梁连接时，仅在混凝土墙柱相连一端箍筋加密，节点按框架构造。
(8) 框架梁、柱中心线之间的偏心距大于柱截面在该方向宽度的 1/4 时，应按苏 G01—2003 采用水平加腋措施。
3. 现浇楼板
(1) 现浇板端部梁支座锚固按铰接构造。
(2) 双向板底部钢筋短跨放下排，长跨放上排，双向板面钢筋短跨放上排，长跨放下排。
(3) 当板底与梁底在同一高度时，板的下部钢筋应放在梁下部纵向钢筋之上。
(4) 板上孔洞应预留，施工时各工种必须根据各专业图纸配合土建预留全部孔洞，楼板开洞构造详 11G101-1-110 页，洞口尺寸大于 300 时，洞边补强筋未注明时为 2⚡12。
(5) 板顶分布钢筋除注明者外，均为⚡6@200。
(6) 折梁构造详《16G101-1》第 103 页。
(7) 现浇挑檐栏板等外露构件外侧应每 12 米设 20 宽缝，油膏灌缝。
(8) 当柱角或墙的阳角突出到板内且尺寸较大时，应布置构造筋；现浇板角部支座筋长度如图一。
(9) 填充墙直接砌筑在板上（墙下无梁）时，板底顺墙另加 3⚡12@100。
(10) 当悬挑板厚度大于等于 150 时，端部封边构造做法详《16G101-1》第 103 页（二）。

十、填充墙构造

1. 填充墙砌体材料：

砌体部位		砌块名称及规格	砌块强度等级	砂浆强度等级	容重限值
±0.000 以下		烧结煤矸石砖	MU10	M7.5 水泥砂浆	≤19 KN/m³
± 0.000 以上	外墙	煤矸石烧结空心砖	MU10	M5 混合砂浆	≤11 KN/m³
	内墙	加气混凝土砌块	MU3.5	M5 混合砂浆	≤8 KN/m³

注：(a) 确定掺有粉煤灰 15% 以上的混凝土砌块的强度等级时，其抗压强度应乘以自然碳化系数，当无自然碳化系数时，可取人工碳化系数为 1.15 倍。
(b) 确定砂浆强度等级时应采用同类块体为砂浆强度试块底模。
2. 填充墙与柱的连接等其他相关构造详图集《12SG614-1》，填充墙沿框架柱全高每隔 500 mm 设 2⚡6 拉结筋，且沿墙全长贯通。
3. 门窗过梁：过梁做法详图三、表一；洞顶距结构梁小于过梁高度时按图二处理。
4. 当填充墙下列部位无框架柱时，须设置构造柱（GZ1）。
(1) 填充墙角部及纵横交接处，以及片墙端部；
(2) 宽度≥2.0m 洞口两侧；
(3) 独立墙肢端部及连续墙长超过 4.0m 的墙中部；
(4) 电梯井四角；
(5) 楼梯间内构造柱间距不大于层高；
(6) 电表箱及消防栓箱两侧及图纸中注明处。
5. 加气混凝土砌体内、外墙未设置构造柱门洞口两侧应设置钢筋混凝土柱，详图四。
6. 女儿墙构造柱间距不大于 2.0m。
7. 楼梯间和人流通道的填充墙应采用双面满布钢丝网砂浆底层。
8. 楼梯间填充墙其他加强措施详楼梯结构说明。
9. 墙长超过 5.0m 时墙顶与梁（板）底连接构造详 12SG614-1。

十一、其它

1. 卫生间墙身下设置同墙宽，同卫生间板混凝土强度等级的素混凝土翻边 200 高。
2. 预埋管线交叉布线可采用线盒，线管不宜立体交叉穿过，确保管线外壁至板底和上皮不小于 25mm，管线上部沿管线增设⚡4@150 加强筋，宽度至 450 mm。
3. 屋面水箱（10 吨）安装及支撑构件和预埋件设置详安装图，并应与支撑构件可靠连接。
4. 按要求需后浇的设备管井板筋应预留。

5. 梁柱内不得预埋木砖，不得设置膨胀螺丝，需要时可预埋铁件或插筋。
6. 凡预留洞、预埋件应严格按照结构图并配合其他工种图纸进行施工，严禁擅自开洞、留设水平槽或事后凿洞，钢筋混凝土板洞长大于 300 mm 的预留洞，当以结构图所示为准，其他专业图纸或设计修改通知与本条说明有矛盾时，应征得结构设计人员同意并采取有效的技术措施后才可施工。
7. 房间内的墙应按照建筑图的位置，同时依据结构图的布置砌筑，不得随意砌筑。
8. 电梯（无机房）载重量为 800 公斤，预埋件及预留孔请结合电梯安装图集执行。
9. 未经技术鉴定或设计许可，不得任意改变结构的用途和使用环境。
10. 未尽事宜应严格按国家现行设计施工规范规程及相应的施工验收规范施工。
11. 本图纸应通过施工图审查后方可施工。

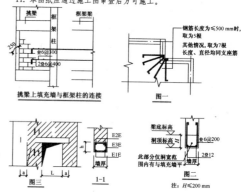

挑梁上填充墙与框架柱的连接　　图一

1-1　　图三　　图二

注：H≤200mm。

表一

门窗洞口宽(L)	h	a	①	②	③
L≤1500	100	250	2⚡8	2⚡6	⚡6@200(2)
1500<L≤1800	150	250	2⚡10	2⚡6	⚡6@200(2)
1800<L≤2400	180	250	2⚡12	2⚡8	⚡8@200(2)
2400<L≤3000	240	300	3⚡12	2⚡10	⚡8@150(2)
3000<L≤3500	300	300	3⚡14	2⚡12	⚡8@150(2)

结构图纸目录

图号	图名	图幅
GS01	结构设计说明　结构图纸目录	A1
GS02	基础结构图	A1
GS03	结构大样图	A1
GS04	一二层框架柱配筋图	A1
GS05	三四五层框架柱配筋图	A1
GS06	二层结构模板图　二层板配筋图	A1
GS07	二层梁配筋图　三层梁配筋图	A1
GS08	三层结构模板图　三层板配筋图	A1
GS09	四层结构模板图　四层板配筋图	A1
GS10	四层梁配筋图　五层梁配筋图	A1
GS11	五层结构模板图　五层板配筋图	A1
GS12	六层结构模板图　六层板配筋图	A1
GS13	层面结构模板图　屋面板配筋图	A1
GS14	层面梁配筋图　构架层结构图　机房屋面结构图	A1
GS15	楼梯甲　乙结构图	A1
GS16	楼梯丙　丁结构图	A1

图五

填充墙腰带

图 3-1-1　某小区商住楼结构设计说明(二)

4. 砌体施工质量控制等级

施工质量控制等级就是根据施工现场的质保体系、砂浆和混凝土的强度、砌筑工人技术等级综合水平划分的砌体施工质量控制级别,划分为 A、B、C 三个等级。施工质量控制等级的选择由设计单位和建设单位商定,并应在工程设计图中明确设计采用的施工质量控制等级,具体参见《砌体工程质量验收规范》(GB 50203—20011)中施工质量控制等级,它与《砌体结构设计规范》中施工质量控制等级完全对应。

5. 裂缝控制等级

钢筋混凝土构件的裂缝控制等级有三级,分别是:一级,严格要求不出现裂缝的构件;二级,一般要求不出现裂缝的构件;三级,允许出现裂缝的构件。

3.1.3　结构施工图基本规定

1. 常用结构构件代号

在结构施工图中,结构构件的名称用其代号表示,这些代号用构件名称的汉语拼音的第一个大写字母表示。代号后用阿拉伯数字标注该构件的型号和编号,也可为构件的顺序号。构件的顺序号采用不带角标的阿拉伯数字连续编排。《建筑结构制图标准》(GB/T 50105—2010)规定结构构件的代号如表 3-1-1 所示。

表 3-1-1　常用构件代号

序号	名称	代号	序号	名称	代号	序号	名称	代号
1	板	B	19	圈梁	QL	37	承台	CT
2	屋面板	WB	20	过梁	GL	38	设备基础	SJ
3	空心板	KB	21	连系梁	LL	39	桩	ZH
4	槽形板	CB	22	基础梁	JL	40	挡土墙	DQ
5	折板	ZB	23	楼梯梁	TL	41	地沟	DG
6	密肋板	MB	24	框架梁	KL	42	柱间支撑	ZC
7	楼梯板	TB	25	转换柱	ZHZ	43	垂直支撑	CC
8	盖板或沟盖板	GB	26	屋面框架梁	WKL	44	水平支撑	SC
9	挡雨板或檐口板	YB	27	檩条	LT	45	梯	T
10	吊车安全走道板	DB	28	屋架	WJ	46	雨篷	YP
11	墙板	QB	29	托架	TJ	47	阳台	YT
12	天沟板	TGB	30	天窗架	CJ	48	梁垫	LD
13	梁	L	31	框架	KJ	49	预埋件	M
14	屋面梁	WL	32	刚架	GJ	50	天窗端壁	TD
15	吊车梁	DL	33	支架	ZJ	51	钢筋网	W
16	单轨吊车梁	DDL	34	柱	Z	52	钢筋骨架	G
17	轨道连接	DGL	35	框架柱	KZ	53	基础	J
18	车挡	CD	36	构造柱	GZ	54	暗柱	AZ

注:1. 预制钢筋混凝土构件、现浇钢筋混凝土构件、钢构件和木构件,一般可直接采用本表中的构件代号。在绘图中,当需要区别上述构件的材料种类时,可在构件代号前加注材料代号,并在图纸中加以说明。
2. 预应力混凝土构件的代号,应在构件代号前加注"Y-",如 Y-DL 表示预应力钢筋混凝土吊车梁。

2. 常用结构材料强度及其他规定

(1) 混凝土强度等级

混凝土是由水泥、砂、石料和水按一定比例混合,经搅拌、浇筑、凝固、养护而制成的。用混凝土制成的构件抗压强度较高,但抗拉强度较低,极易因受拉、受弯而断裂。

钢筋具有良好的抗拉强度,且与混凝土具有良好的黏结能力。为了提高构件的承载力,在构件受拉区内配置有一定数量的钢筋,这种由钢筋和混凝土两种材料结合而成的构件,称为钢筋混凝土构件。钢筋混凝土构件下部钢筋承受拉力,上部混凝土承受压力,与普通混凝土相比,大大提高了构件的承载力。为了提高抗裂性,还可制成预应力构件。没有钢筋的构件又称为素混凝土构件。

混凝土抗压性能极高,按照其抗压强度分为不同的等级,普通混凝土分 C15、C20、C25、C30、C35、C40、C45、C50、C55、C60、C65、C70、C75、C80 十四个等级,等级愈高,混凝土抗压强度也愈高。其中 C 代表混凝土,后面的数字表示混凝土的抗压强度达到的抗压强度。例如 C30 表示混凝土的抗压强度为 30 MPa。

钢筋混凝土构件有现浇和预制两种。现浇是在建筑工地现场浇制,预制是在预制品厂先浇制好,然后运到工地进行吊装,有的预制构件也在现场预制,然后安装。

(2) 钢筋

① 钢筋种类和符号

钢筋是建筑工程中使用量最大的钢材品种之一,钢厂按直条和盘圆供货。

钢筋分普通钢筋和预应力钢筋两类。普通钢筋是指用于钢筋混凝土结构中的钢筋和预应力混凝土结构中的非预应力钢筋,普通钢筋的分类及符号见表 3-1-2。在钢筋混凝土构件中宜采用 HRB400、HRB500、HRBF400、HRBF500,也可采用 HPB300、HRB335、RRB400。预应力钢筋宜采用钢绞线、钢丝和预应力螺纹钢筋。预应力钢筋种类及符号参考《混凝土结构设计规范》(GB 50010—2010)。

表 3-1-2　普通钢筋强度标准值(N/mm²)

牌号	符号	公称直径(mm)	屈服强度标准值 f_{yk}	极限强度标准值 f_{stk}
HPB300	φ	6～22	300	420
HRB335	⏀	6～50	335	455
HRB400 HRBF400 RRB400	⏀ ⏀F ⏀R	6～50	400	540
HRB500 HRBF500	⏀ ⏀F	6～50	500	630

钢筋的抗拉和抗压强度都很高。普通钢筋的强度设计值见表 3-1-3。

表 3-1-3 普通钢筋强度设计值(N/mm²)

牌号	f_y	f'_y
HPB300	270	270
HRB335	300	300
HRB400、HRBF400、RRB400	360	360
HRB500、HRBF500	435	410

② 钢筋的保护层和弯钩

为了保证钢筋和混凝土的黏结力,防止钢筋锈蚀,钢筋外缘到构件表面应保持一定的厚度,称之为保护层。常见构件钢筋的保护层厚度如表 3-1-4 所示。

表 3-1-4 混凝土保护层最小厚度(mm)

环境类别	板、墙	梁、柱
一	15	20
二 a	20	25
二 b	25	35
三 a	30	40
三 b	40	50

注:1. 表中钢筋的保护层厚度是指最外层钢筋外边缘至混凝土表面的距离,适用于设计使用年限为 50 年的混凝土结构。

2. 构件中受力钢筋的保护层厚度不小于钢筋的公称直径。

3. 设计使用年限为 100 年的混凝土结构,一类环境中,最外层钢筋的保护层厚度不小于表中数值的 1.4 倍;二、三类环境中,应采取专门的有效措施。

4. 混凝土强度等级不大于 C25 时,表中保护层厚度数值应增加 5 mm。

5. 基础底面钢筋的保护层厚度,有混凝土垫层时应从垫层顶面算起,且不应小于 40 mm。

6. 表中的一类、二类、三类环境详见有关规范,一般情况的建筑物属于一类环境类别。

在结构施工图中保护层厚度一般不需标注,只用文字说明即可。图形窄小时,为避免钢筋太靠近外形轮廓线,还可适当留宽一些。

为了加强光圆钢筋与混凝土的黏结力,HPB300 级钢筋端部常做成弯钩,弯钩的角度有 180°、90°等形式。HRB335、HRB400、RRB400、HRB500 级钢筋因表面有肋纹,一般不需做弯钩。

箍筋两端在交接处也要弯钩。图 3-1-2 为常见的几种钢筋和箍筋弯钩形式。

③ 钢筋的画法

在配筋图中,为了突出钢筋,构件的轮廓线用细实线画出,混凝土材料不画,而钢筋则用粗实线(单线)画出,钢筋的断面用黑圆点表示。一般钢筋的常用图例如表 3-1-5 所示,其他形式钢筋图例详见结构制图标准,在结构施工图中钢筋的常规画法见表 3-1-6。

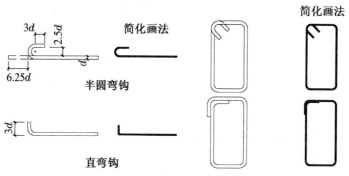

图 3-1-2　钢筋和箍筋弯钩形式

表 3-1-5　钢筋的图例

编号	名称	图例	
1	钢筋横断面	•	
2	无弯钩的钢筋端部		下图为长短钢筋重叠时的钢筋端部用 45°斜划线表示
3	带半圆形弯钩的钢筋端部		
4	带直钩的钢筋端部		
5	带丝扣的钢筋端部		
6	无弯钩的钢筋搭接		
7	带半圆形弯钩的钢筋搭接		
8	带直钩的钢筋搭接		
9	花篮螺丝钢筋接头		
10	机械连接的钢筋接头		用文字说明机械连接的方法（如冷挤压或直螺纹等）

表 3-1-6　钢筋的画法

序号	说明	图例
1	在平面图中配置双层筋时,底层钢筋弯钩向上或向左,顶底层钢筋弯钩向下或向右。	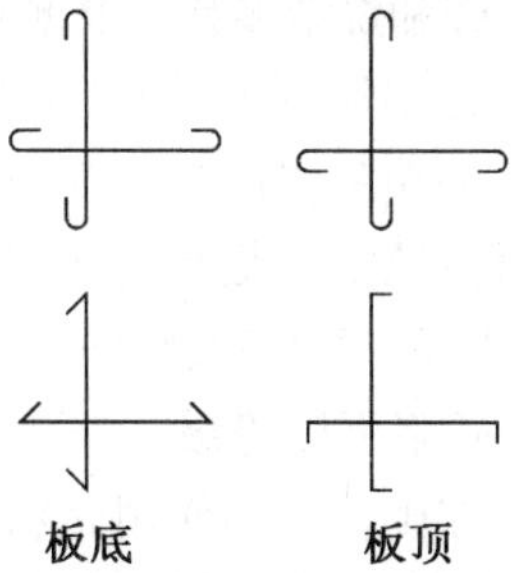 板底　板顶
2	钢筋混凝土墙体配双层钢筋时,在配筋立面图中,远面钢筋的弯钩应向上或向左,而近面筋的弯钩应向下或向右(JM 近面,YM 远面)	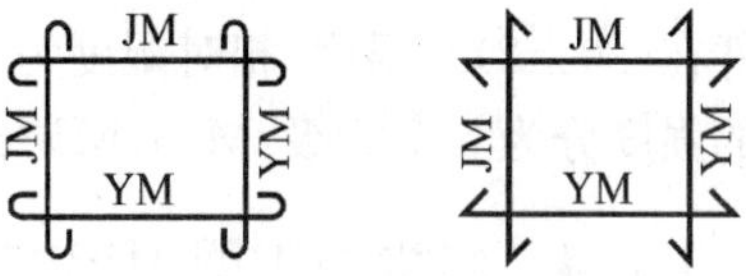
3	若在断面图中不能表达清楚的钢筋布置,应在断面图外增加钢筋大样图(钢筋混凝土墙、楼梯等)	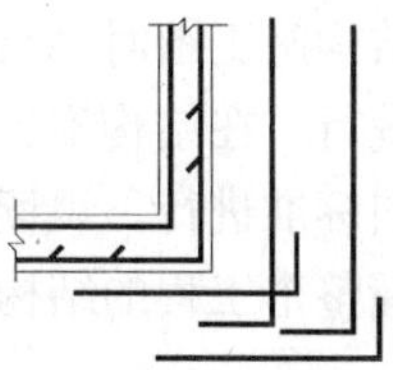
4	图中表示的箍筋、环筋等若布置复杂时,可加画钢筋大样图(如钢筋混凝土墙、楼梯等)	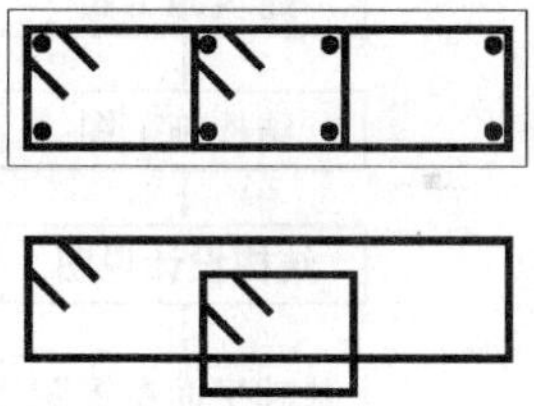
5	每组相同的钢筋、箍筋或环筋,可用一根粗实线表示,同时用一两端带斜短划线的横穿细线,表示其余钢筋及起止范围	

④ 钢筋的标注

钢筋的标注有两种,一种是标注钢筋的根数、级别、直径,另一种是标注钢筋的级别、直径、相邻钢筋中心距。具体见表 3-1-7。

表 3-1-7　钢筋的标注

① 标注钢筋的根数、直径和等级	② 标注钢筋的等级、直径和相邻钢筋中心距
3 ⏀ 18	⏀ 8@200
3:表示钢筋的根数; ⏀:表示钢筋等级符号(HRB400); 18:表示钢筋直径(18 mm)。	⏀:表示钢筋等级符号(HRB400); 8:表示钢筋直径(8 mm); @:相等中心距符号; 200:相邻钢筋的中心距为 200 mm。
3 根直径为 18 mm 的 HRB400 钢筋	直径为 8 mm 的 HRB400 钢筋,间距为 200 mm

（3）砌体强度等级

在砌体结构中,常用的砌筑块材有砖、砌块和石材。其中砖分为烧结普通砖和烧结多孔砖。烧结普通砖和烧结多孔砖根据其抗压强度分为 5 个等级：MU30、MU25、MU20、MU15、MU10。

砌块是用混凝土、轻混凝土及硅酸盐材料制成的,主要品种有实心砌块、空心砌块和微孔砌块。砌块的强度分为 5 个等级：MU20、MU15、MU10、MU7.5、MU5。

石材按照加工后的规则程度分为料石和毛石。石材的强度分为 7 个等级：MU100、MU80、MU60、MU50、MU40、MU30、MU20。

（4）砂浆强度等级

砂浆在砌体中的作用是将砌体内的块材黏结成整体。砂浆按其成分不同分为水泥砂浆、混和砂浆、非水泥砂浆三类。砂浆强度等级是以边长为 7.07 cm 的立方体试块,按标准条件在(20±2)℃温度、相对湿度为 90% 以上的条件下养护至 28 d 的抗压强度值确定。砂浆的强度分为 5 个等级：M15、M10、M7.5、M5、M2.5。

3.1.4 结构施工图识读方法

识读结构施工图时,应首先认真阅读和熟悉建筑施工图,在此基础上通常按照图 3-1-3 所示步骤进行。在结构施工图中结构构件通常用构件名称表示,构件的表示应该按照结构施工图制图标准进行。识读结构施工图要抓住定位轴线这个关键,结合建筑施工图进行,从总体上把握整个工程的结构布置、钢筋配置情况。

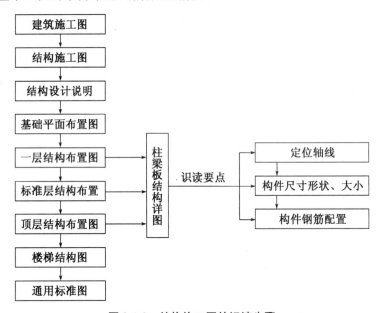

图 3-1-3　结构施工图的识读步骤

【课后讨论】

1. 结构施工图的作用是什么？包括哪些图纸内容？

2. 阅读结构施工图的顺序是什么？应重点了解什么内容？

3. 常用结构材料强度等级是如何划分的？

4. 普通钢筋分为哪几类,符号是怎样的?

5. 结合常见的结构构件说明钢筋在结构中是如何分类的。

6. 在结构施工图中钢筋是如何表示的?

3.2 基础施工图

【学习目标】

1. 能正确识读基础施工图中基础的类型、位置、规格、材料等内容;
2. 正确绘制基础平面图及基础详图。

【关键概念】

基础平面图、基础详图基础埋深、独立基础、条形基础、筏板基础、桩基础

基础施工图是表示建筑物室内地面以下基础部分的平面布置和详细构造的图样,一般包括基础平面布置图、基础详图两部分;基础施工图是施工放线、开挖基槽、砌筑基础等的依据。

3.2.1 基础的组成与分类

1. 基础的组成

基础是建筑物地面以下承受建筑物全部荷载的下部结构。基础以下受到建筑物荷载影响的一部分土层称为地基。

当采用砖墙和砖基础时,基础的组成如图 3-2-1 所示。为进行基础施工而开挖的土坑称为基坑(槽)。基坑边线就是放线的灰线。埋入地下的墙称为基础墙。基础墙下加宽放大的阶梯形砌体称为大放脚。大放脚下最宽部分的一层称为垫层。底层地面下一皮砖处墙体上的防潮材料称为防潮层(若有地圈梁,地圈梁可兼作防潮层),它能阻止地下水因毛细作用而侵蚀地面以上的砌体。

基础的埋置深度是指从室外地面到基础底面的垂直距离,如图 3-2-2 所示。按照埋置深度不同,基础分为浅基础和深基础。埋深小于 5 m,用一般的施工方法完成的基础称为浅基础,如条形基础、独立基础、筏板基础等;埋深大于 5 m,需要特殊的施工方法完成的基础称为深基础,如桩基础、沉井基础等。

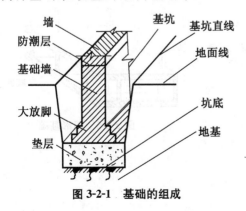

图 3-2-1 基础的组成

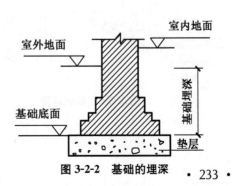

图 3-2-2 基础的埋深

2. 基础的分类

（1）按照构造形式分

按照构造形式不同分为条形基础、独立基础、筏板基础、箱形基础、桩基础等。

① 条形基础一般用于承重墙下，形成墙下条形基础，如图 3-2-3（a）所示；也可用于柱下，形成柱下条形基础（单向）和十字交叉基础（双向），如图 3-2-3（b）、（c）所示。

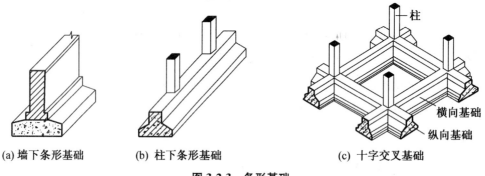

(a) 墙下条形基础　　(b) 柱下条形基础　　(c) 十字交叉基础

图 3-2-3　条形基础

② 独立基础常用于柱下形成柱下独立基础，也可用于墙下形成墙下独立基础，如图 3-2-4 所示。

③ 筏板基础像一个倒置的楼盖，又称为满堂基础。筏式基础分为板式和梁板式两大类，如图 3-2-5 所示。它广泛用于地基承载能力差，荷载较大的多层或高层住宅、办公楼等民用建筑。

④ 箱形基础是由钢筋混凝土底板、顶板和纵横交叉的隔墙构成，如图 3-2-6 所示。箱形基础多用于高层建筑物基础。

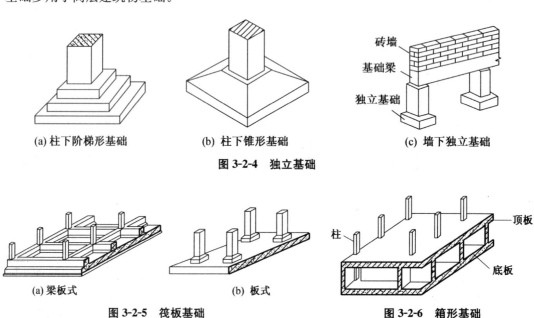

(a) 柱下阶梯形基础　　　　(b) 柱下锥形基础　　　　(c) 墙下独立基础

图 3-2-4　独立基础

(a) 梁板式　　　　(b) 板式

图 3-2-5　筏板基础　　　　图 3-2-6　箱形基础

⑤ 桩基础是深基础,上部建筑物通过桩基础把荷载传到较深的好土层上。桩基础类型很多,按照桩基础受力状况不同,分为摩擦型桩和端承型桩,如图 3-2-7。

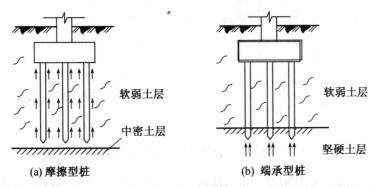

(a) 摩擦型桩　　　　　　　　　　(b) 端承型桩

图 3-2-7　桩基础

(2) 按照材料和受力特点分

按照基础材料和受力特点不同有无筋扩展基础和扩展基础。

无筋扩展基础常见的有砖基础、毛石基础、三合土基础、灰土基础、混凝土基础和毛石混凝土基础。无筋扩展基础构造见图 3-2-8,柱下无筋扩展基础构造见图 3-2-9。

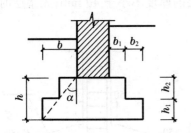

1. 混凝土基础　$h_1,h_2 \geqslant 200$ mm
　　　　　　　　$b_1 \geqslant 150$ mm
2. 毛石基础　　$h_1,h_2 \geqslant 400$ mm
　　　　　　　　$b_1 \geqslant 150$ mm

(a) 阶梯型基础

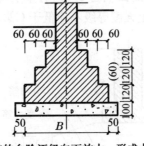

砖基础的台阶逐级向下放大,形成大放脚。
放脚方式:1. 两皮砖挑1/4砖长。
　　　　　2. 两皮砖挑1/4砖长与一皮砖
　　　　　　 挑1/4砖长相间砌筑。

(b) 砖基础

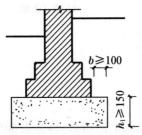

1. $b \geqslant 100$ mm, h_1 应取 150 mm 的倍数。
2. 灰土基础:h_1 取 150 mm, 300 mm, 450 mm。
3. 三合土基础:$h_1 \geqslant 300$ mm。

(c) 灰土、三合土基础

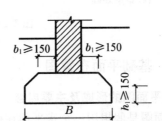

当 $B \geqslant 2$ m 时, 做成锥形, 常用于混凝土基础。
其中:$b_1 \geqslant 150$ mm, $h_1 \geqslant 150$ mm

(d) 锥形基础

图 3-2-8　无筋扩展基础构造

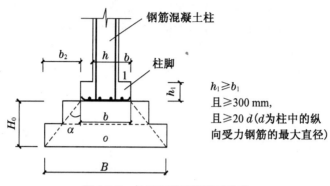

图 3-2-9 柱下无筋扩展基础构造

扩展基础包括墙下钢筋混凝土条形基础、柱下钢筋混凝土独立基础。钢筋混凝土条形基础受力如同单向板,短向配置受力筋,长向配置分布筋;柱下钢筋混凝土独立基础受力如同双向板,双向均为受力筋。扩展基础构造见图 3-2-10,图中 B_0 为基础宽度,H 为基础高度。

扩展基础构造中受力钢筋的最小直径不宜小于 10 mm;间距不宜大于 200 mm,也不宜小于 100 mm;分布钢筋的直径不小于 8 mm;间距不大于 300 mm;每延米分布钢筋的面积应不小于受力钢筋面积的 1/10;有垫层时钢筋保护层的厚度不小于 40 mm;无垫层时不小于 70 mm;混凝土强度等级不应低于 C20。

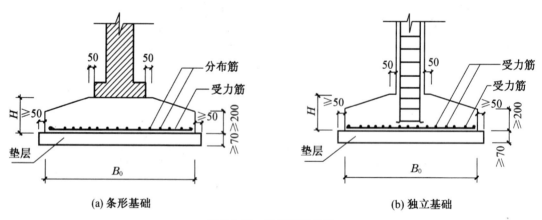

(a) 条形基础　　　　　　　　　　　　　　　　(b) 独立基础

图 3-2-10 扩展基础构造

3.2.2 基础平面布置图

1. 基础平面图的形成及主要内容

基础平面图是假想用一个水平面在房屋的室内地面以下剖切后,移去上部房屋和基坑内的泥土所作的水平剖视图。

基础平面图表达的主要内容一般为:

(1) 图名、比例;

(2) 纵、横向定位轴线及编号、轴线尺寸;

(3) 基础墙、柱的平面布置,基础底面形状、大小及其与轴线的关系;

（4）基础梁的位置、代号；

（5）基础的编号、基础断面图的剖切位置线及其编号；

（6）施工说明，即所用材料的强度等级、防潮层做法、设计依据以及施工注意事项等。

2. 基础平面布置图的图示方法

（1）在基础平面布置图中，只画出基础墙、柱及基础底面的轮廓线，基础的细部轮廓（如大放脚）可省略不画。

（2）凡被剖切到的基础墙、柱轮廓线，应画成中实线，剖切到的钢筋混凝土柱涂黑，基础底面的轮廓线应画成细实线。

（3）基础平面布置图应注出与建筑平面图相一致的定位轴线编号和轴线尺寸。

（4）当基础墙上留有管洞时，应用虚线表示其位置，具体做法及尺寸另用详图表示。

（5）当房屋底层平面中开有较大门洞时，为了防止在地基反力作用下门洞处室内地面的开裂隆起，通常在门洞处的条形基础中设置基础梁，梁的位置用粗单点长画线表示其中心线位置，也可按梁的投影画出，并注写编号。

（6）尺寸标注

基础平面布置图的尺寸注法分内部尺寸和外部尺寸两部分。外部尺寸只注出定位轴线的间距和总尺寸。内部尺寸应标注各道墙的厚度、柱的断面尺寸和基础底面的宽度等。

（7）剖切符号

凡基础宽度、墙厚、大放脚、基底标高等不同时，均以不同的断面表示，所以在基础平面布置图中还应注出各断面图的剖切符号及编号，以便对照查询。

3.2.3　基础详图

1. 基础详图是假想用一铅垂剖切平面，在指定部位垂直剖切基础所得的断面图。它详细地表明了基础断面形状、大小及所用材料、框架柱或地圈梁的位置和做法、基础埋置深度、施工所需尺寸。

2. 基础详图是基础施工的依据，表达了基础断面所在轴线位置及其编号。详图的图名与基础平面图中的编号相对应，比例一般为 1∶10、1∶20、1∶30 等。基础断面图应标注详细尺寸，如垫层高度，基底尺寸，基础高度、大放脚或台阶高度尺寸，地圈梁梁顶标高，室内外标高，基础底面标高，垫层底标高等。

3. 基础详图如果是通用断面图，在轴线圆圈内不加编号；如果是特定断面图，则应注明轴线编号。

3.2.4　独立基础平法施工图制图规则

1. 独立基础平法施工图的表示方法

独立基础平法施工图，有平面注写方式和截面注写方式两种表达方式，设计者可根据具体工程情况选择一种，或两种方式相结合进行独立基础的施工图设计。

当绘制独立基础平面布置图时，应将独立基础平面与基础所支承的柱一起绘制。当设置基础联系梁时，可根据图面的疏密情况，将基础联系梁与基础平面布置图一起绘制，或将基础联系梁布置图单独绘制。

在独立基础平面布置图上应标注基础定位尺寸；当独立基础的柱中心线或杯口中心线

与建筑轴线不重合时,应标注其定位尺寸。标号相同且定位尺寸相同的基础,可仅选择一个进行标注。

2. 独立基础的平面注写方式

独立基础的平面注写方式,分为集中标注和原位标注两部分内容。

(1) 独立基础的集中标注

独立基础的集中标注,系在基础平面图上集中引注基础编号、截面竖向尺寸、配筋三项必注内容,以及基础顶面标高(与基础底面基准标高不同时)和必要的文字注解两项选注内容。

下面主要阐述普通独立基础的表达方式。

① 注写独立基础编号

独立基础的编号按照表 3-2-1 的规定注写。

表 3-2-1 独立基础编号

类型	基础底板截面形状	代号	序号
普通独立基础	阶形	DJ_J	XX
	坡形	DJ_P	XX
杯口独立基础	阶形	BJ_J	XX
	坡形	BJ_P	XX

② 注写独立基础截面竖向尺寸

a. 当基础为阶形截面时,如图 3-2-11 所示。基础的竖向尺寸注写为 $h_1/h_2/h_3$。当为更多阶时,各阶尺寸自下而上用"/"分隔顺写。当基础为单阶时,其竖向尺寸仅为一个,即基础总高度,如图 3-2-12 所示。

例:DJ_J01 400/300/300,表示编号为 01 的阶形截面普通独立基础的竖向尺寸,$h_1=$ 400,$h_2=300$,$h_3=300$,基础底板总高度为 1000。

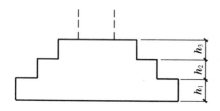

图 3-2-11 阶形截面普通独立基础竖向尺寸

图 3-2-12 单阶普通独立基础竖向尺寸

b. 当基础为坡形截面时,如图 3-2-13 所示。基础的竖向尺寸注写为 h_1/h_2。

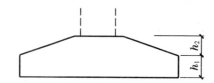

图 3-2-13 坡形截面普通独立基础竖向尺寸

例：DJ$_P$01 350/300，表示编号为 01 的坡形截面普通独立基础的竖向尺寸，$h_1 = 350$，$h_2 = 300$，基础底板总高度为 650。

③ 注写独立基础配筋

a. 注写独立基础底板配筋

以 B 代表各种独立基础底板的底部配筋，X 向配筋以 X 打头，Y 向配筋以 Y 打头，当两向配筋相同时，则以 $X\&Y$ 打头注写。

例：当独立基础底板配筋标注为：B：X：$\oplus 16@150$，Y：$\oplus 16@200$，表示基础底板底部配筋 HRB400 级钢筋，X 向钢筋直径为 16，间距为 150；Y 向钢筋直径为 16，间距为 200，如图 3-2-14 所示。其构造示意如图 3-2-15 所示。

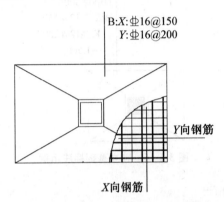

图 3-2-14　独立基础底板底部双向钢筋配筋示意

独立基础底板双向交叉钢筋长向设置在下，短向设置在上。

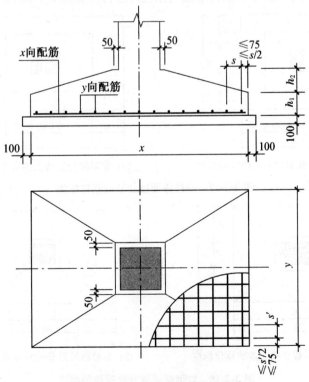

图 3-2-15　独立基础底板配筋构造

④ 注写基础底面标高

当独立基础的底面标高与基础底面基准标高不同时,应将独立基础底面标高直接注写在"()"内。

⑤ 必要的文字注解

当独立基础的设计有特殊要求时,宜增加必要的文字注解。例如,基础底板配筋长度是否采用减短方式等,可在该项内注明。

例:当标注如图 3-2-16 所示,表示编号为 02 的坡形独立基础 $h_1=300,h_2=200$,基础底板底部配筋 HRB400 级钢筋,X 向钢筋直径为 12,间距为 150;Y 向钢筋直径为 12,间距为 200,基础的底面标高为 -1.500。

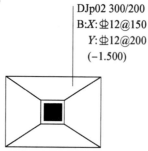

图 3-2-16　独立基础标注示例

(3) 独立基础的原位标注

独立基础的原位标注系在基础平面图上标注基础的平面尺寸。对相同编号的基础,可选择一个进行原位标注;当平面图形较小时,可将所选定的进行标注的基础按比例适当放大;其他相同编号者进注编号。独立基础的原位尺寸标注如图 3-2-17 和图 3-2-18 所示。

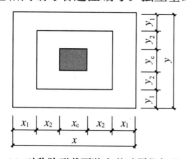

(a) 对称阶形截面独立基础原位标注

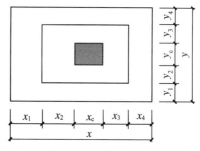

(b) 非对称阶形截面独立基础原位标注

图 3-2-17　阶形截面独立基础原位标注

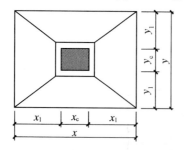

(a) 对称坡形截面独立基础原位标注

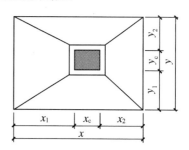

(b) 非对称坡形截面独立基础原位标注

图 3-2-18　坡形截面独立基础原位标注

独立基础原位标注示例如图 3-2-19 所示。

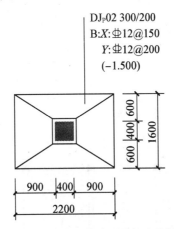

DJ_P02 300/200
B:X:⏀12@150
　　Y:⏀12@200
　　(-1.500)

图 3-2-19　独立基础原位标注示例

【案例】

某小区商住楼基础平面布置图 3-2-20 和 3-2-21,图中纵横向定位轴线及柱距与底层建筑平面图一致。结合结构设计说明中对地基基础的综述可知:

1. 该商住楼工程根据甲方提供的临近建筑物地质资料,场地类型为Ⅱ类场地,基础采用柱下独立基础,基础以二层土为持力层,地基承载力为 110 kPa,地下水类型为无侵蚀性,基础下部垫碎石垫层 700 厚,出基础边 500,要求碎石级配良好,分层夯实,压实系数不小于 0.97。

2. 基槽开挖时,应对邻近建筑物和地下设施的类型,分布情况和结构质量进行检测评价.基槽开挖后对局部不到二层土部位,深挖至二层土,基槽开挖严格按设计要求,不得超挖,基槽开挖至设计土层后,经设计及有关单位验槽后,立即对基坑进行封闭,防止水浸和暴露,并应及时进行下道工序施工。

3. 基础下设垫层,垫层混凝土强度等级为 C15,基础混凝土强度等级为 C30。

4. 该商住楼基础平面布置图中,绘图比例为 1:100;①~⑦为横向轴线编号,Ⓐ~Ⓔ为纵向轴线编号。大囗表示独立基础的外轮廓线,涂黑的为矩形钢筋混凝土柱,基础沿定位轴线分布,编号为 J-1,J-2,J-3,J-4。其中 J-1 位于商住楼的四角,共有 4 个;J-3 布置在①、⑦、Ⓐ和Ⓕ轴线除端部的位置上,共有 16 个;J-4 位于②、Ⓓ轴线相交的位置,只有 1 个,除此之外,剩余的基础均为 J-2,共有 15 个;基础底面标高均为-1.500 m。

5. 从图中还可以看出,除 4、5、6 横向定位轴线上的框架柱轴线居中外,其余均为偏心,偏心情况详见基础详图。

6. 基础上部设地下框架梁(DKL),共有 DKL1、DKL2 两种类型,横向定位轴线上均布置 DKL1,纵向定位轴线上均布置 DKL2,地下框架梁的表达采用平法标注,表达梁的截面尺寸、配筋等内容,平法标注的内容详见后面讲述。

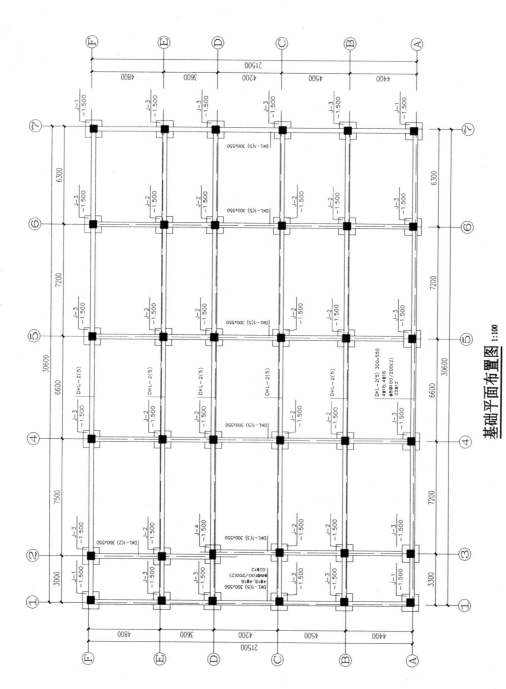

基础平面布置图 1:100

图 3-2-20 某小区商住楼基础施工图 (基础平面图)

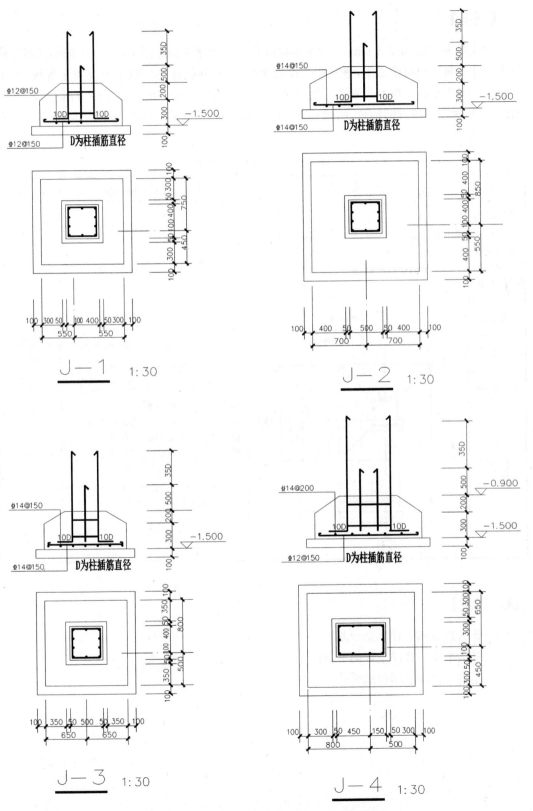

图 3-2-21 某小区商住楼基础施工图(基础详图)

【任务】

识读图 3-2-20 和图 3-2-21 所示某小区商住楼基础施工图并结合图 3-1-1 某小区商住楼结构设计说明及建筑施工图,查阅本工程基础的类型、基础及垫层选用的混凝土等级,利用平法施工图中平面注写方式表达法绘出③轴线和 B 轴线相交处的基础 J-2 的平面图,并绘出断面图,标注各位置的标高,明确基础的高度及埋深,并计算垫层和基础的体积,完成表格 3-2-2 的任务。

表 3-2-2　基础工程任务单

项目	图示及尺寸		计算工程量(体积 m³)	计算结果
基础类型	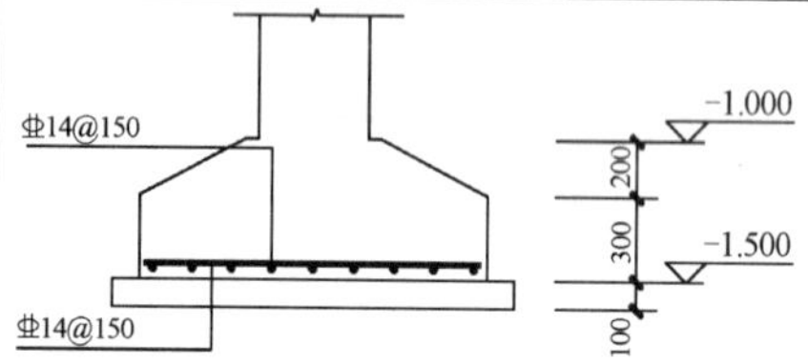 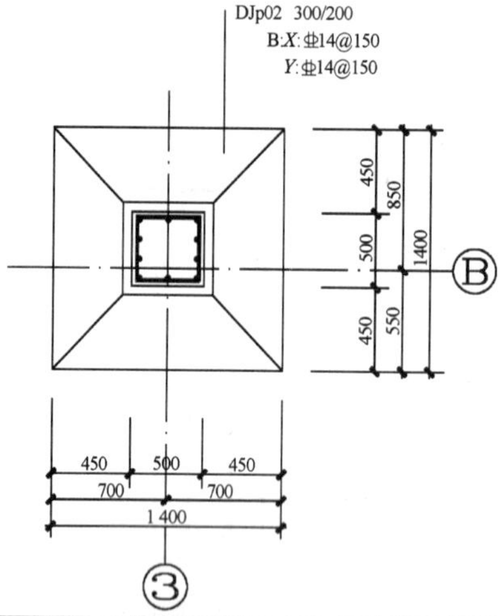	垫层材料	垫层体积 1.6 * 1.6 * 0.1 = 0. 256 m³	0.256 m³
钢筋混凝土独立基础(坡形)				
基础高度		C15		
500 mm		基础材料	$V=$(基础下部体积)$h_1 * S_下$ $+[S_上+S_下+\sqrt{S_上 \times S_下}] * h_2/3$(棱台体积) $V=1.4 * 1.4 * 0.3+[1.4 * 1.4+0.7 * 0.7+ \sqrt{1.4 * 1.4 \times 0.7 * 0.7}] * 0.2/3$ $=0.588+(1.96+0.49+ 0.98) * 0.2/3$ $=0.588+0.229$	0.799 m³
基础埋深				
1300 mm		C30	$=0.817$ m³	

【课后讨论】

1. 什么是基础? 什么是地基?

2. 基础平面布置图是如何形成的? 其在施工中的作用是什么?

3. 基础平面布置图包括哪些图纸内容?

3.3　楼层结构平面图

【学习目标】

1. 掌握楼层结构平面图的图示内容和图示方法；
2. 掌握楼板的类型及有关构造；
3. 掌握梁、板、柱的传统表达方法，正确识读梁、板、柱构件详图；
4. 掌握梁、板、柱的平法标注方法，正确识读梁、板、柱构件平法标注施工图；
5. 掌握剪力墙平法标注方法，正确识读剪力墙平法标注施工图。

【关键概念】

楼层结构平面图、屋面结构平面图、梁平法施工图、板平法施工图、柱平法施工图、剪力墙平法施工图

结构平面图包括基础平面图、楼层结构平面图和屋顶结构平面图三部分内容，基础平面图已作介绍，楼层结构平面图与屋顶结构平面图的表达方法完全相同，这里以楼层结构平面图为例说明楼层与屋顶结构平面图的表达方法与识读方法。

楼层结构平面图主要表示各楼层结构构件（如墙、梁、板、柱等）的平面位置，是建筑结构施工时构件布置、安装的重要依据。

结构平面布置图一般将柱、剪力墙、梁、板分别绘制施工图进行表达。对于砖混结构施工图中，由于楼面布置较为简单，梁、板、构造柱一般在楼层结构平面布置图中统一表达，梁、构造柱、圈梁配筋通过详图表达即可。

3.3.1　结构平面图的形成和作用

楼层结构平面图用一个假想的水平剖切平面紧贴楼面剖切楼板层得到的水平剖面图。它主要表示各楼层结构构件（如墙、梁、板、柱等）的平面位置和配筋等内容，是建筑结构施工时构件布置、安装的重要依据。

3.3.2　结构平面图的图示内容和图示方法

（1）图名、比例

楼层平面布置图的比例应与本层建筑平面图相同，图名按照楼层或结构标高命名，可分为首层结构平面图、标准层结构平面图、屋顶结构平面图等。

（2）定位轴线及编号、轴线间尺寸及总尺寸

楼层结构平面图应画出与建筑平面图完全相同的轴线网，标注轴线编号和轴线尺寸，以便确定梁、板及其他构件的位置，及一些次要构件的定位尺寸等。

（3）结构构件

在楼层结构平面图中可见的钢筋混凝土楼板外轮廓线用细实线表示，砖混结构中剖切

到的墙身轮廓线用中实线表示,被楼板遮挡的墙、柱、梁等不可见,用中虚线表示。图中的结构构件用构件代号表示(如过梁、圈梁、梁、柱、构造柱、雨篷等),剖切到的钢筋混凝土柱子涂黑表示。门窗洞口均省略;梁的位置按梁的投影画出,也用粗单点长画线表示,并注写编号。楼梯间或电梯间因另有详图,可在平面图上只用一交叉对角线表示。

(4)楼板

楼板层是房屋的重要组成部分,是建筑物中上下楼层的水平构件,它不仅承受自重和其上的使用荷载,并将其传递给墙或柱,而且对墙体也起着水平支撑的作用。此外,建筑物中的各种水平管线也可敷设在楼板层内。常用的钢筋混凝土楼板按照施工方式不同,分为现浇钢筋混凝土楼板和预制钢筋混凝土楼板。由于楼板的类型不同,在楼板结构平面图的图示方法也不同。具体表达方式在后面阐述。

(5)详图剖切位置及编号

在结构平面图中索引的剖视详图、断面图详图应采用索引符号表示,其编号宜按照《建筑结构制图标准》(GB/T 50105—2010)规定进行编排。外墙按顺时针方向从左下角开始编号,内横墙从左至右,从上向下编号。

(6)楼层结构标高

在结构平面图中应标注楼层的结构标高,与楼层标高不同处也应标注出。楼层结构标高可在相应的楼层结构平面图内标注,也可以通过文字说明,或列出结构标高表。

(7)有关符号及文字说明等

在结构平面图中的索引位置处,应绘出索引符号,索引符号的表达同建筑施工图。对于结构平面图中表达不清楚的位置或更简化图形的表达,可以在结构平面图上用文字进行说明。

3.3.3 柱结构施工图

框架柱是框架结构建筑中的垂直承重构件,框架柱中钢筋按照受力作用不同分为受力筋和箍筋。受力筋主要承受柱中的压力,有时也承受拉力,箍筋用以固定受力筋的位置,并承担部分剪力。如图 3-3-1 所示。

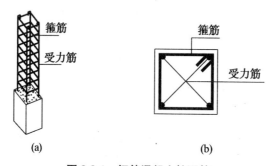

图 3-3-1 钢筋混凝土柱配筋

在框架结构楼层平面图中结构构件主要是梁、板、柱,它们的平面位置目前多采用混凝土结构平面整体表示方法,梁、柱、板分别绘制施工图进行表达。

混凝土结构施工图平面整体表示法是把结构构件的尺寸和配筋等,按照平面整体表示方法制图规则,整体直接表达在各类构件的结构平面布置图上,再与标准构造详图配合,构成完整的结构设计,改变了传统的那种将构件从结构平面布置图中索引出来,再逐个绘制配筋详图的方法。

柱平法施工图是在柱平面布置图上采用列表法或截面注写法表达。在柱平法施工图中,应按规定注明各结构层楼面标高、结构层高及相应的结构层号。如图 3-3-2 所示。

1. 列表注写方式

列表注写方式是在柱平面布置图上分别在同一编号的柱中选择一个截面注写柱号、柱段起止标高、几何尺寸(含柱截面对轴线的偏心情况)与配筋的具体数值,并配以各种柱截面形状及其箍筋类型图的方式,来表达柱平面施工图,如图 3-3-2 所示。

柱列表注写的内容有:

(1) 注写柱编号

柱编号由类型编号和序号组成,编号方法如表 3-3-1 所示。

表 3-3-1 柱编号

柱类型	代号	序号	柱类型	代号	序号
框架柱	KZ	XX	梁上柱	LZ	XX
转换柱	ZHZ	XX	剪力墙上柱	QZ	XX
芯柱	XZ	XX			

框架柱:框架柱就是在框架结构中承受梁和板传来的荷载,并将荷载传给基础,是主要的竖向受力构件,需要通过计算配筋。

转换柱:转换柱包括部分框支剪力墙结构中的框支柱和框架-核心筒、框架-剪力墙结构中支承托柱转换梁的柱。转换柱是广义的框支柱。

芯柱:"芯柱"就是中心还有柱(就好像铅笔的中心有笔芯一样)。芯柱有两种情况:一是在砌块内部空腔中插入竖向钢筋并浇灌混凝土后形成的砌体内部的钢筋混凝土小柱,二是在框架柱截面中部三分之一左右的核心部位配置附加纵向钢筋及箍筋而形成的内部加强区域。

梁上柱:本来柱子应该从基础一直升上去,但是由于某些原因,建筑物的底部没有柱子,到了某一层后又需要设置柱子,那么柱子只能从下一层的梁上生根了,这就是梁上柱。

剪力墙上柱:生根于剪力墙的柱子。

(2) 注写各段柱的起止标高

自柱根部往上以变截面位置或截面未变但配筋改变处为界分段注写。框架柱和框支柱的根部标高是指基础顶面标高;梁上柱的根部标高是指梁顶面标高。剪力墙上柱的根部标高为墙顶面标高。

(3) 注写柱截面尺寸及与轴线间的关系

对于矩形柱,注写截面尺寸 $b \times h$ 及轴线关系的几何参数代号 b_1、b_2 和 h_1、h_2 的具体数值,须对应于各段柱分别注写。对于圆柱,标注直径 d。

(4) 注写柱纵筋

当柱纵筋直径相同,各边根数也相同时,将纵筋注写在"全部纵筋"一栏,除此之外,柱纵筋分角筋、截面 b 边中部筋和 h 边中部筋三项分别注写。若对称配筋,可仅注写一边中部筋。

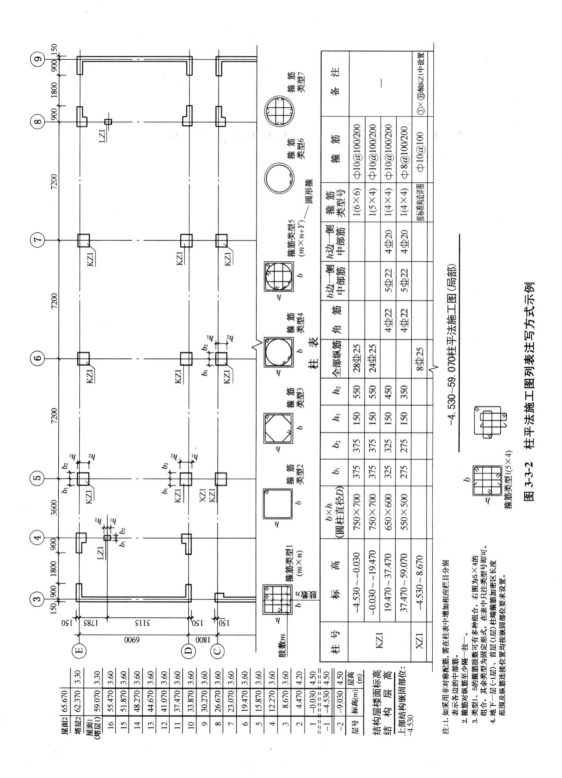

图 3-3-2 柱平法施工图列表注写方式示例

（5）注写箍筋类型号和箍筋肢数

在箍筋栏内注写柱截面形状及箍筋类型号,具体工程中设计的各种箍筋类型及箍筋复合的具体方式,须画在表的上部或图中适当位置,并在其上标注与表中相对应的b、h并编上类型号。矩形箍筋复合方式有$3×3$、$4×3$、$4×3$、$4×4$、$5×4$、$5×5$、$6×6$、$5×5$、$6×5$、$7×6$、$7×7$、$8×8$、$8×7$几种类型,图3-3-3列出了常见的几种,其他详见国家建设标准设计图集16G101-1。

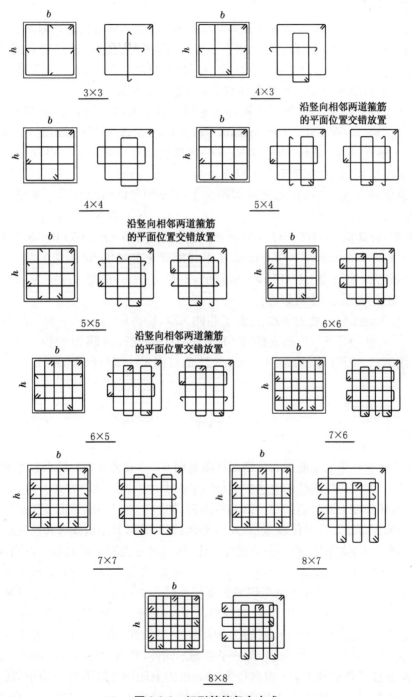

图3-3-3　矩形箍筋复合方式

（6）注写柱箍筋，包括箍筋级别、直径、加密区与非加密区间距。箍筋加密区与非加密区的不同间距及肢数需用"/"分开。

如：φ8@100/200 表示箍筋为 I（HPB300）级钢筋，直径 8 mm，加密区间距为 100，非加密区间距为 200。

抗震框架柱 KZ、墙上柱 QZ、梁上柱 LZ 箍筋加密区长度详见图集 16G101-1 第 65 页。

2. 截面注写方式

柱平法施工图截面注写方式是在分标准层绘制的柱平面布置图的柱截面上分别在同一编号的柱中选择一个截面，按另一种比例原位放大绘制柱截面配筋图，并在各配筋图上继其编号后注写截面尺寸 $b \times h$、角筋或全部纵筋、箍筋的具体数值以及在柱截面配筋图上标注柱截面与轴线关系的 b_1、b_2、h_1、h_2 的具体数值的表达柱平法施工图。

图 3-3-4 是柱平法施工图截面注写方式示例。图中 KZ1，标高从 19.470～37.470 m 处，柱截面尺寸 $b \times h = 650$ mm×600 mm，$b_1 = b_2 = 325$ mm，$h_1 = 150$ mm，$h_2 = 450$ mm，柱子角部钢筋为 4 根直径为 22 mm 的 III（HRB400）级纵筋，b 边中部筋为 5 根直径为 22 mm 的 III（HRB400）级纵筋，h 边中部筋为 4 根直径为 20 mm 的 III（HRB400）级纵筋，箍筋为 I（HPB300）级钢筋，直径 10 mm，加密区间距为 100，非加密区间距为 200，箍筋类型从图中可以看出为 4×4 型；

图中 KZ2，标高从 19.470～37.470 m 处，柱截面尺寸 $b \times h = 650$ mm×600 mm，$b_1 = b_2 = 325$ mm，$h_1 = 150$ mm，$h_2 = 450$ mm，柱子共配置全部纵筋 22 根直径为 22 mm 的 III（HRB400）级纵筋，箍筋为 I（HPB300）级钢筋，直径 10 mm，加密区间距为 100，非加密区间距为 200，箍筋类型从图中可以看出为 4×4 型。

A 轴线与 3 轴线相交处的 KZ2 设置了芯柱 XZ1，标高从 19.470～30.270 处柱段中设置，共设置了 8 根直径为 25 mm 的 III（HRB400）级钢筋，箍筋为直径为 10 mm 的 I（HPB300）级钢筋，箍筋间距均为 100 mm，XZ1 的截面尺寸应根据 16G101-1 图集的构造节点详图设置。

其他柱子读法类同，不再叙述。

【案例】

某小区商住楼柱平面配筋图和柱断面详图见图 3-3-5 和图 3-3-6，结合柱平法标注相关知识进行识读。本工程框架柱的表达方式是柱平面表达法列表注写方式。

结合某商住楼柱平面配筋图 G-03 和柱断面详图 G-04 可知，该商住楼框架柱共有 23 种类型，按照轴线布置。这里仅以 KZ1、KZ6 为例进行识读，其余请读者自己完成。

1. KZ1 有 1 个，为角柱，由于配筋发生变化，施工时分为两个标高段。标高从 0.000～4.200 m 段，柱截面尺寸 $b \times h = 500$ mm×500 mm，轴线偏心，$b_1 = 100$ mm，$b_2 = 400$ mm，$h_1 = 100$ mm，$h_2 = 400$ mm，柱子角部钢筋为 4 根直径为 20 mm 的 HRB400 级纵筋，b 边中部筋为 2 根直径为 16 mm 的 HRB400 级纵筋，h 边中部筋为 2 根直径为 20 mm 的 HRB400 级纵筋，箍筋类型为 1 型（4×4），箍筋为 HRB400 级钢筋，直径 8 mm，沿柱高间距均为 100 mm；标高从 4.200～8.400 m 段，除柱子纵筋不同外，其余均与标高 0.000～4.200 m 处相同，该段配筋柱子角部钢筋为 4 根直径为 16 mm 的 HRB400 级纵筋，b 边中部筋为 2 根直径为 16 mm 的 HRB400 级纵筋，h 边中部筋为 2 根直径为 18 mm 的 HRB400 级纵筋。

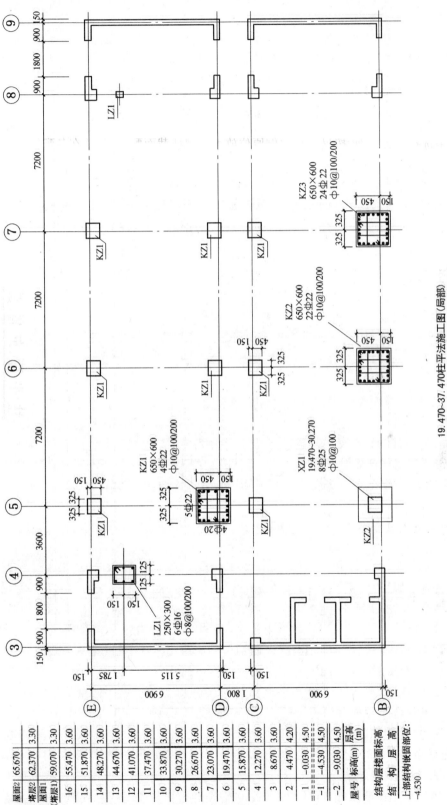

图 3-3-4　柱截面注写方式

19.470-37.470柱平法施工图(局部)

屋面2	65.670		
塔层2	62.370	3.30	
屋面1 (塔层1)	59.070	3.30	
16	55.470	3.60	
15	51.870	3.60	
14	48.270	3.60	
13	44.670	3.60	
12	41.070	3.60	
11	37.470	3.60	
10	33.870	3.60	
9	30.270	3.60	
8	26.670	3.60	
7	23.070	3.60	
6	19.470	3.60	
5	15.870	3.60	
4	12.270	3.60	
3	8.670	3.60	
2	4.470	4.20	
1	-0.030	4.50	
-1	-4.530	4.50	
-2	-9.030	4.50	
层号	标高 (m)	层高	

结构层楼面标高
结　构　层　高
上部结构嵌固部位:
-4.530

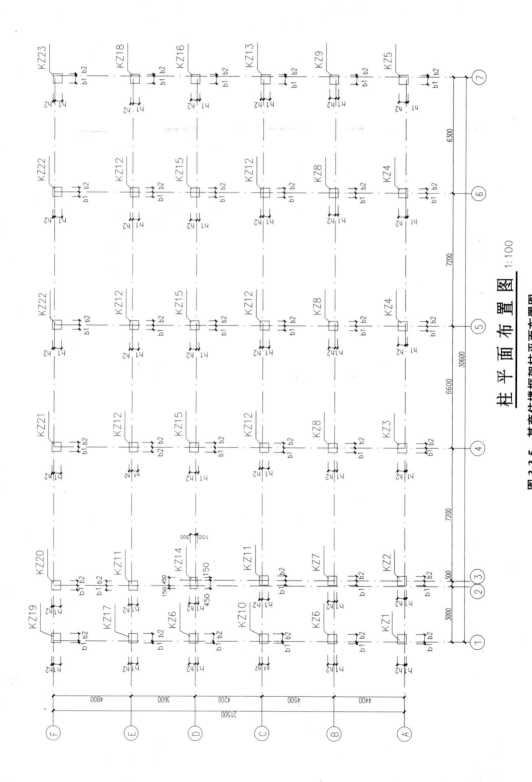

柱 平 面 布 置 图 1:100

图 3-3-5 某商住楼框架柱平面布置图

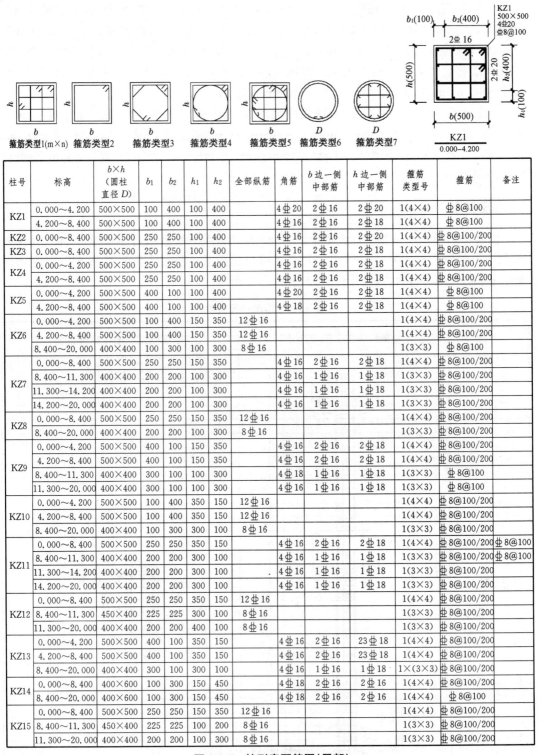

箍筋类型1(m×n)　箍筋类型2　箍筋类型3　箍筋类型4　箍筋类型5　箍筋类型6　箍筋类型7

柱号	标高	b×h （圆柱 直径D）	b₁	b₂	h₁	h₂	全部纵筋	角筋	b边一侧 中部筋	h边一侧 中部筋	箍筋 类型号	箍筋	备注
KZ1	0.000~4.200	500×500	100	400	100	400		4⊕20	2⊕16	2⊕20	1(4×4)	⊕8@100	
	4.200~8.400	500×500	100	400	100	400		4⊕16	2⊕16	2⊕18	1(4×4)	⊕8@100	
KZ2	0.000~8.400	500×500	250	250	100	400		4⊕16	2⊕16	2⊕20	1(4×4)	⊕8@100/200	
KZ3	0.000~8.400	500×500	250	250	100	400		4⊕16	2⊕16	2⊕18	1(4×4)	⊕8@100/200	
KZ4	0.000~4.200	500×500	250	250	100	400		4⊕16	2⊕16	2⊕18	1(4×4)	⊕8@100/200	
	4.200~8.400	500×500	250	250	100	400		4⊕16	2⊕16	2⊕18	1(4×4)	⊕8@100/200	
KZ5	0.000~4.200	500×500	400	100	100	400		4⊕20	2⊕16	2⊕18	1(4×4)	⊕8@100	
	4.200~8.400	500×500	400	100	100	400		4⊕18	2⊕16	2⊕18	1(4×4)	⊕8@100	
KZ6	0.000~4.200	500×500	100	400	150	350	12⊕16				1(4×4)	⊕8@100/200	
	4.200~8.400	500×500	100	400	150	350	12⊕16				1(4×4)	⊕8@100/200	
	8.400~20.000	400×400	100	300	100	300	8⊕16				1(3×3)	⊕8@100	
KZ7	0.000~8.400	500×500	250	250	150	350		4⊕16	2⊕16	2⊕18	1(4×4)	⊕8@100/200	
	8.400~11.300	400×400	200	200	100	300		4⊕16	1⊕16	1⊕18	1(3×3)	⊕8@100/200	
	11.300~14.200	400×400	200	200	100	300		4⊕16	1⊕16	1⊕18	1(3×3)	⊕8@100/200	
	14.200~20.000	400×400	200	200	100	300		4⊕16	1⊕16	1⊕18	1(3×3)	⊕8@100/200	
KZ8	0.000~8.400	500×500	250	250	150	350	12⊕16				1(4×4)	⊕8@100/200	
	8.400~20.000	400×400	200	200	100	300	8⊕16				1(3×3)	⊕8@100/200	
KZ9	0.000~4.200	500×500	400	100	150	350		4⊕16	2⊕16	2⊕18	1(4×4)	⊕8@100/200	
	4.200~8.400	500×500	400	100	150	350		4⊕16	2⊕16	2⊕18	1(4×4)	⊕8@100/200	
	8.400~11.300	400×400	300	100	100	300		4⊕18	1⊕16	1⊕18	1(3×3)	⊕8@100	
	11.300~20.000	400×400	300	100	100	300		4⊕18	1⊕16	1⊕18	1(3×3)	⊕8@100	
KZ10	0.000~4.200	500×500	100	400	350	150	12⊕16				1(4×4)	⊕8@100/200	
	4.200~8.400	500×500	100	400	350	150	12⊕16				1(4×4)	⊕8@100/200	
	8.400~20.000	400×400	100	300	300	100	8⊕16				1(3×3)	⊕8@100/200	
KZ11	0.000~8.400	500×500	250	250	350	150		4⊕16	2⊕16	2⊕18	1(4×4)	⊕8@100/200 ⊕8@100	
	8.400~11.300	400×400	200	200	300	100		4⊕16	1⊕16	1⊕18	1(3×3)	⊕8@100/200 ⊕8@100	
	11.300~14.200	400×400	200	200	300	100		4⊕16	1⊕16	1⊕18	1(3×3)	⊕8@100/200	
	14.200~20.000	400×400	200	200	300	100		4⊕16	1⊕16	1⊕18	1(3×3)	⊕8@100/200	
KZ12	0.000~8.400	500×500	250	250	350	150	12⊕16				1(4×4)	⊕8@100/200	
	8.400~11.300	450×450	225	225	300	100	8⊕16				1(3×3)	⊕8@100/200	
	11.300~20.000	400×400	200	200	400	100	8⊕16				1(4×4)	⊕8@100/200	
KZ13	0.000~4.200	500×500	400	100	350	150		4⊕16	2⊕16	23⊕18	1(4×4)	⊕8@100/200	
	4.200~8.400	500×500	400	100	350	150		4⊕16	2⊕16	23⊕18	1(4×4)	⊕8@100/200	
	8.400~20.000	400×400	300	100	100	300		4⊕16	1⊕16	1⊕18	1×(3×3)	⊕8@100/200	
KZ14	0.000~8.400	400×600	100	300	150	450		4⊕18	2⊕16	2⊕16	1(4×4)	⊕8@100/200	
	8.400~20.000	400×600	100	300	150	450		4⊕18	2⊕16	2⊕16	1(4×4)	⊕8@100	
KZ15	0.000~8.400	500×500	250	250	150	350	12⊕16				1(4×4)	⊕8@100/200	
	8.400~11.300	450×400	225	225	100	200	8⊕16				1(3×3)	⊕8@100/200	
	11.300~20.000	400×400	200	200	100	300	8⊕16				1(3×3)	⊕8@100/200	

图 3-3-6　柱列表配筋图（局部）

2. KZ6 有 2 个,位于轴线 1～B、1～D 相交处,由于截面尺寸发生变化,施工时分为三个标高段。标高从 0.000～4.200 m 和 4.200～8.400 m 段,柱截面尺寸 $b \times h$＝500 mm×500 mm,轴线偏心,b_1＝100 mm,b_2＝400 mm,h_1＝150 mm,h_2＝350 mm,柱子共配置全部纵筋为 12 根直径为 16 mm 的 HRB400 级纵筋;箍筋类型为 1 型(4×4),箍筋为 HRB400 级钢筋,直径 8 mm,加密区间距为 100,非加密区间距为 200;

标高从 8.400～20.000 m 处,柱截面尺寸 $b \times h$＝400 mm×400 mm,轴线偏心,b_1＝100 mm,b_2＝300 mm,h_1＝100 mm,h_2＝300 mm,柱子共配置全部纵筋为 8 根直径为16 mm的 HRB400 级纵筋;箍筋类型为 1 型(3×3),箍筋,为 HRB400 级钢筋,直径 8 mm,全截面加密,间距为 100 mm。

【任务】

识读 3-3-5 和 3-3-6 某商住楼框架柱平面布置图及列表配筋图,查阅柱的具体尺寸及配筋情况,并绘制④轴线与 A 轴线相交 KZ3 的纵剖面图及各断面的断面图,并将柱子断面图配筋用平法规则进行表达,具体任务如表格 3-3-2 所示。

表 3-3-2　框架柱任务单

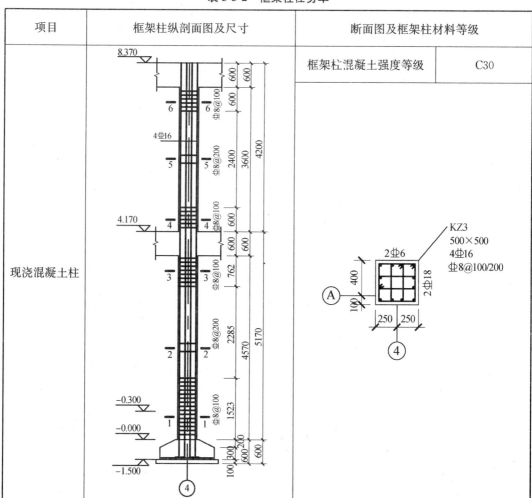

3.3.4 梁结构施工图

建筑结构中的梁按照受力不同有简支梁、悬臂梁、多跨梁等。

简支梁是指梁端支撑在砖墙或圈梁上等单跨梁,如图 3-3-7(a)所示。按照受力作用不同梁中钢筋分为受力筋、箍筋、架立筋,如图 3-3-7(b)所示。梁中的受力筋主要承受梁中的拉力;箍筋用以固定受力筋的位置,并承担部分剪力和扭矩;架立筋与受力筋、箍筋一起构成钢筋的整体骨架,多配置在梁的上部。在梁中有时配置弯起钢筋,它主要是由梁下部钢筋向上弯起以承担梁支座处的负弯矩,即梁上部拉力,以起到节约钢筋降低造价的目的。

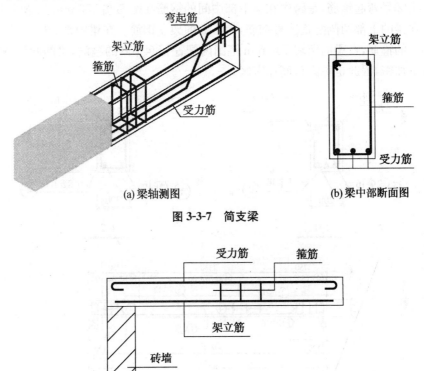

(a)梁轴测图　　　　　　(b)梁中部断面图

图 3-3-7　简支梁

图 3-3-8　悬臂梁

悬臂梁是指外伸或悬挑而出等梁,如图 3-3-8 所示。由于受力不同,悬臂梁等受力筋配置在梁的上部,架立筋配置在下部,箍筋与简支梁类似。

多跨梁配筋比较复杂与前两者配筋有些不同,多跨框架梁属于多跨梁。

目前在实际工程中梁的表达形式有绘制梁断面和立面的传统表达和平法施工图表达两种方式。对于初学者来说,传统的表达方式便于理解梁的钢筋配置,有利于识图。传统表达方式的理解又有助于理解梁的平法标注,因此,我们首先学习梁的传统表达方式。

1. 梁的传统表达方式

在结构平面图中表示了组成房屋的梁的平面位置,但梁的详细形状、尺寸、配筋、连接关系及施工要求并不清楚,需要通过更加详细的梁详图才能表达出来。

在传统表达方式中,钢筋混凝土梁的传统表达方式一般采用立面图和断面图表示钢筋配置情况,目前梁立面图通常不画,这里为了帮助识图才画出的。

假想混凝土为透明体,用细实线画出外形轮廓,用粗实线或黑圆点画出钢筋,并标注出钢筋种类、直径、根数、间距等,在断面图上不画混凝土或钢筋混凝土的材料图例,而被剖切到的砖砌体或可见的砖砌体的轮廓线则用中实线表示,砖与钢筋混凝土构件在交接处的分界线画细实线,但在砖砌体的断面图上,应画出建筑材料图例。图 3-3-9 所示 L-1 配筋图,比例 1:30。梁的两端搁置在砖墙上,截面尺寸为 $b \times h = 200 \ mm \times 350 \ mm$,梁的下部配置①、②号钢筋共三根,为直径 16 mm 的 HPB300 受力钢筋,以承受梁下拉应力,所以在跨中的 1-1 断画图的下部有三个黑圆点,支座处的 2-2 断面图的上部有三个黑圆点,其中间的一根φ16 为②号弯起钢筋,是跨中在梁下部中间的钢筋在距两端 550 mm 处弯起 45°后引伸过来的。在梁的上部两侧配置③号钢筋,为φ12 的架立钢筋。在梁中部 2340 mm 范围内配置φ8@200 的箍筋,在梁的两端 750 mm 范围内配置φ8@100 的箍筋,梁的两端箍筋相对于跨中进行了加密,因此也称为箍筋加密区。

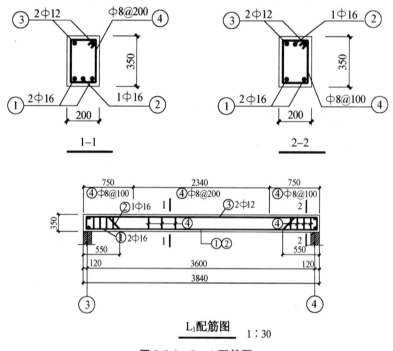

图 3-3-9 L-1 配筋图

2. 梁的平法施工图

梁平法施工图是在梁平面布置图上采用平面注写方式或截面注写方式表达梁的截面形状、尺寸、配筋等信息的方法。

（1）平面注写方式

平面注写方式是指在梁平面布置图上分别在不同编号的梁中各选一根梁,在其上注写截面尺寸和配筋具体数值的方式。图 3-3-10 为某框架结构 15.870～26.670 m 梁平法施工图。

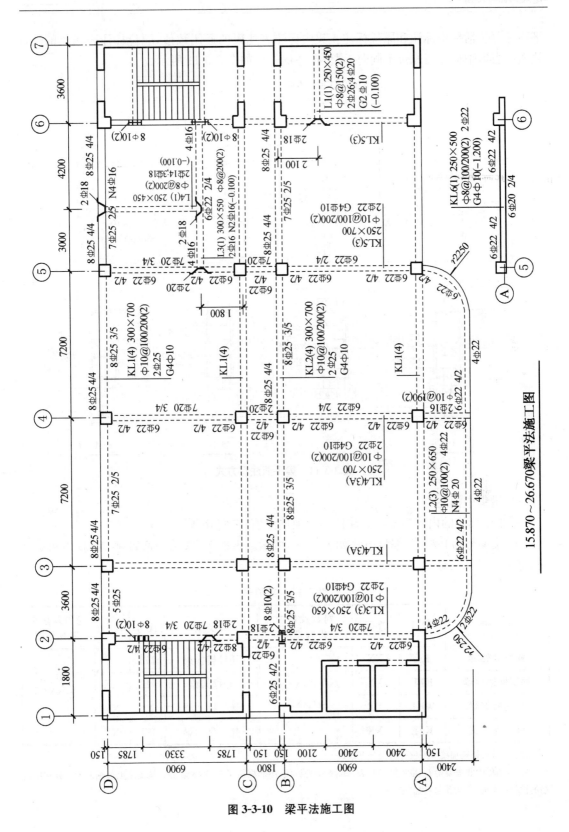

图 3-3-10　梁平法施工图

平面注写包括集中标注和原位标注。集中标注表达梁的通用数值,原位标注表达梁的特殊数值。当集中标注与原位不同时,原位标注优先。如图 3-3-11 所示。

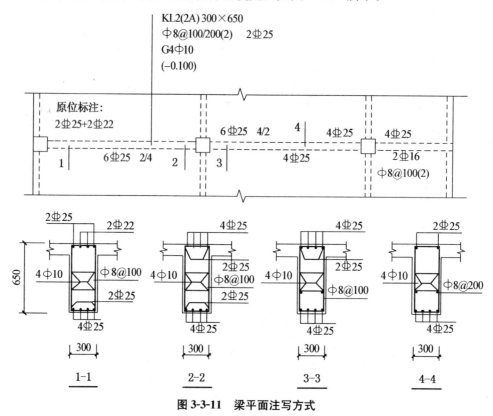

图 3-3-11 梁平面注写方式

① 梁集中标注

梁集中标注的内容为五项必注值和一项选注值,它们分别是:

a. 梁编号为必注值,编号方法如表 3-3-3 所示。表中 XXA 为一端悬挑,XXB 为两端悬挑,悬挑不计入跨数。

表 3-3-3 梁编号

梁类型	代号	序号	跨数及是否带有悬挑	梁类型	代号	序号	跨数及是否带有悬挑
楼层框架梁	KL	XX	(XX)、(XXA) 或(XXB)	托柱转换梁	TZL		(XX)、(XXA) 或(XXB)
楼层框架扁梁	KBL	XX		非框架梁	L	XX	
屋面框架梁	WKL	XX		悬 挑 梁	XL	XX	
框 支 梁	KZL	XX		井 字 梁	JZL	XX	

注:1. 楼层框架扁梁节点核心区代号 KBH;

2. 本图集中非框架梁 L、井字梁 JZL 表示端支座为铰接;当非框架梁 L、井字梁 JZL 端支座上部钢筋为充分利用钢筋的抗拉强度时,在梁代号后加"g"。

　　b. 梁截面尺寸为必注值,用 $b\times h$ 表示。当有悬挑梁,且根部和端部的高度不相同时,用斜线分隔根部与端部高度值 $b\times h_1/h_2$ 表示,见图 3-3-12。当为竖向加腋梁时,用 $b\times hYc_1\times c_2$ 表示,c_1 为腋长,c_2 为腋高,如图 3-3-13(a)所示;当为水平加腋梁时,一侧加腋时用 $b\times hPYc_1\times c_2$ 表示,c_1 为腋长,c_2 为腋宽,加腋部位应在平面图中绘制,如图 3-3-13(b)所示。

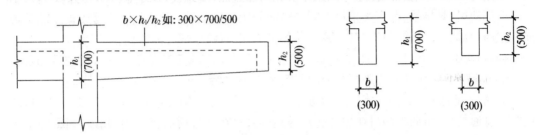

图 3-3-12　悬挑梁不等高截面尺寸标注

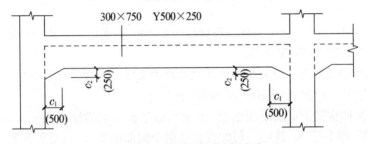

(a) 竖向加腋截面尺寸注写方式

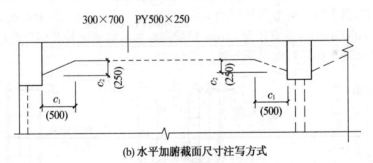

(b) 水平加腋截面尺寸注写方式

图 3-3-13　加腋梁截面尺寸注写方式

　　c. 梁箍筋为必注值,包括箍筋级别、直径、加密区与非加密区间距及肢数。箍筋加密区与非加密区的不同间距及肢数需用“/”分开,箍筋肢数应写在括号内。

　　箍筋肢数是指一套箍筋中垂直段的个数,双肢箍有两个垂直段,三肢箍有三个垂直段,四肢箍有四个垂直段,见图 3-3-14。

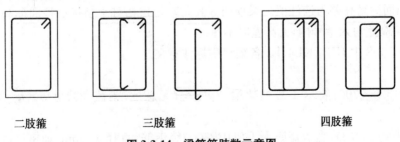

　　二肢箍　　　　　　　三肢箍　　　　　　　　四肢箍

图 3-3-14　梁箍筋肢数示意图

如:Φ8@100(4)/200(2)表示箍筋为Ⅰ(HPB300)级钢筋,直径8 mm,加密区间距为100,四肢箍,非加密区间距为200,双肢箍;

Φ8@100/200(4)表示箍筋为Ⅰ(HPB300)级钢筋,直径8 mm,加密区间距为100,非加密区间距为200,均为四肢箍。

非框架梁、悬挑梁、井字梁采用不同的箍筋间距和肢数时,也可分别注写梁支座端部箍筋和梁跨中部分的箍筋,但用"/"分开。端部箍筋在前,跨中部分的箍筋在"/"后。

如:14Φ8@100(4)/200(2)表示箍筋为Ⅰ(HPB300)级钢筋,直径8 mm,梁的端部各有14个四肢箍,间距为100,梁跨中部分间距为200,双肢箍;

d. 梁上部通长筋或架立筋配置为必注值,当同排纵筋中既有通长筋又有架立筋时,应用"+"将通长筋(角部纵筋写在加号前)和架立筋(写在加号后面括号内)相连,当梁的上部纵筋和下部纵筋均为通长筋时,可同时将梁上部、下部的贯通筋在集中标注中表示,用";"分隔开。

如:2Φ25+(4Φ12)表示梁中有2根直径为25 mm的Ⅲ(HRB400)级通长筋,4根直径为12 mm的Ⅰ(HPB300)级架立筋。

如:"3Φ22;3Φ25"表示梁上部配置3根直径为22 mm的Ⅲ(HRB400)级通长筋,下部配置3根直径为25 mm的Ⅲ(HRB400)级通长筋。

e. 梁侧面纵向构造钢筋或受扭钢筋,该项为必注值。当梁腹板高度$h_w \geqslant 450$ mm时,应注写构造钢筋,用G打头,连续注写配置在梁两个侧面的总筋,且对称配置。当梁需配置受扭钢筋时,用N打头,连续注写配置在梁两个侧面的总筋,且对称配置,梁侧面纵向钢筋构造见图3-3-15,图中纵向构造钢筋间距$a \leqslant 200$ mm。当梁宽$\leqslant 350$ mm时,拉筋直径为6 mm,当梁宽>350 mm,拉筋直径为8 mm,拉筋间距为非加密区箍筋间距的两倍。当设有多排拉筋时,上下两排拉筋竖向错开布置。

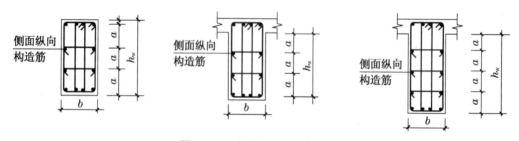

图3-3-15 梁侧面纵向钢筋构造

如:G4Φ12表示梁两个侧面共配4Φ12的纵向构造钢筋,每侧各2Φ12;N6Φ12表示梁两个侧面共配6Φ12的纵向受扭钢筋,每侧各3Φ12。

f. 梁顶面标高高差为选注值。梁顶面标高高差是指相对于结构层楼面标高的高差值。有高差时,将高差写入括号内,无高差时不注。

例如图3-3-8中KL1、KL4、L1各梁集中标注意义。

KL1:

KL1(4)300×700:表示1号框架梁,有四跨,无悬挑,梁截面尺寸$b \times h = 300$ mm×700 mm。

Φ10@100/200(2):表示箍筋为Ⅰ(HPB300)级钢筋,直径10 mm,加密区间距为100,

非加密区间距为 200,均为双肢箍;

2Φ25:表示在梁上部角部配置 2 根直径为 25 mm 的Ⅲ(HRB400)级通长筋;

G4φ10:表示梁两个侧面的共配 4φ10 的纵向构造钢筋,每侧各 2φ10;

梁顶面标高高差未标注,表示梁顶面与 15.870 m～26.670 m 标高段内各层的结构层楼面标高相同。

KL4:

KL4(3A)250×700:表示 4 号框架梁,有三跨,一端悬挑,梁截面尺寸 $b×h＝250$ mm×700 mm。

φ10@100/200(2):表示箍筋为Ⅰ(HPB300)级钢筋,直径 10 mm,加密区间距为 100,非加密区间距为 200,均为双肢箍;

2Φ22:表示在梁上部角部配置 2 根直径为 22 mm 的Ⅲ(HRB400)级通长筋;

G4φ10:表示梁两个侧面的共配 4φ10 的纵向构造钢筋,每侧各 2φ10;

(－0.100):表示梁顶面比 15.870 m～26.670 m 标高段内各层的结构层楼面标高低 0.100 m。

L1:

L1(1)250×450:表示 1 号梁(非框架梁),有 1 跨,梁截面尺寸 $b×h＝250$ mm×450 mm;

φ8@150(2):表示箍筋为Ⅰ(HPB300)级钢筋,直径 8 mm,间距 200,双肢箍;

2Φ16;4Φ20:表示梁上部角部配置 2 根直径为 16 mm 的Ⅲ(HRB400)级通长筋,下部配置 4 根直径为 20 mm 的Ⅲ(HRB400)级通长筋;

G2Φ10:表示梁两个侧面的共配 2Φ10 的纵向构造钢筋,每侧各 1Φ10。

② 梁原位标注

a. 梁支座上部纵筋(含通长筋在内所有纵筋)

当梁支座上部纵筋多于一排时,用"/"将各排纵筋自上而下分开;当同排纵筋有两种直径时,用"＋"将两种直径的纵筋相连,角部纵筋写在前面。当梁中间支座两边的上部纵筋不同时,须在支座两边分别标注;当梁中间支座两边的上部纵筋相同时,可仅在支座的一边标注配筋值。

如图 3-3-9 中第一跨支座上部注写 2Φ25＋2Φ22,表示梁支座上部有 4 根纵筋,2Φ25 放在角部,2Φ22 放在中部;

第二跨支座上部一侧注写 6Φ25 4/2,表示梁支座上部两边配筋均有 6 根纵筋,分两排,上边一排 4Φ25,下边一排 2Φ25;

梁支座上部非贯通筋在施工时,第一排向跨内延伸长度从柱边为三分之一净跨,第二排向跨内延伸长度从柱边为四分之一净跨。具体详见国家建筑标准设计图集16G101－1P84～85 页。

b. 梁下部纵筋

当梁下部纵筋多于一排时,用"/"将各排纵筋自上而下分开;当同排纵筋有两种直径时,用"＋"将两种直径的纵筋相连,角筋在前。当梁下部纵筋不全部伸入支座时,将梁支座下部纵筋减少的数量写在括号内。

如图 3-3-9 中第一跨中注写 6Φ25 2/4,表示梁跨中下部有 6 根纵筋,分两排,上边一排

$2\text{⊈}25$,下边一排 $4\text{⊈}25$,全部伸入支座;

若梁下部纵筋注写 $2\text{⊈}25+3\text{⊈}22(-3)/5\text{⊈}25$ 时,表示梁下部纵筋上排为 $2\text{⊈}25+3\text{⊈}22$,其中 $3\text{⊈}22$ 不伸入支座,下一排为 $5\text{⊈}25$,全部伸入支座。

c. 附加箍筋和吊筋

将附加箍筋和吊筋直接画在平面图中的主梁上,用线引注纵配筋值如图 3-3-16(a)。附加箍筋和吊筋构造见图 3-3-16(b)。

图中 3-3-10 中 2 轴线ⓒ、Ⓓ跨之间 KL3 与楼梯平台梁交接处分别标注吊筋 $2\text{⊈}18$,附加箍筋 $8\phi10(2)$,表示吊筋为 2 根直径为 18 mm 的Ⅲ(HRB400)级钢筋,附加箍筋共有 8 根直径为 10 mm 的Ⅰ(HPB300)级钢筋,每侧 4 根。

d. 当梁集中标注内容不适用于某跨或悬挑部分时,将其不同数值标注在该跨或悬挑部位,施工时按原位标注取用。

如图 3-3-11 中第三跨标注$\phi8@100(2)$:表示该跨箍筋为Ⅰ(HPB300)级钢筋,直径 10 mm,间距为 100,双肢箍,箍筋不需要加密。

读图 3-3-10 中④轴线 KL4,集中标注内容前面已经叙述,原位标注读图如下:

KL4 每跨的支座上部两侧原位标注 $6\text{⊈}22\ 4/2$,表示支座上部两侧都配置 6 根纵筋,分两排,上边一排 $4\text{⊈}22$,下边一排 $2\text{⊈}22$;

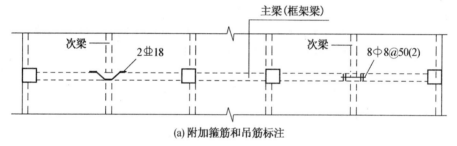

(a) 附加箍筋和吊筋标注

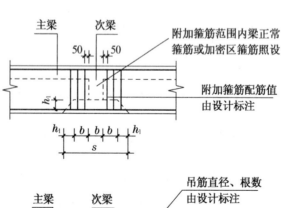

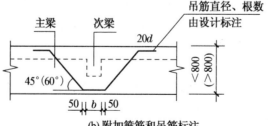

(b) 附加箍筋和吊筋标注

图 3-3-16 附加箍筋和吊筋标注与构造

悬臂端下部原位标注 2Φ16，表示悬臂端下部配有 2Φ16 纵筋，该段内箍筋为 Ⅰ
(HPB300)级钢筋，直径 10 mm，间距 150，双肢箍，不需加密；

在Ⓐ、Ⓑ轴线间梁的下部原位标注 6Φ22 2/4，表示梁下部配置 6 根纵筋，分两排，上边
一排 2Φ22，下边一排 4Φ22，全部伸入支座；

Ⓑ、Ⓒ轴线间梁的下部原位标注 2Φ20，表示梁下配置 2Φ20 纵筋，全部伸入支座；

Ⓒ、Ⓓ轴线间梁的下部 7Φ20 3/4，表示梁下配置 7 根纵筋，分两排，上边一排 3Φ20，下
边一排 4Φ20，全部伸入支座。

（2）截面注写方式

截面注写方式是在分标准层绘制的梁平面布置图上分别在不同编号的梁中各选择一根
梁用剖面号（单边截面号）引出配筋图，并在其上注写截面尺寸和配筋具体数值的方式表达
梁平法施工图。如图 3-3-17 所示。

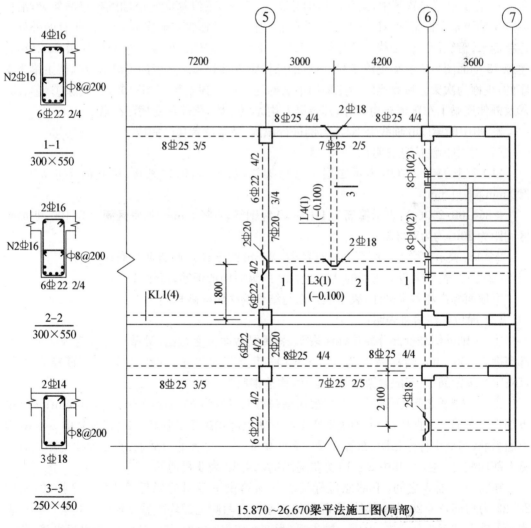

15.870～26.670梁平法施工图(局部)

图 3-3-17　梁截面注写方式

在截面配筋图上注写截面尺寸 $b \times h$、上部筋、下部筋、侧面构造或受扭筋以及箍筋的肢

数值,其表达方式与平面注写方式相同。

从图 3-3-17 可以看出,⑤—⑥轴线间的 L3 为 1 跨,在 1-1 截面处,截面尺寸 $b×h=$ 300 mm×550 mm,梁上部纵筋为 4⊕16,下部配置 6 根纵筋,分两排,上边一排 2⊕22,下边一排 4⊕22;箍筋为 I(HPB300)级钢筋,直径 8 mm,间距为 200,双肢箍;两个侧面共配 2⊕16 的纵向受扭钢筋,每侧各 1⊕16。2-2 截面,上部纵筋为 2⊕16,其余同 1-1 截面。3-3 截面,为 L4 的断面截面尺寸 $b×h=$ 250 mm×450 mm,上部纵筋为 2⊕14,下部配置 3⊕18 纵筋,箍筋 I(HPB300)级钢筋,直径 8 mm,间距为 200,双肢箍。

【案例】

识读图 3-3-18 某商住楼结构施工图二层梁布置。识读该层梁信息。(由于篇幅,本教材只列举了结构施工图的部分图纸,其余梁图纸的识读方法和顺序相同,不再列举)

1. 在二层梁布置图中,梁顶面结构标高 4.170 m,沿纵横向定位轴线布置框架梁,沿横向定位轴线布置框架梁 KL1~KL5。在①轴线西侧、⑦轴线东侧连梁 LL1 把所有的外伸梁连接起来;沿纵向定位轴线布置框架梁 KL6~KL9;在Ⓕ轴线北侧外伸部位连梁 LL2(结合建施 13 剖面图可以看得更清楚)把所有的外伸梁连接起来。这里的连梁是以框架主梁为支座的,也称为次梁。所有梁的标注采用平法标注。结合建筑施工图可知,二层除①、②、③、Ⓐ及外伸连梁上布置填充物墙外,其余梁上均无填充墙,梁仅承受楼面荷载。

2. 图中的梁以Ⓑ轴线上 KL7 为例进行识读,其余读者自己完成。

(1)集中标注信息表明:

2KL7(5B)300×700:表示二层 7 号框架梁,有 5 跨,两端悬挑,梁截面尺寸 $b×h=$ 300 mm×600 mm。

⊕8@100/200(2):表示箍筋为 HRB400 级钢筋,直径 8 mm,加密区间距为 100,非加密区间距为 200,均为双肢箍;

2⊕18:表示在梁上部配置 2 根直径为 18 mm 的 HRB400 级通长筋;

G2⊕12:表示梁两个侧面的共配 2⊕12 的纵向构造钢筋,每侧各 1⊕12;

梁顶面标高高差未标注,表示梁顶面与结构层楼面标高相同。

(2)原位标注信息表明:

①、⑦轴外侧悬挑部分原位标注表明,悬挑梁截面位变截面,梁截面宽度为 300 mm,端部高度为 600 mm,端部高度为 450 mm;箍筋全截面加密,间距 100 mm,直径 8 mm,HRB400 级钢筋;下部配置架立筋 2⊕16,构造钢筋为 2⊕12;

①~③轴线之间,下部原位标注表明该跨截面尺寸为 $b×h=$ 250 mm×500 mm;该跨梁下部贯通纵筋为 4⊕16,在 1 轴线支座左右两侧上部均配置 2⊕18+2⊕22,其中 2⊕18 为贯通纵筋,与集中标注相同,布置在梁的截面角部,2⊕22 为非贯通筋;在 3 轴线支座左右两侧上部均配置 4⊕18,其中 2⊕18 为贯通纵筋,2⊕18 为非贯通筋;

在③~④轴线之间,下部原位标注表明该跨梁下部贯通纵筋 2⊕22+2⊕20,其中 2⊕22 为角筋,2⊕20 为中部筋;在④轴线支座左右两侧上部均配置 2⊕18+4⊕20 4/2,表明梁支座上部钢筋分两排,上面一排 4 根,为 2⊕18+2⊕20,其中 2⊕18 为贯通纵筋,与集中标注相同,下面一排 2 根为 2⊕20;其中 4⊕20 均为非贯通筋;

在④~⑤轴线之间,下部原位标注表明该跨梁下部贯通纵筋 2⊕20+2⊕18,其中

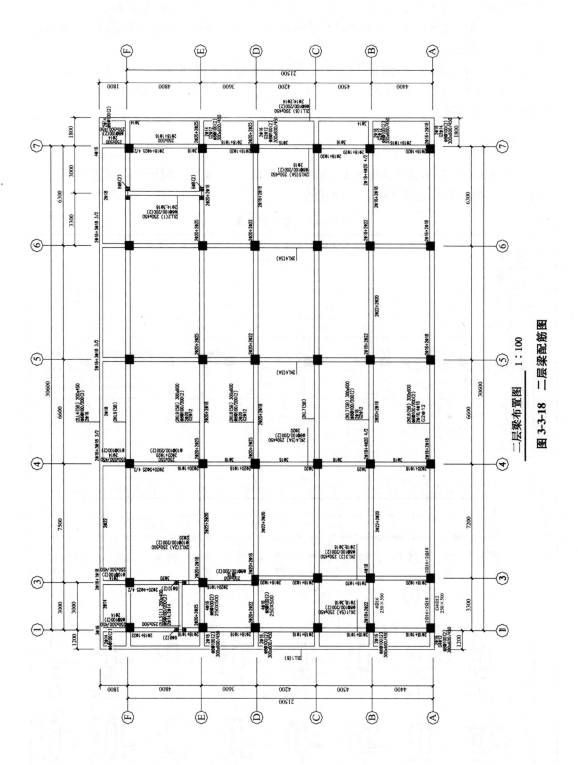

二层梁布置图 1:100

图 3-3-18 二层梁配筋图

2⊈20 为角筋,2⊈18 为中部筋;在⑤轴线支座左右两侧上部均配置 2⊈18＋2⊈22,其中 2⊈18 为贯通纵筋,与集中标注相同,布置在梁的截面角部,2⊈22 为非贯通筋;

在⑤～⑥轴线之间,该跨梁下部贯通纵筋同③～④轴线跨,支座上部钢筋同⑤轴线支座上部配置,不再叙述;

在⑥～⑦轴线之间,下部原位标注表明该跨梁下部贯通纵筋 2⊈16＋2⊈18,其中 2⊈16 为角筋,2⊈18 为中部筋;⑥轴线支座同⑤轴线支座上部钢筋,⑦轴线支座同④轴线支座上部钢筋,不再叙述。

【任务】

识读图 3-3-18 所示梁平法施工图,查阅梁的类型、尺寸及具体配筋情况,并绘制④轴线梁的立面图和断面图,完成表格 3-3-4 的任务。

表 3-3-4 框架梁任务单

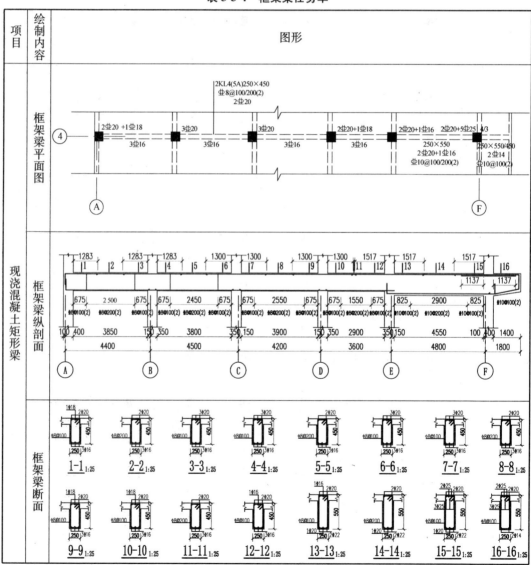

3.3.5　楼板结构施工图

楼板层是建筑的水平承重构件,楼板类型不同,楼板结构平面布置图的图示方法也不同。

楼板层按所用材料的不同,分为木楼板、砖拱楼板、钢筋混凝土楼板及压型钢板组合楼板等多种形式见图 3-3-19。其中钢筋混凝土楼板是目前我国房屋建筑中广泛采用的一种形式。

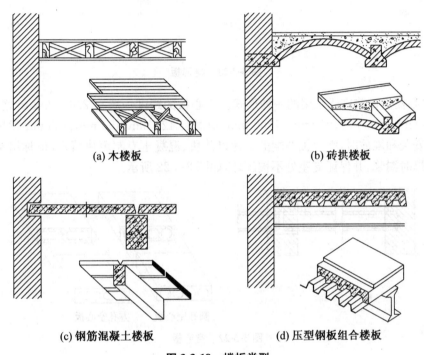

(a) 木楼板　　　　　　　　　　(b) 砖拱楼板

(c) 钢筋混凝土楼板　　　　　　(d) 压型钢板组合楼板

图 3-3-19　楼板类型

钢筋混凝土楼板按照其施工方法可分为预制装配式钢筋混凝土楼板和现浇钢筋混凝土楼板。

1. 预制楼板结构平面图的图示方法

(1) 预制钢筋混凝土楼板类型

预制钢筋混凝土楼板常用的类型有实心平板、槽形板和空心板三种。

① 实心平板板的跨度小,多用于过道和小房间的楼板,也可用作搁板、沟盖板、阳台栏板等。板的两端支承在墙或梁上,如图 3-3-20 所示。

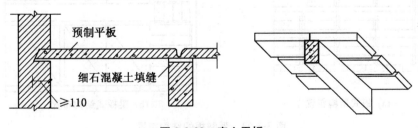

图 3-3-20　实心平板

② 槽形板是一种梁、板合一的构件,板肋相当于小梁,作用在板上的荷载由板肋来承担。槽形板按照板的槽口向下和向上分别称为正槽板和反槽板,见图 3-3-21。

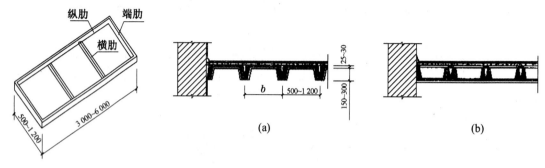

图 3-3-21 槽形板

③ 空心板是目前广泛采用的一种形式。空心板的跨度一般在 2.4～7.2 m 之间,板宽通常为 500 mm、600 mm、900 mm、1200 mm,板厚有 120 mm、150 mm、180 mm、240 mm 等几种。在安装和堆放时,空心板两端的孔常以砖块、混凝土专制填块填塞(俗称堵头),以免在板端灌缝时漏浆,并保证支座处不被压坏,如图 3-3-22 所示。

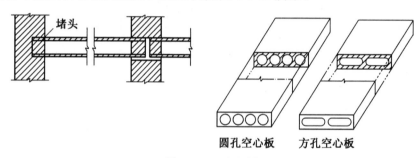

图 3-3-22 空心板

(2) 预制楼板布置

在进行板的结构布置时,首先应根据房间的开间和进深尺寸确定板的支承方式,再根据现有板的规格进行合理安排,选择一种或几种板进行布置。板的支承方式有板式和梁板式两种,如图 3-3-23 所示。预制板直接搁置在墙上的称为板式结构布置;若先搁梁,再将板搁

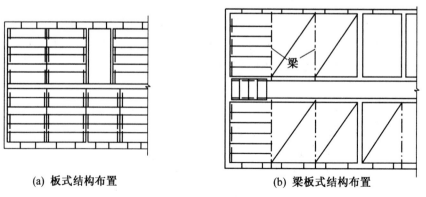

(a) 板式结构布置   (b) 梁板式结构布置

图 3-3-23 预制板的结构布置

置在梁上的称为梁板式布置。板式结构布置多用于房间的开间和进深尺寸都不大的建筑，如住宅、宿舍楼等。梁板式结构布置多用于房间的开间和进深尺寸都比较大的建筑，如教学楼等。

（3）预制楼板结构平面图的图示

如楼板层是预制楼板，则在结构平面布置图中主要表示支撑楼板的墙、梁、柱等结构构件的位置，预制楼板宜直接在结构平面图中进行标注，其布置方式有两种：一种是在预制板的范围内用细实线画一对角线，在对角线的一侧或两侧书写预制板的数量、代号及编号；另一种是以细实线画出板的实际布置情况，直接表示板的铺设方向，并注明预制板的数量、代号及编号。如果某些范围预制板的数量、品种完全相同，则可用大写拉丁字母（A、B、C、D……）或阿拉伯数字（1、2、3……）外加细实线圆圈的分类符号表示，如Ⓐ、Ⓑ或①、②，分类符号的圆圈直径为 8 mm 或 10 mm。如图3-3-24 所示。

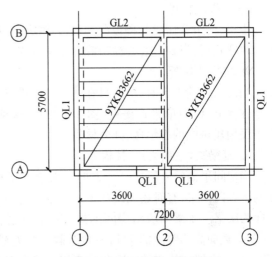

图 3-3-24　预制楼板表示方法

图中 9YKB3662 各代号的含义表示如下：

9：表示构件的数量；Y：表示预应力；KB：表示空心楼板；36：表示板的长度 3600 mm；6：表示板的宽度 600 mm；2：表示板的荷载等级为 2 级。即表示 9 块预应力空心楼板，板长度3600 mm；宽度 600 mm；荷载等级为 2 级。

钢筋混凝土梁、板采用标准图。构件代号有统一规定，详见表 3-1-5，但编号各地区有所不同，例如 GL 除了按照图 3-3-6 标注外，还可以按照表 3-3-1 形式标注。

表 3-3-5　过梁代号

GLXXXXXX			
GL	XX	XX	X
钢筋混凝土矩形截面过梁代号	洞口净跨	过梁宽度	荷载级别代号
如 GL18241 表示该过梁净跨（即门窗洞口宽）1800 mm，过梁宽度 240 mm，1 级荷载			

2. 现浇钢筋混凝土楼板结构平面图的图示方法

（1）现浇钢筋混凝土楼板

现浇钢筋混凝土楼板根据受力和传力情况不同，分为板式楼板、梁板式楼板、无梁式楼板和压型钢板组合板等。

① 板式楼板

板下不设梁，板直接搁置在四周墙上的板称为板式楼板。板分为单向板和双向板。板的厚度由结构计算和构造要求决定，通常为 60～120 mm。单向板的跨度一般不宜超过

2.5 m,双向板的跨度一般为 3～4 m。双向板较单向板的刚度好,且可节约材料和充分发挥钢筋的受力作用。

板式楼板具有整体性好,所占建筑空间小,顶棚平整,施工支模简单等优点,但板的跨度较小,多用于居住建筑中的居室、厨房、卫生间、走廊等小跨度的房间。

② 梁板式楼板

由板、梁组合而成的楼板称为梁板式楼板(又称为肋梁楼板)。根据梁的构造情况又可分为单梁式、复梁式(主次梁式)和井字梁式楼板。

a. 单梁式楼板

当房间尺寸不大时,可以只在一个方向设梁,梁直接支承在墙上,称为单梁式楼板(图 3-3-25)。这种楼板适用于民用建筑中的教学楼、办公楼等。

b. 复梁式(主次梁式)楼板

当房间平面尺寸任何一个方向均大于 6 m 时,则应在两个方向设梁,有时还应设柱子。其中一向为主梁,另一向为次梁。主梁一般沿房间的短跨布置,经济跨度为 5～8 m,截面高为跨度的 1/14～1/8,截面宽为截面高的 1/3～1/2,由墙或柱支承。次梁垂直于主梁布置,经济跨度为 4～6 m,截面高为跨度的 1/18～1/12,截面宽为截面高的 1/3～1/2,由主梁支承。板支承于次梁上,跨度一般为 1.7～2.7 m,板的厚度与其跨度和支承情况有关,一般不小于 60 mm。这种有主次梁的楼板称为复梁式楼板,如图 3-3-26所示。

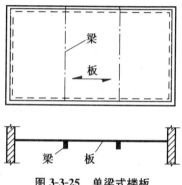

图 3-3-25　单梁式楼板

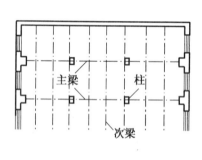

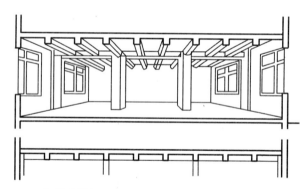

图 3-3-26　复梁式楼板

c. 井字梁式楼板

井字梁式楼板是梁板式楼板的一种特殊形式。当房间尺寸较大,并接近正方形时,常沿两个方向布置等距离、等截面的梁,从而形成井格式的梁板结构,见图 3-3-27。这种结构无主次梁之分,中部不设柱子,常用于跨度为 10 m 左右,长短边之比小于 1.5 的形状近似方形的公共建筑的门厅、大厅等处。

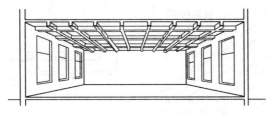

图 3-3-27 井字梁式楼板

对于梁板式楼板,板和梁支承在墙上,为避免把墙压坏和保证荷载的可靠传递,支点处应有一定的支承面积。规范规定了最小搁置长度:现浇钢筋混凝土楼板或屋面板伸进纵、横墙内的长度均不应小于 120 mm。梁在墙上的搁置长度与梁的截面高度有关,当梁高小于或等于 500 mm 时,搁置长度不小于 180 mm,当梁高大于 500 mm 时,搁置长度不小于 240 mm。

③ 无梁楼板

框架结构中将板直接支承在柱上,且不设梁的楼板称为无梁楼板,分为有柱帽和无柱帽两种。当楼面荷载较小时,可采用无柱帽式的无梁楼板;当荷载较大时,为提高楼板的承载能力及其刚度,增加柱对板的支托面积并减小板跨,一般在柱顶加设柱帽或托板,见图 3-3-28。

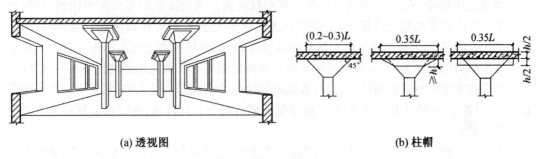

(a) 透视图　　　　　　　　　　　　　　　(b) 柱帽

图 3-3-28 无梁楼板

无梁楼板的柱网一般布置为方形或矩形,柱距以 6 m 左右较为经济。由于板跨较大,无梁楼板的板厚不宜小于 150 mm。

无梁楼板顶棚平整,室内净空大,采光、通风和卫生条件好,便于工业化(升板法)施工,适用于楼层荷载较大的商场、仓库、展览馆等建筑。在给水工程中的清水池的底板和顶板也常采用无梁楼板的形式。

④ 压型钢板混凝土组合板

以压型钢板为衬板,与混凝土浇筑在一起,搁置在钢梁上构成的整体式楼板称为压型钢板混凝土组合板。这种楼板主要由楼面层、组合板(包括现浇混凝土与钢衬板)及钢梁等几部分组成,见图 3-3-29。特点是压型钢板起到了现浇混凝土的永久性模板和受拉钢筋的双重作用,同时又是施工的台板,简化了施工程序,加快了施工进度。另外,还可利用压型钢板肋间的空间敷设电力管线或通风管道。目前压型钢板混凝土组合板已在大空间建筑和高层建筑中采用。

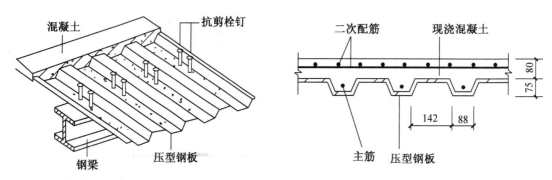

图 3-3-29　压型钢板混凝土组合板

（2）现浇楼板结构平面图的图示

若楼板层为现浇钢筋混凝土楼板，在楼板中应按照要求配置钢筋。板中钢筋按照受力作用不同，分为受力筋、分布筋和构造筋（习惯上称为构造负筋）。受力筋主要承受板底拉力；分布筋一般与受力筋垂直绑扎，使荷载均匀地分布到受力筋上，抵抗由于温度变化或混凝土收缩引起的内力，防止混凝土开裂，并固定受力筋的位置；构造负筋配置在板顶承受板顶部分拉力，同时防止板顶处混凝土开裂。另外，在板顶通常配置与构造负筋垂直的构造分布筋，但是在图纸中一般不画出，而是统一进行说明。

现浇板按照板长短之比不同分为单向板和双向板。两边支承的板应按单向板计算；四边支承的板应按下列规定计算：当长边与短边之比不大于 2.0，应按双向板计算；当长边与短边之比大于 2.0，但小于 3.0 时宜按双向板计算；当长边与短边之比不小于 3.0 时宜按沿短边方向受力的单向板计算，并沿长边方向布置构造钢筋。长边与短边之比不小于 3.0 时，板承受荷载主要沿短边方向传递，此时板底钢筋沿短方向配筋为受力筋，沿长方向配筋为分布筋。当长边与短边之比不大于 2.0，板承受荷载沿两个方向传递，此时板底钢筋两个方向均为受力筋。

钢筋在平面图中应用粗实线绘制，钢筋的弯钩朝上或朝左表示布置在板底部，钢筋的弯钩朝下或朝右表示布置在板顶部，沿着钢筋的长度标注钢筋的等级、直径、间距和编号，编号的直径采用 5~6 mm 的细实线圆表示，其编号应采用阿拉伯数字按顺序编写。简单的构件、钢筋种类较少也可不编号。当钢筋标注的位置不够时，可采用引出线标注。引出线标注钢筋的斜短划线应为中实线或细实线。

当构件布置较简单时，结构平面布置图可与板配筋平图合并绘制，当平面图中的配筋较复杂时，可单独绘制。板的厚度和标高可在结构平面图中说明，也可在平面图中标注出。在结构平面图中表示板厚度一般用"$h=xxx$"表示，例如 $h=120$ 表示板厚为 120 mm。钢筋混凝土板一般只画出平面图，有时也画出剖面图（楼梯板），但应说明板厚、板顶标高及与支座的关系。必要时可在平面图上局部画出剖面并涂黑。

如图 3-3-30 所示。该图为 XB-1 配筋图，比例 1:20，板所在位置由轴线确定。该板宜接双向板高，（3>6600/3000=2.2>2），配置在板底部的钢筋有①、②号钢筋，其中①号为受力筋，φ10@150，②号也为受力筋，φ10@200；配置在板顶部的钢筋有③、④号钢筋，承受板顶负弯矩，③、④号钢筋均为φ10@200。板顶部构造分布钢筋为⑤号筋，φ6@200，板厚120 mm，板顶标高为 3.850 m。

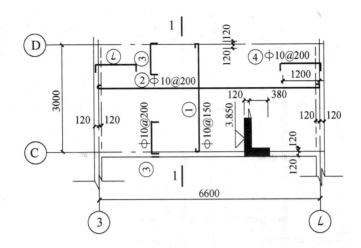

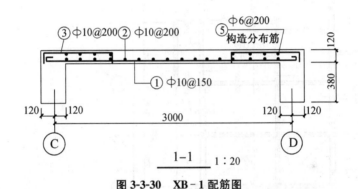

图 3-3-30 XB-1 配筋图

砖混结构楼层结构平面图如图 3-3-31 所示,为某住宅标准层结构平面图,比例 1：100;该层轴线和轴线尺寸总尺寸与标准层建筑平面图相同;图中纵横墙交接处涂黑的为构造柱(GZ)。所有承重墙下均设圈梁,其中 370 厚墙下圈梁截面尺寸为 370 mm×240 mm,截面配纵筋 6φ14,箍筋φ6@200;240 厚墙下圈梁截面尺寸为 240 mm×240 mm,截面配纵筋 4φ14,箍筋φ6@200,楼层中设有 L1、L2、L1、L2 标注采用平面整体标注法。该楼层楼板有现浇和预制两种。甲、乙、丙板采用现浇,甲、乙板的配筋在图上注明,丙板配筋见说明。以甲板为例,双向板,板底配置的纵横向受力钢筋有①号钢筋(φ8@200)和②号钢筋(φ8@180),板顶有构造负筋③号(φ8@200)、④号(φ8@150);其余为预制板。以①房间布置为例,该房间共铺 5 块预应力空心楼板,其中 4 块板长度 3300 mm;宽度 600 mm;荷载等级为 2 级,1 块板长度 3600 mm;宽度 900 mm;荷载等级为 2 级。图中未注明的板厚均为100 mm(见说明)。本结构平面图适用于板顶结构标高为 2.950 m,5.950 m,8.950 m 等楼层。

(3) 有梁楼板平法施工图

在框架结构中,楼板和屋面板一般均为现浇板,现浇板可以按照上面所述的方式在楼层和屋面结构平面图中直接画出配筋图来表达板底和板顶钢筋,现浇板配筋表达及读图与砖混结构相同,这里不在叙述。目前对于现浇板的常用表达方式是平法标注,详见国家建筑标准设计图集 16G101-1。这里仅作简单介绍。

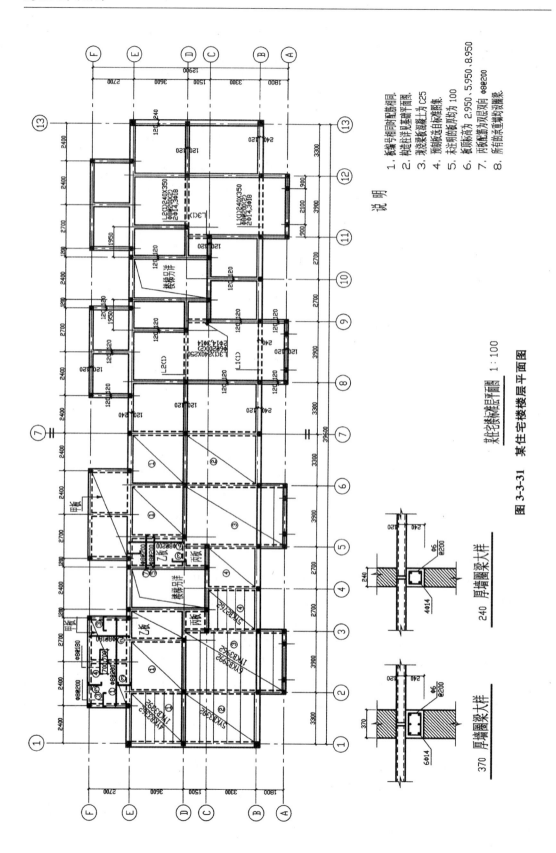

说　明

1. 板编号相同时配置亦相同。
2. 构造柱详见基础平面图。
3. 现浇梁板混凝土为C25。
4. 预制板选自标准图集。
5. 未注明板厚均为100。
6. 板顶标高为2.950、5.950、8.950。
7. 两板配筋为双层双向Φ8@200。
8. 所有防潮墙均设圈梁。

某住宅楼标准层平面图　1:100

某住宅楼标准层平面图

图 3-3-31　某住宅楼标准层平面图

240 厚墙圈梁大样

370 厚墙圈梁大样

板平面注写包括板块集中标注和板支座原位标注,见图 3-3-32。板块集中标注内容为:板块编号、板厚、贯通纵筋以及当板面标高不同时的标高高差。板支座原位标注有板支座上部非贯通纵筋和悬挑板上部受力钢筋。

① 板块编号,由代号和序号组成。

楼面板 LB××,屋面板 WB××,悬挑板 XB××。

(2) 板厚 h＝XXX,为垂直于板面的厚度;当悬挑板端部改变截面厚度时,用斜线分隔根部与端部高度值,h＝XXX/XXX;当设计已在图注中统一注明板厚时,此项可不注。

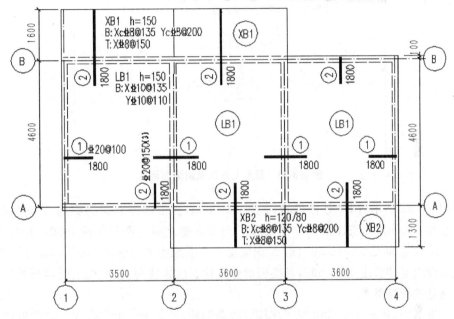

未标注的分布筋为φ8@150

图 3-3-32　现浇板平法标注

③ 贯通纵筋,按板块下部与上部分别注写,以 B 打头代表下部纵筋,以 T 打头代表上部纵筋,B&T 代表下部和上部;X 打头代表 X 向贯通纵筋,Y 打头代表 Y 向贯通纵筋,两项纵筋相同以 X&Y 打头。

单向板贯通分布筋不注写而在说明中统一注明;当板配有构造钢筋时,以 Xc、Yc 打头注写 X 向和 Y 向构造钢筋。

当 Y 向采用放射筋时(切向为 X 向,径向为 Y 向),设计者应注明配筋间距的定位尺寸。

当纵筋采用两种规格钢筋"隔一布一"方式时,表达为"φ xx/yy@xxx",表示直径为 xx 的钢筋和直径为 yy 的钢筋二者之间的间距为 xxx,直径为 xx 的钢筋间距是 xxx 的 2 倍,直径为 yy 的钢筋间距是 xxx 的 2 倍。

④ 板面标高高差为相对于结构层楼面标高的高差,应注写在括号中,无高差不注写。

⑤ 板支座原位标注的内容:板支座上部非贯通纵筋和悬挑板上部受力筋。

板支座原位标注的钢筋,在配置相同的第一跨表达(当在梁悬挑部位单独配置时则在原位表达)。在配置相同的第一跨,垂直于板支座(梁或墙)绘制一段适宜长度的中粗实线(当该筋通长设置在悬挑板或短跨板上部时,实线段应画至对边或贯通短跨),以该线段代表支座上部非贯通纵筋,线的上方注写钢筋编号(如①、②等)、配筋值、横向布置跨数及是否布置到梁的悬挑端(XX、XXA、XXB同梁,当为一跨时不注写),线的下方注写自支座中心线向跨内延伸长度值,对称延伸只注一侧,悬挑端不注写延伸值。

⑥ 对于悬挑板的注写方式见图3-3-32。

⑦ 当板支座为弧形,支座上部非贯通纵筋呈放射状分布时,图中注明配筋间距的度量位置并加注"放射分布"字样。必要时应补绘平面配筋图。见图3-3-33。

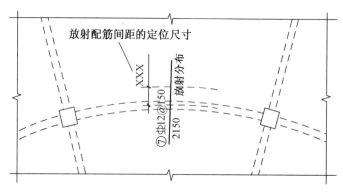

图3-3-33 弧形支座处放射配筋标注

如图3-3-32所示,LB1号楼面板,板厚150 mm,板下部配置贯通纵筋X向为Φ10@135,Y向为Φ10@110,支座上部非贯通沿Y向梁支座上面配置①号筋,Φ20@100,自支座中心线向跨内延伸长度1800 mm;沿X向梁支座上面配置2号筋,Φ20@150,三跨,自支座中心线向跨内延伸长度1800 mm,悬挑板部分延伸长度未注写,按照图上延伸板长度施工,即布置到悬挑板端部。

悬挑板XB1,板厚150 mm,板下部配置构造钢筋,X向为Φ8@135,Y向为Φ8@200,板上部X向配置贯通纵筋Φ8@150。

悬挑板XB2,根部板厚120 mm,端部板厚80 mm,板下部配置构造钢筋,X向为Φ8@135,Y向为Φ8@200,板上部X向配置贯通纵筋Φ8@150。

支座负筋的分布筋在图中用文字说明,本楼板未注明的支座负筋的分布筋是Φ8@180。

【案例】

结合前面讲述的某小区商住楼建筑施工图,识读结构施工图二层板布置图3-3-34,识读板标注信息。(由于篇幅,本教材只列举了结构施工图的部分图纸,其余图纸的识读方法和顺序相同,不再列举)

在二层结构平面图中楼板均为现浇板,板顶面结构标高4.170 m,除角部楼梯间画出洞口外,板钢筋均在图上画出。由说明及图上标注可知:该层楼板厚度有120 mm,100 mm,90 mm三种厚度,其中图上未注明的均为120 mm。以④~⑤、Ⓐ~Ⓑ轴线间板为例识读,其余请读者自己完成。

该板厚120 mm(见说明),双向板(6600/4400≤2),板底均为受力筋,X向下部钢筋为Φ8@200(见说明),Y向钢筋为Φ8@180,施工时Y向钢筋在下,X向钢筋在上。Ⓐ轴板支座(KL6,见二层梁平面图)上部配置Φ10@180,自支座中心线向跨内延伸长度1390 mm,Ⓑ轴

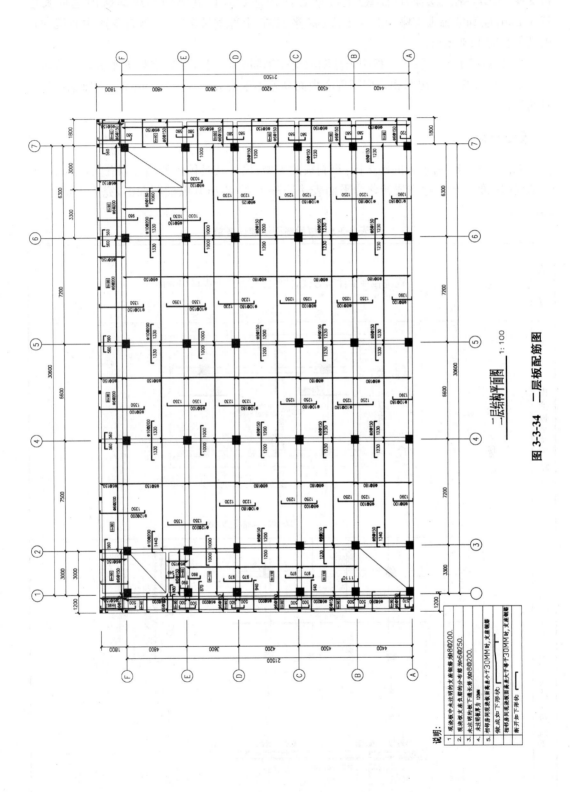

一层结构平面图
二层板配筋图　1:100

图 3-3-34　二层板配筋图

板支座（KL7，见二层梁平面图）上部配置⊕10@180，自支座中心线向跨内延伸长度1250 mm，④和⑤轴板支座（KL4，见二层梁平面图）上部配置⊕8@150，自支座中心线向跨内延伸长度1230 mm。

另外从说明中知道：现浇板中未注明的支座钢筋为⊕8@200，现浇板支座负筋的分布筋为φ6@250（图中未绘出），相邻房间现浇板面高差小于或大于等于30 mm时，支座钢筋施工时的形状等。

【任务】

识读图 3-3-34 所示板的施工图，查阅板的类型、尺寸及具体配筋情况，将④⑤轴线与Ⓐ Ⓑ轴线围成的板的表达方式转化为平面表达法表示，并绘出其纵横断面图，完成表格 3-3-5 的任务。

表 3-3-5 板配筋图识读任务单

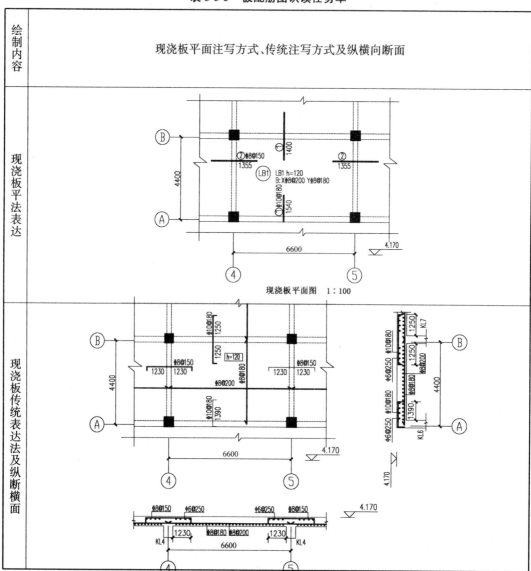

3.3.6　剪力墙结构施工图

剪力墙结构楼层平面图一般采用平法表达。剪力墙平法施工图是在剪力墙平面布置图上采用列表法或截面注写法表达。在剪力墙平法施工图中,应按规定注明各结构层楼面标高、结构层高及相应的结构层号。如图 3-3-35 所示。

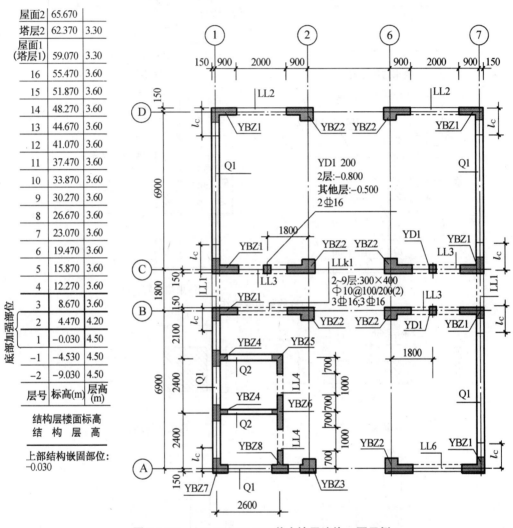

图 3-3-35　−0.03～12.270 剪力墙平法施工图示例

1. 列表注写方式

为表达清楚、简便,剪力墙可看成由剪力墙柱、剪力墙身和剪力墙梁三类构件组成。列表注写方式,是分别在剪力墙柱表、剪力墙身表、剪力墙梁表中,对应于剪力墙平面布置图上的编号,用绘制截面配筋图并注写几何尺寸与配筋具体数值的方式,来表达剪力墙平法施工图。

（1）剪力墙柱标注

在剪力墙柱表中表达如下内容:

① 注写剪力墙柱编号和绘制该墙柱的截面配筋图,标注墙柱几何尺寸。剪力墙柱编号

见表 3-3-6。对于各墙柱标注有关尺寸见图 3-3-36。图中 l_c 为约束构件沿墙肢长度,λ_v 为配箍特征值,有关数值详见国家建设标准设计图集 16G101 - 1。

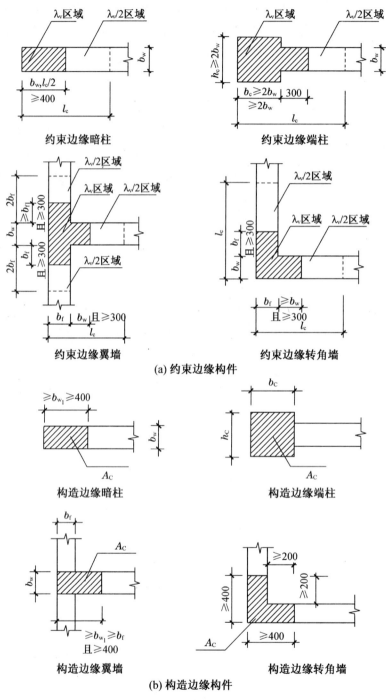

(a) 约束边缘构件

(b) 构造边缘构件

图 3-3-36　各类剪力墙构件

② 注写各段墙柱的起止标高,自墙柱根部往上以变截面位置或截面未变但配筋改变处为界分段注写。墙柱根部标高系指基础顶面标高(如为框支剪力墙结构则为框支梁顶面标高)。

③ 注写各段墙柱的纵向钢筋和箍筋,注写值应与在表中绘制的截面配筋图对应一致。纵向钢筋注总配筋值;墙柱箍筋的注写方式与柱箍筋相同。对于约束边缘构件,除注写图 3-3-35 所示阴影部分的箍筋外,尚需在剪力墙平面布置图中注写非阴影区内布置的拉筋。剪力墙柱表示例见表 3-3-7。

表 3-3-6　剪力墙柱编号

墙柱类型	代号	序号
约束边缘构件	YBZ	XX
构造边缘构件	GBZ	XX
非边缘暗柱	AZ	XX
扶壁柱	FBZ	XX

注:约束边缘构件包括约束边缘暗柱、约束边缘端柱、约束边缘翼墙、约束边缘转角墙四种。构造边缘构件包括构造边缘暗柱、构造边缘端柱、构造边缘翼墙、构造边缘转角墙四种。

表 3-3-7　剪力墙柱表

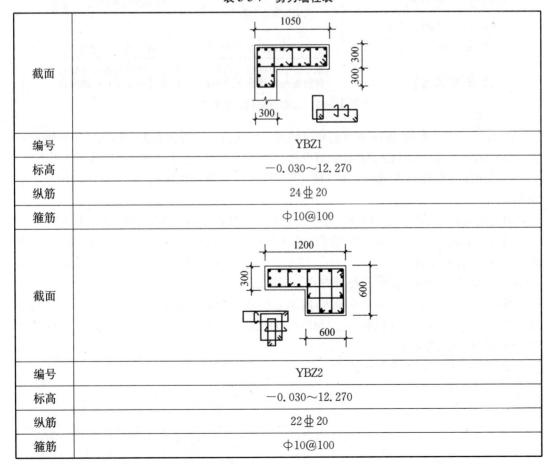

截面	
编号	YBZ1
标高	−0.030～12.270
纵筋	24 Φ 20
箍筋	Φ10@100
截面	
编号	YBZ2
标高	−0.030～12.270
纵筋	22 Φ 20
箍筋	Φ10@100

（2）剪力墙身标注

在剪力墙身表中表达的内容，规定如下：

① 注写墙身编号（含水平与竖向分布钢筋的排数）。墙身编号由墙身代号、序号以及墙身所配置的水平与竖向分布钢筋的排数组成，其中排数注写在括号内。表达形式为：QXX（X 排）。

在编号中如若干墙柱的截面尺寸与配筋均相同，仅截面与轴线的关系不同或墙身长度不同时，可将其编为同一墙柱号；分布钢筋网的排数，当剪力墙厚度 $b_w \leqslant 400$ 时，应配置双排；当其厚度 b_w 大于 400，但不大于 700 时，宜配置三排；当其厚度 b_w 大于 700 时，宜配置四排；分布钢筋网排数规定的具体图示见图 3-3-37。

当墙身所设置的水平与竖向分布钢筋的排数为 2 时可不注。

当剪力墙配置的分布钢筋多于两排时，剪力墙拉筋两端应同时钩住外排水平纵筋和竖向纵筋，还应与剪力墙内排水平纵筋和竖向纵筋绑扎在一起。

② 注写各段墙身起止标高。具体要求与剪力墙柱相同。

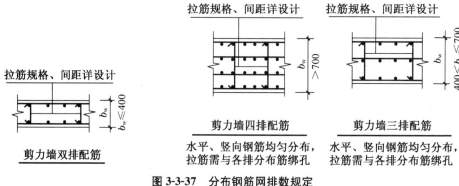

图 3-3-37 分布钢筋网排数规定

③ 注写水平分布筋、竖向分布筋和拉筋的具体数值。注写数值为一排水平分布钢筋和竖向分布钢筋的规格与间距。具体设置几排已经在墙身编号后面表达，如果是两排可不注。

拉筋应注明布置方式"矩形"或"梅花"。具体构造参考国家标准图集 16G101-1 第 16 页。

剪力墙身标注示例见表 3-3-8。表中 Q1 表示剪力墙身 1，分布钢筋网设 2 排。

墙身在标高-0.030～30.270 段内，墙厚 300，水平和垂直分布筋都为Ⅲ（HRB400）级钢，水平和垂直分布筋均为直径 12 mm，间距 200，拉筋为Ⅰ（HPB300）级钢筋，直径 6 mm，间距 X 向和 Y 向均为 600 mm，配置方式为矩形。

墙身在标高 30.270～59.070 段内，墙厚 250，水平和垂直分布筋均为Ⅲ（HRB400）级钢筋，直径 10 mm，间距 200，拉筋为Ⅰ（HPB300）级钢筋，直径 6 mm，间距 X 向和 Y 向均为 600 mm，配置方式为矩形。

墙身 2 读法类似，不再叙述。

表 3-3-8　剪力墙身表

编　号	标　高	墙　厚	水平分布筋	垂直分布筋	拉筋（矩形）
Q1	−0.030～30.270	300	12@200	12@200	φ6@600@600
	30.270～59.070	250	10@200	10@200	φ6@600@600
Q2	−0.030～30.270	250	10@200	10@200	φ6@600@600
	30.270～59.070	200	10@200	10@200	φ6@600@600

（3）剪力墙梁表标注

在剪力墙梁表中表达的内容，规定如下：

① 注写墙梁编号。墙梁编号由墙梁类型代号和序号组成，见表 3-3-9。

表 3-3-9　剪力墙梁编号

墙梁类型	代号	序号	墙梁类型	代号	序号
连梁	LL	XX	连梁（集中对角斜筋配筋）	LL(DX)	XX
连梁（对角暗撑配筋）	LL(JC)	XX	连梁（跨高比不小于 5）	LLk	XX
连梁（交叉斜筋配筋）	LL(JX)	XX	暗　梁	AL	XX
边框梁	BKL	XX			

② 注写墙梁所在楼层号。

③ 注写墙梁顶面标高高差，系指相对于墙梁所在结构层楼面标高的高差值，高于者为正值，低于者为负值，当无高差时不注。

④ 注写墙梁截面尺寸 $b×h$，上部纵筋，下部纵筋和箍筋的具体数值。

⑤ 当连梁设有对角暗撑时［代号为 LL(JC)XX］，注写暗撑的截面尺寸（箍筋外皮尺寸）；注写一根暗撑的全部纵筋，并标注×2 表明有两根暗撑相互交叉，注写暗撑箍筋的具体数值。连梁对角暗撑构造见图 3-3-38。

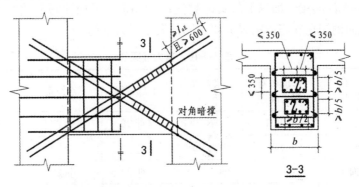

连梁对角暗撑配筋构造
用于筒中筒结构时，l_{aE}均取为 $1.15l_a$

对于筒中筒结构时，l_{aE}均取为 $1.5l_a$

图 3-3-38　连梁对角暗撑配筋构造

⑥ 当连梁设有交叉斜钢筋时[代号为 LL(JX)XX],注写连梁一侧对角斜筋的配置值,并标注×2表明对称设置;注写对角斜筋在连梁端部设置的拉筋根数、规格及直径,并标注×4表示四个角都设置;注写连梁一侧折线筋配置值,并标注×2表明对称设置。连梁交叉斜筋配置构造见图 3-3-39。剪力墙梁表示例见表 3-3-10。

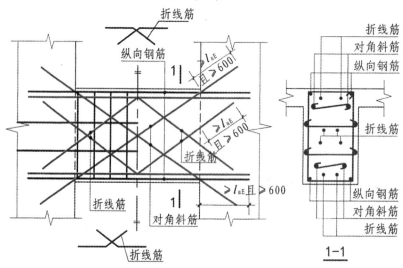

图 3-3-39　连梁交叉斜筋配置构造

⑦ 当连梁设有集中对角斜筋时[代号为 LL(DX)XX],注写一条对角线上的对角斜筋,并标注×2表明对称设置。

⑧ 跨高比不小于 5 的连梁,按框架梁设计时(代号为 LLkxx),采用平面注写方式,注定规则同框架梁,可采用适当比例单独绘制,也可与剪力墙平法施工图合并绘制。

墙梁侧面纵筋的配置,当墙身水平分布钢筋满足连梁、暗梁及边框梁的梁侧面纵向构造钢筋的要求时,该筋配置同墙身水平分布钢筋,表中不注,施工按 16G101－1 标准构造详图的要求即可;当墙身水平分布钢筋不满足连梁、暗梁及边框梁的梁侧面纵向构造钢筋的要求时,应在表中补充注明梁侧面纵筋的具体数值;当为 LLk,平面注写方式以大写字母"N"打头。梁侧面纵向钢筋在支座内的锚固要求同连梁中受力钢筋。

表 3-3-10　剪力墙梁表

编号	所在楼层号	梁顶相对标高高差	梁截面 $b \times h$	上部纵筋	下部纵筋	箍筋
LL1	2~9	0.800	300×2000	4⏀22	4⏀22	⏀10@100(2)
	10~16	0.800	250×2000	4⏀20	4⏀20	⏀10@100(2)
	屋面 1		250×1200	4⏀20	4⏀20	⏀10@100(2)
LL2	3	−1.200	300×2520	4⏀22	4⏀22	⏀10@150(2)
	4	−0.900	300×2070	4⏀22	4⏀22	⏀10@150(2)
	5~9	−0.900	300×1770	4⏀22	4⏀22	⏀10@150(2)
	10~屋面 1	−0.900	250×1770	3⏀22	3⏀22	⏀10@150(2)

编号	所在楼层号	梁顶相对标高高差	梁截面 $b \times h$	上部纵筋	下部纵筋	箍筋
LL3	2		300×2070	4Φ22	4Φ22	Φ10@100(2)
	3		300×1770	4Φ22	4Φ22	Φ10@100(2)
	4～9		300×1170	4Φ22	4Φ22	Φ10@100(2)
	10～屋面1		250×1170	3Φ22	3Φ22	Φ10@100(2)
LL4	2		250×2070	3Φ20	3Φ20	Φ10@120(2)
	3		250×1770	3Φ20	3Φ20	Φ10@120(2)
	4～屋面1		250×1170	3Φ20	3Φ20	Φ10@120(2)
AL1	2～9		300×600	3Φ20	3Φ20	Φ8@150(2)
	10～16		250×500	3Φ18	3Φ18	Φ18@150(2)
BKL1	屋面1		500×750	4Φ22	4Φ22	Φ10@150(2)

2. 截面注写方式

截面注写方式,指在分标准层绘制的剪力墙平面布置图上,以直接在墙柱、墙身、墙梁上注写截面尺寸和配筋具体数值的方式来表达剪力墙平法施工图,如图 3-3-40 所示。

墙柱、墙身、墙梁上注写内容如下:

(1) 墙柱。从相同编号的墙柱中选择一个截面,注明几何尺寸,标注全部纵筋及箍筋的具体数值。对于约束边缘构件除注明阴影部分具体尺寸外,尚需注明约束边缘构件沿墙肢长度 l_c,约束边缘翼墙中沿墙尺长度为 $2b_f$ 时可不注。

(2) 墙身。从相同编号的墙身中选择一道墙身,按顺序引注的内容为:墙身编号(应包括注写在括号内墙身所配置的水平与竖向分布钢筋的排数)、墙厚尺寸,水平分布钢筋、竖向分布钢筋和拉筋的具体数值。

(3) 墙梁。从相同编号的墙梁中选择一根墙梁,按顺序引注的内容为:墙梁编号、墙梁截面尺寸 $b \times h$、墙梁箍筋、上部纵筋、下部纵筋和墙梁顶面标高高差的具体数值;当连梁设有对角暗撑时[代号为 LL(JC)XX],注写暗撑的截面尺寸(箍筋外皮尺寸);注写一根暗撑的全部纵筋,并标注×2 表明有两根暗撑相互交叉,注写暗撑箍筋的具体数值;当连梁设有交叉斜钢筋时[代号为 LL(JX)XX],注写连梁一侧对角斜筋的配置值,并标注×2 表明对称设置;注写对角斜筋在连梁端部设置的拉筋根数、规格及直径,并标注×4 表示四个角都设置;注写连梁一侧折线筋配置值,并标注×2 表明对称设置。当墙身水平分布钢筋不能满足连梁、暗梁及边框梁的梁侧面纵向构造钢筋的要求时,应补充注明梁侧面纵筋的具体数值;注写时,以大写字母 N 打头,接续注写直径与间距。

3. 剪力墙洞口的表示方法

无论采用列表注写方式还是截面注写方式,剪力墙上的洞口均可在剪力墙平面布置图上原位表达。

标注时,首先在剪力墙平面布置图上绘制洞口示意,并标注洞口中心的平面定位尺寸;然后在洞口中心位置引注:洞口编号、洞口几何尺寸、洞口中心相对标高、洞口每边补强钢筋

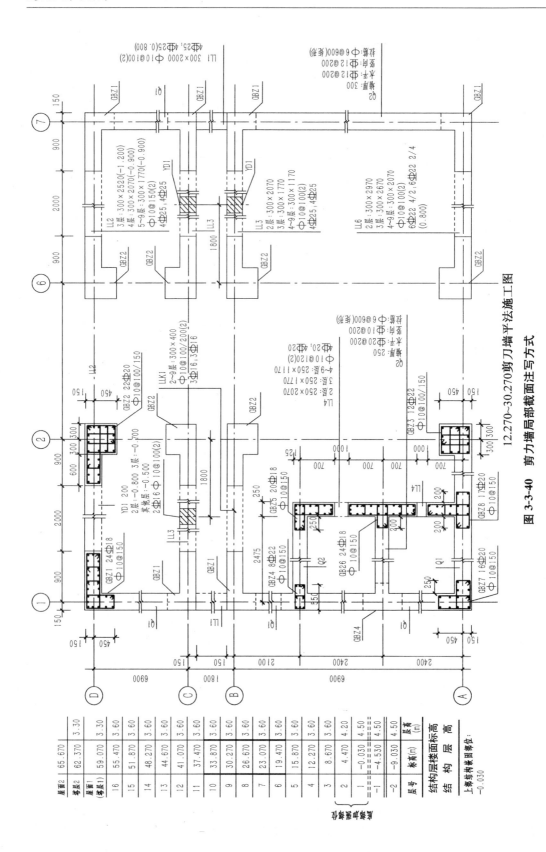

图 3-3-40　剪力墙局部截面注写方式

12.270~30.270剪力墙平法施工图

四项内容。具体要求如下：

（1）对于洞口编号，矩形洞口为 JDXX(XX 为序号)，圆形洞口为 YDXX(XX 为序号)；

（2）矩形洞口几何尺寸为洞宽×洞高($b×h$)，圆形洞口为洞口直径 D；

（3）洞口中心相对标高，系相对于结构层楼(地)面标高的洞口中心高度。当其高于结构层楼面时为正值，低于结构层楼面时为负值。

（4）洞口每边补强钢筋

① 当矩形洞口的洞宽、洞高均不大于 800 时，此项注写为洞口每边补强钢筋的具体数值。当洞宽、洞高方向补强钢筋不一致时，分别注写洞宽方向、洞高方向补强钢筋，以"/"号分隔。

例如，JD 2　400×300　＋3.100,3 ⊈ 14，表示 2 号矩形洞口，洞宽 400，洞高 300，洞口中心高于本结构层楼面 3100 mm，洞口每边补强钢筋为 3 ⊈ 14。

例如，JD 3　400×300　＋3.100，表示 3 号矩形洞口，洞宽 400，洞高 300，洞口中心距本结构层楼面 3100，洞口每边补强钢筋按构造配置。

例如，JD 4　800×300　＋3.100,3 ⊈ 18/3 ⊈ 14，表示 4 号矩形洞口，洞宽 800，洞高 300，洞口中心距本结构层楼面 3100，洞宽方向补强钢筋为 3 ⊈ 18，洞高方向补强钢筋为 3 ⊈ 14。

② 当矩形或圆形洞口的洞宽或直径大于 800 时，在洞口的上、下需设置补强暗梁，此项注写为洞口上、下每边暗梁的纵筋与箍筋的具体数值(在标准构造详图中，补强暗梁梁高一律定为 400，当设计与构造详图不同时，另行注明)；圆形洞口时尚需注明环向加强钢筋的具体数值；当洞口上、下边为剪力墙连梁时，此项免注；洞口竖向两侧设置边缘构件时，亦不在此项表达(当洞口两侧不设置边缘构件时，设计者应给出具体做法)。

例如，JD 5　1800×2100　＋1.800　6 ⊈ 20　φ8@150，表示 5 号矩形洞口，洞宽1800，洞高 2100，洞口中心距本结构层楼面 1800，洞口上下设补强暗梁，每边暗梁纵筋为 6 ⊈ 20，箍筋为φ8@150。

例如，YD 5　1000　＋1.800　6 ⊈ 20　φ8@150,2 ⊈ 16，表示 5 号圆形洞口，直径1000，洞口中心距本结构层楼面 1800，洞口上下设补强暗梁，每边暗梁纵筋为 6 ⊈ 20，箍筋为φ8@150，环向加强钢筋 2 ⊈ 16。

③ 当圆形洞口设置在连梁中部 1/3 范围(且圆洞直径不应大于 1/3 梁高)时，需注写在圆洞上下水平设置的每边补强纵筋与箍筋。

④ 当圆形洞口设置在墙身或暗梁、边框梁位置，且洞口直径不大于 300 时，注写洞口上下左右每边布置的补强纵筋的具体数值。

⑤ 当圆形洞口直径大于 300，但不大于 800 时，此项注写为洞口上下左右每边布置的补强纵筋的具体数值，以及环向加强钢筋的具体数值。

【案例】

根据图 3-3-40，识读墙柱、墙身、墙梁、洞口有关信息。

1. 墙柱

构造边缘构件 1(GBZ1)，全部纵筋为 24 根直径为 18 mm 的 HRB400 级钢筋，箍筋为Ⅰ(HPB300)级钢筋，直径 10 mm，间距 150 mm。

构造边缘构件 2(GBZ2)，全部纵筋为 22 根直径为 20 mm 的 HRB400 级钢筋，箍筋为

Ⅰ(HPB300)级钢筋,直径 10 mm,加密区间距 100 mm,非加密区间距 200 mm。

2. 墙身

剪力墙身1(Q1),分布钢筋网设2排,墙厚300,水平和垂直分布筋均为Ⅲ(HRB400)级钢筋,直径 12 mm,间距 200,拉筋为Ⅰ(HPB300)级钢筋,直径 6 mm,间距为 600 mm,矩形布置方式。

3. 墙梁

LL2 表示连梁(无对角暗撑及交叉钢筋),2,3 层截面尺寸 $b×h＝300×2520$,梁顶面比 3 层结构层楼面低 1.200 m;4 层截面尺寸 $b×h＝300×2070$,梁顶面比 4 层结构层楼面低 0.900 m;5~9 层截面尺寸 $b×h＝300×1770$,梁顶面比本层结构层楼面低 0.900 m;墙梁箍筋为Ⅰ(HPB300)级钢筋,直径 10 mm,间距 150 mm,双肢箍;上下部通长纵筋均为 4 根直径为 22 mm 的Ⅲ(HRB400)级钢筋。

其他构件按照相同的方法识读,不再叙述。

图中ⓒ轴线上有一圆洞1(YD1),该洞设在 LL3 中,洞口直径为 200 mm;在二层,洞口中心比二层结构楼面标高低 0.800 m;在三层洞口中心比三层结构楼面标高低 0.700 m;其他层洞口中心比本层结构楼面标高低 0.500 m;洞口上下水平设置的每边补强钢筋为 2⊕16,补强箍筋为φ10@100,双肢箍。

【课后讨论】

1. 楼层结构平面图是如何形成的?其在施工中的作用是什么?

2. 梁板式楼板有什么特点?其构造要求式怎样的?

3. 梁板式楼板中结构构件有哪些?力是如何传递的?

4. 预制板中 9YKB3662 各代号的含义是什么?

3. 在楼层结构平面图中结构构件是如何表达的?

4. 在梁的平法标注中集中标注哪些信息?原位标注哪些信息?

5. 在柱的平法标注中列表注写哪些信息?柱的截面注写方式中表达哪些信息?

6. 在板的施工图表达中,单向板和双向板配筋有什么不同?

7. 剪力墙构件有哪几种?平法施工中如何表达?

8. 图 3-3-41 为复梁式结构的平面布置局部图,若图中主梁截面尺寸为 300 mm×600 mm,次梁截面尺寸为 200 mm×450 mm,板厚 100 mm,柱子截面尺寸为 400 mm×400 mm,墙厚为 240 mm,试用 AutoCAD 和手工绘制 1－1、2－2 剖面图。

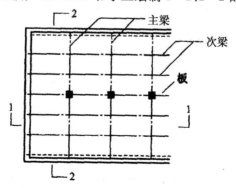

图 3-3-41

9. 根据已知图 3-3-41 为现浇板平面配筋图,绘制板的 2-2 断面图

10. 绘制图 3-3-42KL2 的 3-3、4-4 断面配筋图。

11. 绘出图 3-3-43DKL1 在 1-1 处的断面图。

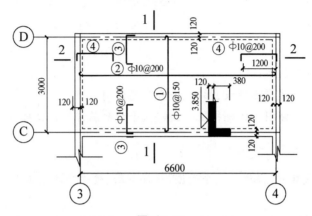

图 3-3-42

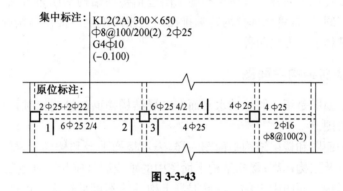

图 3-3-43

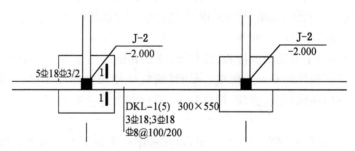

图 3-3-44

3.4 楼梯结构详图

【学习目标】

1. 掌握楼梯结构组成；
2. 正确识读板式楼梯梯段板、梯梁、平台配筋详图；
3. 结合楼梯剖面详图和楼梯梯段板、梯梁、平台配筋详图建立楼梯结构整体概念。

【关键概念】

板式楼梯、梁式楼梯、楼梯结构平面图、楼梯剖面、楼梯平法施工图

楼梯结构施工图主要表达楼梯的类型、楼梯结构构件的位置、形状、规格、材料、配筋及各构件间的相互连接等内容。楼梯结构施工图包括楼梯结构平面布置图、楼梯剖面图和构件详图。为便于阅读，常将该部分内容编排在同一张图纸上。楼梯结构施工图的表达有传统方式和平面整体表示方法两种。

3.4.1 楼梯结构平面图

楼梯结构平面图是用一假想的水平面在二层结构楼面的楼梯梁顶面处水平剖切，向下投影所得的投影图。

楼梯结构平面图和楼层结构平面图一样，表示楼梯平台和楼梯梁、梯段板的平面布置、代号、编号、尺寸及结构标高；楼梯结构平面图中的轴线编号应和建筑施工图一致，剖切符号一般只在底层结构平面图中表示。钢筋混凝土构件的不可见轮廓线用中虚线表示，可见轮廓线用中实线表示，剖到的砖墙、柱用中粗实线表示。在读图时注意板式楼梯和梁式楼梯的区别。楼梯的类型同本书前面所述。

楼体结构平面图主要反映梯段板、楼梯梁、平台板的平面位置。用细线绘出楼梯间处墙体、柱、梁、板等其他构件的平面轮廓线，剖切到的框架柱和楼梯柱涂黑，注明轴线编号及各构件的代号，并标出楼梯开间、进深、梯段长度、平台宽度等主要尺寸，这些尺寸与楼梯建筑施工图应一致。

如果楼梯平台板的钢筋布置比较简单，可在楼结构平面图上绘出平台板的配筋。

3.4.2 楼梯结构剖面图和构件详图

楼梯剖面图主要表示楼梯梁、梯段板、平台板的竖向布置、编号、构造和连接情况以及各部分标高。楼梯结构构件详图一般表示楼梯段、楼梯梁、平台板的钢筋布置。

【案例】

现以现浇板式楼梯为例说明楼梯平面布置图的传统表达方式。

图 3-4-1 所示为某商住楼楼梯甲结构平面图，是用一假想的水平面在二层结构楼面的

楼梯梁顶面处水平剖切,向下投影所得的投影图。

楼梯甲只有一层楼梯,从楼梯甲结构平面图中可以看出,从一层到二层设置了两个梯段板,TB-1和TB-2。结合楼梯剖面图进行识读,可知从标高-0.030楼面沿TB-1上行到达标高为2.070一层中间休息平台板1(PTB-1)处,TB-1以Ⓕ轴线处的楼梯地梁1(TDL-1)和一层中间休息平台处的楼梯梁1(TL1)为支座(从下到上);在一层中间休息平台板1(PTB-1)转方向后,沿梯段板2(TB-2)上行至标高为4.170的二层结构楼面,沿梯段板2(TB-2)以一层中间休息平台处的楼梯梁1(TL1)和二层Ⓔ轴线处KL9为支座(从下到上)。

在PTB-1处设置楼梯梁TL-1、TL-2、TL-3和TL-4。平台板配筋较简单,故直接在平面图中表示,不需另画大样。PTB-1板厚90 mm,板顶结构标高2.070 m。板底双向均配置为Φ8@200的钢筋,PTB-1顶TL-3和TL4支座上部配置Φ8@200的钢筋的构造负筋,自TL-3和TL4支座中心线算起向板内延伸500 mm;在PTB-1顶Y方向布置Φ8@200的贯通筋。

TL1、TL3和TL4的配筋绘出了断面图,并注明了钢筋的配置,TL2的钢筋配置按照平法标注方式绘在了楼梯甲结构平面图中,识读方法同前面梁平面表达法。

在楼梯剖面图中应标注楼层和楼梯平台处的结构标高。如图中-0.030、2.070、4.170分别为一层、一层中间休息平台、二层的结构标高。同时从剖面图可以更清楚地看出TB与TL、楼层框架梁、PTB与楼梯梁之间的连接关系。

楼梯构件详图主要表达梯段板、楼梯梁、平台板的配筋情况,平台板配筋图一般在楼梯平面图中表达,梯段板、楼梯梁需要绘制详图。

图3-4-1所示楼梯结构详图中,表达了梯段板TB-1和TB-2的配筋图及TL-1、TL-3和TL-4的断面图。

在TB-1中,梯段板厚130 mm,13级台阶,12个踏面,踏步高均为161.5 mm,踏面宽均为270 mm,沿梯段板长方向配置板底受力筋Φ10@100,与其垂直方向配置板底分布筋Φ8@250;在梯段板支座上部配置受力筋Φ10@150,与其垂直方向配置板顶分布筋Φ8@250,自踏步边缘向板内伸水平长度为850 mm。TB-1以TDL-1和TL-1为支座。在TB-2中,梯段板厚130 mm,13级台阶,12个踏面,踏步高均为161.5 mm,踏面宽均为270 mm,沿梯段板长方向配置板底受力筋Φ10@100,与其垂直方向配置板底分布筋Φ8@250;在梯段板支座上部配置受力筋Φ10@150,与其垂直方向配置板顶分布筋Φ8@250,自踏步边缘向板内伸水平长度为850 mm。TB-2以TL-1和2KL9为支座。

梯梁的配筋较简单,仅用一个配筋断面图来表示钢筋布置情况。如图中TL-1梁宽为200 mm,梁高为450 mm,梁下部配置受力钢筋2Φ16,梁上部配置架立筋2Φ12,箍筋为Φ8@100/200。TL-3和TL-4的识读同TL-1。TL-2的配筋在楼梯甲结构施工图中按照平面表达方式表示。

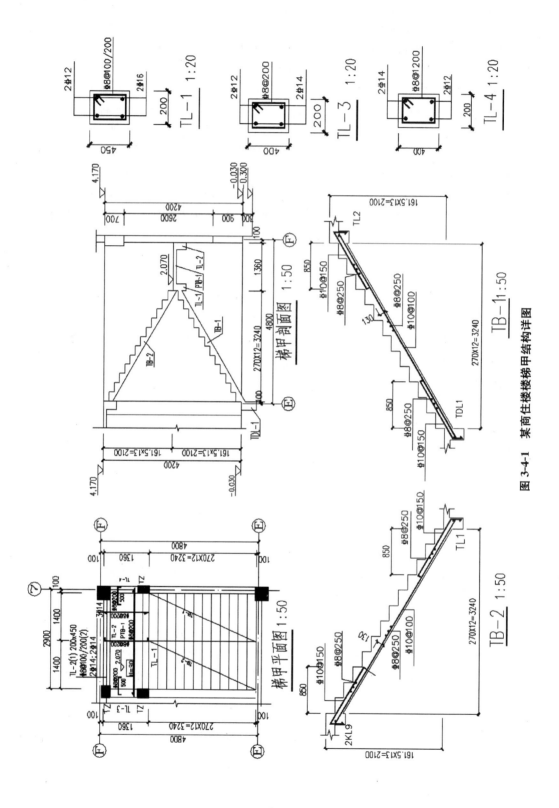

图 3-4-1 某商住楼楼梯甲结构详图

3.4.3 板式楼梯平法施工图

板式楼梯平法施工图是指在楼梯结构平面布置图上,把楼梯的尺寸和配筋,按照平面整体表示法制图规则,整体直接表达在楼体结构平面布置图上,再与楼梯标准构造详图相配合,形成表达楼梯结构施工图的一种表达方法。按平法设计绘制的楼梯施工图,一般是由楼梯的平法施工图和标准构造详图两大部分构成。现浇钢筋混凝土板式楼梯平法施工图有平面注写、剖面注写和列表注写三种表达方式,可根据情况任选一种。

楼梯平面布置图,应按照楼标准层,采用适当比例集中绘制,需要时绘制其剖面图。在板式楼梯平法施工图中注明各结构层的楼面标高、结构层高及相应的结构层号。

1. 板式楼梯类型

在国家建筑标准设计图集《混凝土结构施工图平面整体表示方法制图规则和构造详图(现浇混凝土板式楼梯)》(16G101－2)中详细列出了楼梯的类型共有 11 种类型,分别是AT、BT、CT、DT、ET、FT、GT、HT、ATa、ATb、ATc、CTa 、CTb,各梯板截面形状与支座位置示意见该图集。

2. 板式楼梯平面注写方式

平面注写方式,是在楼梯平面布置图上注写截面尺寸和配筋具体数值的方式来表达楼梯施工图。包括集中标注和外围标注。

(1)楼梯集中标注的内容有五项,具体规定如下:

① 梯板类型代号与序号,如 ATXX。

② 梯板厚度 h＝XXX,当为带平板的梯段且梯段板厚度和平板厚度不同时,可在梯段板厚度后面括号内以字母 P 打头注写平板厚度。

例如,h＝130(P150),130 表示梯段板的厚度,150 表示平台板的厚度。

③ 踏步段总高度和踏步级数,之间以"/"分隔。

④ 梯板支座上部纵筋,下部纵筋,中间以";"分隔。

⑤ 梯板分布筋,以 F 打头注写分布钢筋具体值,该项也可在图中统一说明。

楼梯板平面注写方式中标注的内容在剖面图中的位置如图 3-4-3 所示。

(2)楼梯外围标注的内容,包括楼梯间的平面尺寸、楼层结构标高、层间结构标高、楼梯的上下方向、梯板的平面几何尺寸、平台板配筋、梯梁及梯柱配筋等。

如图 3-4-3 所示,由图名可知楼梯的竖向位置是 3.570～5.370 处的楼梯。由外围标注的内容,可知楼梯间的开间尺寸是 3600,进深尺寸是 6900,楼梯井的宽度是 150,楼梯板的宽度是 1600,墙体边缘至定位轴线的距离是 125,楼梯平台板 1(PTB1)的宽度 1785,楼梯梯段的长度是 3080,踏面的宽度是 280,共 11 个踏面,②③轴线的墙体厚度是 250 mm,轴线居中;楼梯从②轴线左侧处开始逆时针上楼,通过 AT3 从标高为 3.570 的楼层平台上至标高为 5.370 的中间休息平台,再沿另一方向的 AT3 上至上一楼层;另一侧沿 3.570 标高处的楼层平台下至下一层;由 AT3 的集中标注可知,AT3 梯段板的厚度是 120,梯段板总高度是1800(5.370－3.570＝1.800 m),共 12 级,梯板支座上部纵筋为 ⱷ10@200,梯板下部纵筋为ⱷ12@150,梯板分布筋为ⱷ8@250;TLI 和 TL2 均为 1 跨,作为 AT3 的支座;TL1 以Ⓑ©轴线上的楼层梁和墙体为支座,TL2 以Ⓑ©轴线上的梯柱(TZ1)和墙体为支座。

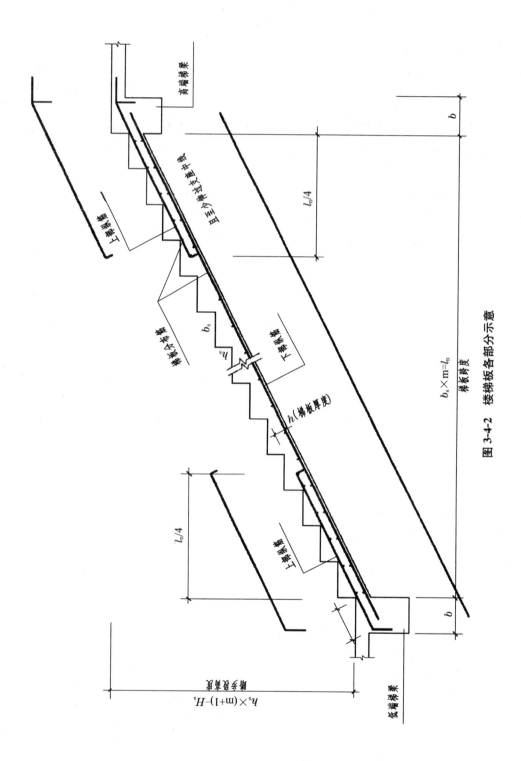

图 3-4-2 楼梯板各部分示意

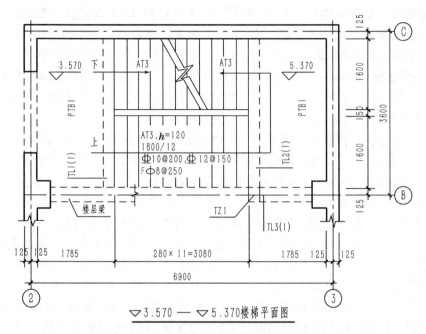

▽3.570 —— ▽5.370楼梯平面图

图 3-4-3 AT 平面注写方式示例

可按照前面所用平面表示法标注平台板、楼梯梁和楼梯柱的配筋。

3. 板式楼梯剖面注写方式

剖面注写方式需在楼梯平法施工图中绘制楼梯平面布置图和楼梯剖面图,注写方式分平面注写和剖面注写两部分。

(1) 楼梯平面注写内容,包括楼梯间的平面尺寸、楼层结构标高、层间结构标高、楼梯的上下方向、梯板的平面几何尺寸、梯板类型及编号、平台板配筋、梯梁及梯柱配筋等。

(2) 楼梯剖面注写内容,包括梯板集中标注、梯梁梯柱编号、梯板水平及竖向尺寸、楼层结构标高、层间结构标高等。

梯板集中标注的内容有四项,包括梯板类型及编号、梯板厚度、梯板配筋及梯板分布筋,具体规定同板式楼梯平面注写方式。

板式楼梯剖面注写方式如图 3-4-4、图 3-4-5 所示。

识读图 3-4-4 和图 3-4-5,板式楼梯剖面注写方式中,由平面图上可知本楼梯绘制了三个平面图,楼梯间⑤⑥轴线间的开间尺寸是 3100,ⓒⒹ轴线间进深尺寸是 5700,结构层高均为 2.800 m(5.570−2.770＝2.800)。

在−0.860～−0.030 楼梯平面图上,−0.030 为楼层结构标高,−0.860 为楼梯中间休息平台(层间)结构标高;从−0.030 标高处的楼层平台 PTB1 沿左侧梯板 AT1 逆时针向上至标高为 1.450 的中间休息平台,从−0.030 标高处的楼层平台 PTB1 沿右侧 DT1 下至标高为−0.860 的中间休息平台,再转向下至下一层;−0.030 的楼层平台的宽度是 2020,−0.860 处的中间休息平台的宽度是 1260,轴线至楼梯间一侧的半墙厚度为 90;楼梯井的宽度是 100,DT1 和 AT1 的梯段宽度是 1410;DT1 踏步板的长度是 1120,有 4 个踏面,每个踏面的宽度是 280,DT1 高端有一个 280 宽的平板,DT1 低端平板的长度是 840;AT1 的长度是 2240,有 8 个踏面,每个踏面的宽度是 280;AT1 与 DT1 的踏步在−0.030 平台板 1

(PTB1)处错开一个踏面宽度尺寸,细虚线是 TL1 的轮廓;DT1 以其前后两侧的 TL1 为支座,TLI 以⑤⑥轴线的墙体为支座;TLI 采用平面表示法表示其尺寸和配筋,TL1 为 1 跨,截面宽度是 250,截面高度是 350,梁上部通长纵筋为 2Φ12,梁下部通长纵筋为 2Φ18,全部伸入支座,箍筋为 ϕ8@200,无加密区,TL1 的集中标注即能表达清楚其截面与配筋,所以无原位标注;PTB1 的配筋在 1.450~2.770 楼梯平面图上标注,其他平面图只标注其编号即可。在该平面图上绘出了剖面符号 1-1,向左投影。

在 1.450~2.770 楼梯平面图上,2.770 为楼层结构标高,1.450 为楼梯中间休息平台(层间)结构标高;从 2.770 标高处的楼层平台 PTB1 沿左侧梯板 AT1 逆时针向上至标高为 4.250 的中间休息平台,从 2.770 标高处的楼层平台 PTB1 沿右侧 CT1 下至标高为 1.450 的中间休息平台,再转向沿 AT1 下至下一层;2.770 的楼层平台的宽度是 1870,1.450 处的中间休息平台的宽度是 1410,轴线至楼梯间一侧的半墙厚为 90;楼梯井的宽度是 100,CT1 和 AT1 的梯段宽度是 1410;CT1 的长度是 1960,有 7 个踏面,每个踏面的宽度是 280,CT1 高端带一宽度为 280 的平板,低端—1.450 处的平台板相连;AT1 的长度是 2240,有 8 个踏面,每个踏面的宽度是 280;AT1 与 CT1 的踏步在 2.770 平台板 1(PTB1)处错开一个踏面宽度 280;CT1 一侧以其前面的 TL1 为支座,另一侧与 1.450 标高处的平台板相连,以Ⓒ轴线上的墙体为支座;TLI 以 56 轴线的墙体为支座;TLI 的配筋在其他平面上已表示;PTB1 采用平面表示法表示其尺寸和配筋,PTB1 厚度为 100,板下部在 X 和 Y 向均配置Φ8@200 的贯通筋;板上部 X 向和 Y 向均配置Φ8@200 的贯通筋。

在标准层楼梯平面图上,5.570~16.770 为楼层结构标高,4.250~15.450 为楼梯中间休息平台(层间)结构标高,共表示 5 层;从 5.570~16.770 标高处的楼层平台 PTB1 沿左侧梯板 AT1 逆时针向上至楼层中间休息平台,从 5.570~16.770 标高处的楼层平台 PTB1 沿右侧 CT1 顺时针下至标高为 4.250~12.650 的中间休息平台,再转向沿 AT1 下至下一层;5.570~16.770 的楼层平台的宽度是 1870,4.250~12.650 处的中间休息平台的宽度是 1410,轴线至楼梯间一侧的半墙厚度为 90;楼梯井的宽度是 100,CT1 和 AT1 的梯段宽度是 1410;CT1 的踏步板长度是 1960,有 7 个踏面,每个踏面的宽度是 280,CT1 高端带一宽度为 280 的平板;AT1 的长度是 2240,有 8 个踏面,每个踏面的宽度是 280;AT1 与 CT1 的踏步在 5.570~16.770 平台板 1(PTB1)处错开一个踏面宽度 280,细虚线是 TL1 的轮廓;CT1 与 AT1 以其前后方向的 TL1 为支座;TLI 以⑤⑥轴线的墙体为支座;TLI 和 PTB1 的配筋在其他平面上已表示。

识读图 3-4-5,板式楼梯剖面注写方式的剖面图,剖面符号在 -0.860~-0.030 楼梯平面图上已绘出。剖面图中绘出了梯板的样式,AT 上下无平板,CT 上部带平板,DT 上下均带平板。剖面图中标注了每个梯段板的集中标注,如 CT1,踏步板和上端平板的厚度均为 100,上部纵筋为Φ8@200,下部纵筋为Φ8@100,分布筋ϕ6@150;如 AT1,梯板的厚度是 100,上部纵筋为Φ8@200,下部纵筋为Φ8@100,分布筋ϕ6@150;DT1 的水平尺寸是 280×5=1400(包括 DT1 高端 280 宽的平板),4 个踏面,每个踏面的宽度是 280,DT1 低端带一宽度为 840 的平板,DT1 以两端的 TL1 为支座,DT1 的竖向高度是 830,5 级高度,布置在从 -0.860~-0.030 标高处。其他梯段按照相同的方法识读。在剖面图上标注了不同位置梯梁的编号,如 TL1;从图中可以清楚看出 TL1 与梯段间的关系。

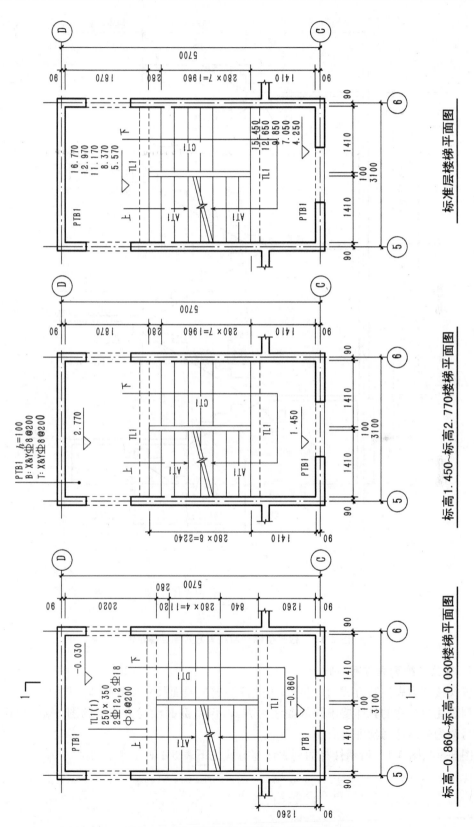

标准层楼梯平面图

标高1.450~标高2.770楼梯平面图

标高-0.860~标高-0.030楼梯平面图

图 3-4-4　板式楼梯剖面注写方式平面图示例

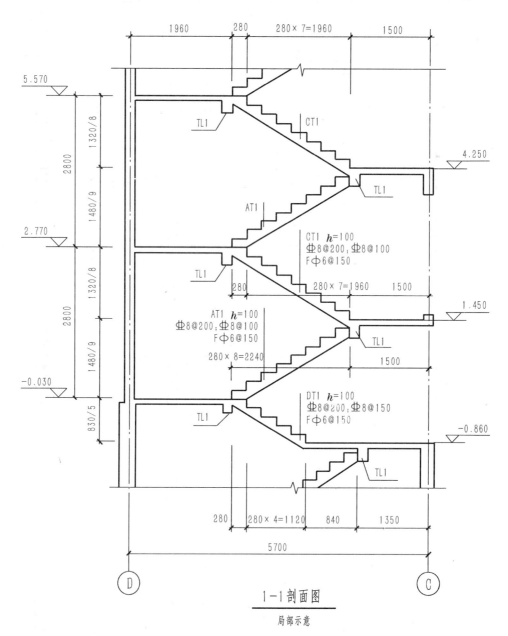

1—1剖面图

局部示意

图 3-4-5　板式楼梯剖面注写方式剖面图示例

4. 板式楼梯列表注写方式

板式楼梯列表注写方式,系用列表方式注写梯板截面尺寸和板筋具体数值。

列表注写方式的具体要求同剖面注写方式,仅将剖面注写方式中的图 3-4-5 中梯板配筋注写改为列表注写项即可。

图 3-4-4、图 3-4-5 所示楼梯的列表注写方式见下表 3-4-1。

表 3-4-1　梯板几何尺寸和配筋

梯板类型编号	踏步高度/踏步级数	板厚	上部纵筋	下部纵筋	分布筋
AT1	1480/9	100	ϕ8@200	ϕ8@100	ϕ6@150
CT1	1320/8	100	ϕ8@200	ϕ8@100	ϕ6@150
DT1	830/5	100	ϕ8@200	ϕ8@150	ϕ6@150

【任务】

识读图 3-4-1 所示楼梯甲的结构施工图及楼梯甲的建筑施工图,查阅楼梯的平面形式、结构形式、尺寸及具体配筋情况,将楼梯甲配筋转换成楼梯平法施工图平面注写方式,完成表格 3-4-2 的任务。

表 3-4-2　楼梯工程任务单

	平面形式	梯段宽度	平台宽度	踏步尺寸	结构形式	梯段板的形式
楼梯特征	平行双跑	1400	1360	270×161.5	板式楼梯	AT
	TB1 上部纵筋	TB1 下部纵筋	TB1 上部纵筋和下部纵筋的分布筋	TB2 上部纵筋	TB2 下部纵筋	TB2 上部纵筋和下部纵筋的分布筋
	ϕ10@150	ϕ10@100	ϕ8@250	ϕ10@150	ϕ10@100	ϕ8@250

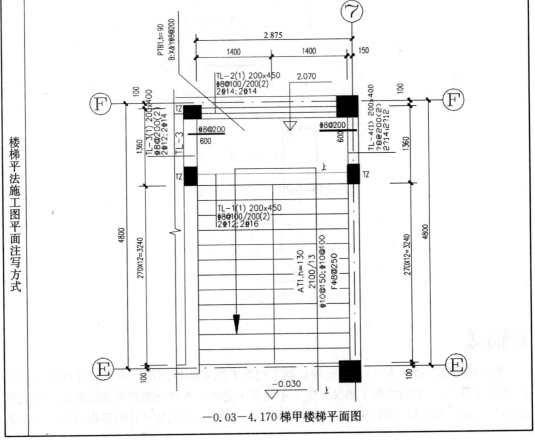

楼梯平法施工图平面注写方式

—0.03—4.170 梯甲楼梯平面图

【课后讨论】

1. 楼梯结构平面图是如何形成的？其在施工中的作用是什么？

2. 什么是板式楼梯？什么是梁式楼梯？它们在受力上有什么不同？在图示方法上有什么不同？

3. 楼梯结构平面图主要表达什么内容？

4. 指出下图 3-4-7 梯段板和梯梁所配钢筋的名称，将其写在括号内。

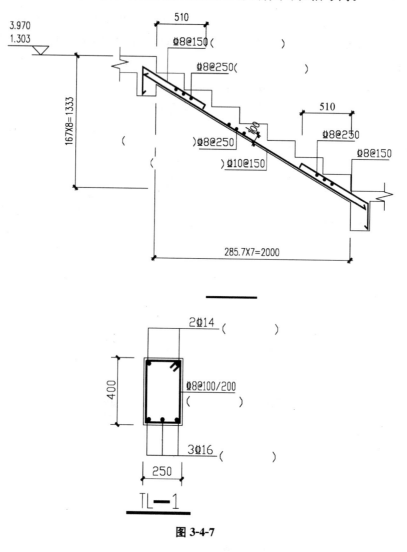

图 3-4-7

单元小结

作为现场施工技术人员，只有正确识读工程施工图才能按照设计人员设计意图进行施工，形成建筑产品，而结构施工图又是施工中的重中之重。本单元按照常规结构施工图纸组成顺序，对结构施工总说明、基础施工图、结构平面布置图、结构构件详图等内容结合国家建设标准设计图集 16G101-1、16G101-2、16G101-3 等进行了阐述和讲解。本学习单元还安排一实际工程图纸引导学生正确识读,以培养学生理论联系实际、正确识读结构施工图的职业能力。

单元课业

课业名称:结构施工图绘制和识读。

时间安排:安排在本单元每个项目讲课期间,按照讲课顺序循序进行,每个项目结束完成全部任务。

1. 课业说明

本课业是为了完成"结构施工图绘制和识读"的职业能力而制定的。根据能力要求,需要学生正确识读结构施工总说明、基础施工图、结构平面布置图、梁、板、柱楼梯结构构件详图等内容,并能够绘制结构施工图。

2. 背景知识:

教材:本学习单元内容

参考资料:《混凝土结构施工图平面整体表示方法制图规则和构造详图(现浇混凝土框架、剪力墙、梁、板)》(16G101-1)、《混凝土结构施工图平面整体表示方法制图规则和构造详图(现浇板式楼梯)》(16G101-2)、《混凝土结构施工图平面整体表示方法制图规则和构造详图(独立基础、条形基础、筏型基础及桩基承台)》(16G101-3)等。

3. 任务内容

选择有代表性的砖混结构、框架结构、剪力墙结构实际工程施工图纸进行学习,每人独立完成识读和绘制任务。

(1) 利用 AutoCAD 绘制一套完整的结构施工图;

(2) 识读结构施工总说明,对建筑的结构类型、安全等级、耐久年限、抗震设防等级、基础形式、地基状况、材料强度等级、选用的标准图集、新结构与新工艺及特殊部位的施工图、施工顺序、方法等正确把握;

(3) 正确识读基础施工图,对基础类型、基础埋深、基底尺寸、基础配筋、材料强度等级、基础施工要求等正确把握;

(4) 正确识读楼层结构平面图,对梁、板、柱位置平面位置及相互之间的关系正确理解,正确识读梁、板、柱配筋图,正确识读有关结构标高、构件尺寸、材料强度、施工要求等;

(5) 正确识读楼梯结构施工图,正确识读楼梯平台、楼梯梁、梯段板的平面布置、代号、编号、尺寸、结构标高及配筋情况、材料强度、施工要求等。

附录术语

1. 民用建筑 civil building
   供人们居住和进行公共活动的建筑的总称。

2. 居住建筑 residential building
   供人们居住使用的建筑。

3. 公共建筑 public building
   供人们进行各种公共活动的建筑。

4. 无障碍设施 accessibility facilities
   方便残疾人、老年人等行动不便或有视力障碍者使用的安全设施。

5. 停车空间 parking space
   停放机动车和非机动车的室内外空间。

6. 建筑地基 construction site
   根据用地性质和使用权属确定的建筑工程项目的使用场地。

7. 道路红线 boundary line of roads
   规划的城市道路（含居住区级道路）用地的边界线。

8. 用地红线 boundary line of land；property line
   各类建筑工程项目用地的使用权属范围的边界线。

9. 建筑控制线 building line
   有关法规或详细规划确定的建筑物、构筑物的基底位置不得超出的界线。

10. 建筑密度 building density；building coverage ratio
    在一定范围内，建筑物的基底面积总和与占用地面积的比例（%）。

11. 容积率 plot ratio，floor area ratio
    在一定范围内，建筑面积总和与用地面积的比值。

12. 绿地率 greening rate
    一定地区内，各类绿地总面积占该地区总面积的比例（%）。

13. 日照标准 insolation standards
    根据建筑物所处的气候区、城市大小和建筑物的使用性质确定的，在规定的日照标准日（冬至日或大寒日）的有效日照时间范围内，以底层窗台面为计算起点的建筑外窗获得的日照时间。

14. 层高 storey height
    建筑物各层之间以楼、地面面层（完成面）计算的垂直距离，屋顶层由该层楼面面层（完成面）至平屋面的结构面层或至坡顶的结构面层与外墙外皮延长线的交点计算的垂直距离。

15. 室内净高 interior net storey height

从楼、地面面层(完成面)至吊顶或楼盖、屋盖底面之间的有效使用空间的垂直距离。

16. 地下室 basement

房间地平面低于室外地平面的高度超过该房间净高的 1/2 者为地下室。

17. 半地下室 semi-basement

房间地平面低于室外地平面的高度超过该房间净高的 1/3,且不超过 1/2 者为半地下室。

18. 设备层 mechanical floor

建筑物中专为设置暖通、空调、给水排水和配变电等的设备和管道且供人员进入操作用的空间层。

19. 避难层 refuge storey

建筑高度超过 100m 的高层建筑,为消防安全专门设置的供人们疏散避难的楼层。

20. 架空层 open floor

仅有结构支撑而无外围护结构的开敞空间层。

21. 台阶 step

在室外或室内的地坪或楼层不同标高处设置的供人行走的阶梯。

22. 坡道 ramp

连接不同标高的楼面、地面,供人行或车行的斜坡式交通道。

23. 栏杆 railing

高度在人体胸部至腹部之间,用以保障人身安全或分隔空间用的防护分隔构件。

24. 楼梯 stair

由连续行走的梯级、休息平台和维护安全的栏杆(或栏板)、扶手以及相应的支托结构组成的作为楼层之间垂直交通用的建筑部件。

25. 变形缝 deformation joint

为防止建筑物在外界因素作用下,结构内部产生附加变形和应力,导致建筑物开裂、碰撞甚至破坏而预留的构造缝,包括伸缩缝、沉降缝和抗震缝。

26. 建筑幕墙 building curtain wall

由金属构架与板材组成的,不承担主体结构荷载与作用的建筑外围护结构。

27. 吊顶 suspended ceiling

悬吊在房屋屋顶或楼板结构下的顶棚。

28. 管道井 pipe shaft

建筑物中用于布置竖向设备管线的竖向井道。

29. 烟道 smoke uptake;smoke flue

排除各种烟气的管道。

30. 通风道 air relief shaft

排除室内蒸汽、潮气或污浊空气以及输送新鲜空气的管道。

31. 装修 decoration;finishing

以建筑物主体结构为依托,对建筑内、外空间进行的细部加工和艺术处理。

32. **高层建筑 high-rise building**

   建筑高度大于 27 m 的住宅建筑和建筑高度大于 24 m 的非单层厂房、仓库和其他民用建筑。

33. **裙房 podium**

   在高层建筑主体投影范围外,与建筑主体相连的且建筑高度不大于 24 m 的附属建筑。

34. **防火墙 fire wall**

   防止火灾蔓延至相邻建筑或相邻水平防火分区且耐火极限不低于 3.00 h 的不燃性墙体。

35. **封闭楼梯间 enclosed staircase**

   在楼梯间入口处设置门,以防止火灾的烟和热气进入的楼梯间。

36. **防烟楼梯间 smoke-proof staircase**

   在楼梯间入口处设防烟的前室、开敞式阳台或凹廊(统称前室)等设施,且通向前室和楼梯间的门均为防火门,以防止火灾的烟和热气进入的楼梯间。

37. **混凝土构造柱 structural concrete column**

   在砌体房屋墙体的规定部位,按构造配筋,并按先砌墙后浇灌混凝土柱的施工顺序制成的混凝土柱。统称为混凝土构造柱,简称构造柱。

38. **圈梁 ring beam**

   在房屋的檐口、窗顶、楼层、吊车梁或基础顶面标高处,沿砌体墙水平方向设置封闭状的按构造配筋的混凝土梁式构件。

39. **抗震设防烈度 seismic precautionaryir nsity**

   由按国家规定的权限批准作为一个地区抗震设防依据的地震烈度。一般情况,取 50 年内超越概率 10% 的地震烈度。

40. **抗震措施 selsmlc measures**

   除地震作用计算和抗力计算以外的抗震设计内容,包括抗震构造措施。

41. **抗震构造措施 details of seismic design**

   根据抗震概念设计原则,一般不需计算而对结构和非结构各部分必须采取的各种细部要求。

参考文献

[1] 王强,吕淑珍. 建筑制图. 北京:人民交通出版社,2007.

[2] 张艳芳,赵辉. 建筑构造与识图. 北京:人民交通出版社,2007.

[3] 孙世奎,仲兆金,陈连成. 房屋建筑学. 北京:煤炭工业出版社,2003.

[4] 关俊良,孙世青. 土建工程制图与 AutoCAD. 北京:科学出版社,2004.

[5] 谢美芝,罗慧中. AutoCAD 2009 土木建筑制图. 北京:清华大学出版社,2010.

[6] 高远,张志明. 建筑识图与房屋构造. 北京:煤炭工业出版社,2001.

[7] 同济大学,西安建筑科技大学,东南大学,重庆大学合编. 房屋建筑学. 北京:中国建筑工业出版社,2008.

[8] 陈国瑞. 建筑制图与 AutoCAD. 北京:化学工业出版社,2004.